手工皮包基础

HAND SEWING LEATHER BAG

〔日〕高桥创新出版工房◎编著
潘伊灵◎译

北京科学技术出版社

CONTENTS
目　录

特别感谢本书的指导老师

泷本圭二（塔基斯皮革工房）87 / 增田浩司（皮革工房 K）103
松原满夫（皮革工房皮奥爷爷）135 / 冈田哲也（冈田手工皮包教室）187

手工皮包基础

HAND SEWING LEATHER BAG

本书图片摄影　植田昌克 / 二见勇治 / 柴田雅人

Photographed by Masakatsu Ueda /Yuji Futami/ Masato Shibata

TOOL AND MATERIAL

必备的工具和材料

在这一章中，我们一起了解一下制作皮包所必备的工具和材料以及同类工具的区别。这些工具和材料虽说是必不可少的，却不必一次购齐，大家可以根据想做的物品的大小及风格选择购买。

裁切工具

首先登场的是裁切皮革的工具。这些工具根据皮革的种类和厚度分为不同的款式及型号，请大家根据需要选择适合的工具，这将大大提高效率。

切割垫板

裁切皮革时垫在皮革下面，有多种尺寸，大家可根据需要选择。

半圆裁皮刀

用途和下面的裁皮刀相同，但由于其刀头采用了独特的半圆形设计，兼具裁切皮革和削薄皮革两种功能。

裁皮刀

用来裁切皮革的刀具。从左边起依次是圆刃裁皮刀、斜刃裁皮刀、24 mm 宽的直刃裁皮刀和 36 mm 宽的直刃裁皮刀。经常磨刀可以延长其使用期限。

美工刀 / 替刃式裁皮刀 / 切割滚刀

美工刀适合裁切较薄的皮革，切割滚刀适合裁切柔软的皮革。替刃式裁皮刀和裁皮刀的用途相同，刀刃变钝后，不用磨刀，替换刀刃即可。

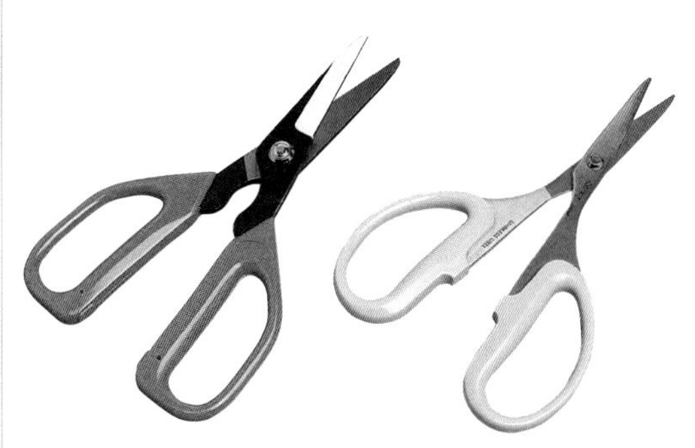

手工剪刀 / 不锈钢手工剪刀

普通的手工剪刀和不锈钢手工剪刀可以用来剪切皮革，尤其适合剪切较柔软的皮革，但不适合剪切有一定厚度的皮革。

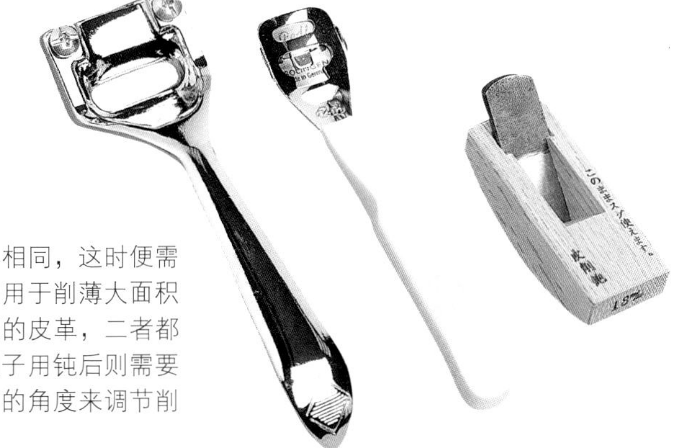

削薄刀 / 小削薄刀 / 迷你刨子

皮包各个部件所需的皮革厚度不尽相同，这时便需要从背面将部分皮革削薄。削薄刀用于削薄大面积的皮革，小削薄刀用于削薄小面积的皮革，二者都可以替换刀刃，十分方便。迷你刨子用钝后则需要磨刀，其优点是可以通过调整刀刃的角度来调节削薄的程度。

磨刀板 / 磨刀膏

用磨刀石磨刀后，可以用磨刀板进一步打磨刀刃。磨刀板有光面与毛面两面，使用前需将磨刀膏涂在磨刀板上。

测厚仪

别看它只有手掌大小，它不仅可以测量皮革的厚度，还可以测量金属配件的内径、外径和深度等。

打磨工具

打磨是润饰皮革所必备的重要环节，非常需要耐心。使用优质的工具将起到事半功倍的效果。

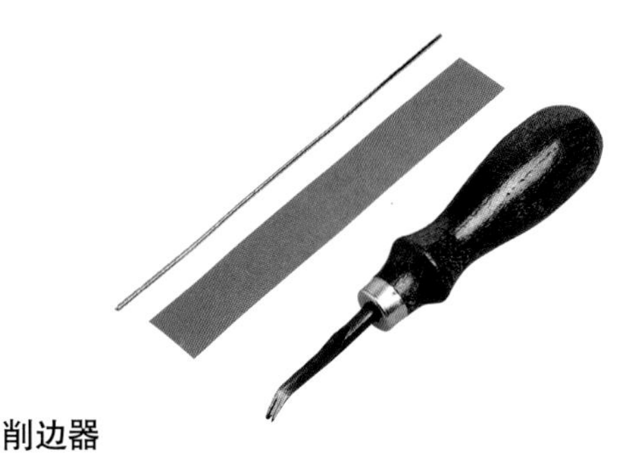

削边器

可以将裁切过的、棱角分明的皮革边缘修理出圆润的弧度。经常用图中左侧的细铁棒和砂纸打磨，可以让削边器保持锐利。

小型三角研磨器 / 平面三角研磨器 / 曲面三角研磨器

都用于将毛边打磨平整。小型三角研磨器和曲面三角研磨器可以打磨皮革上狭小或向下凹陷的部分，平面三角研磨器可以替换研磨头。

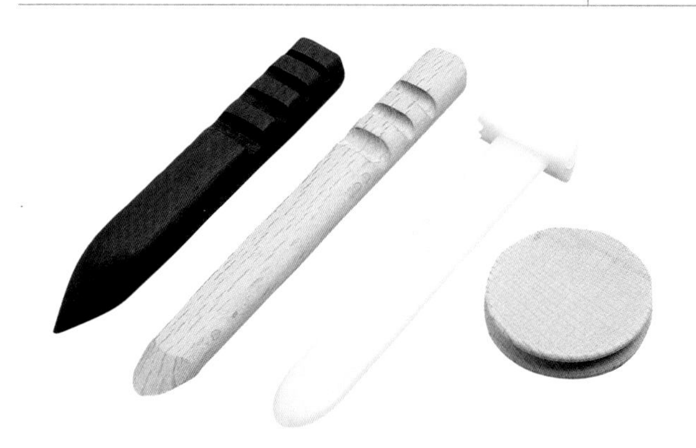

扁棒 / 圆棒 / 万能打磨器 / 磨边圆饼

均用于在涂过处理剂的毛边上打磨。扁棒和圆棒可以根据皮革的厚度，用侧面的沟槽有效地打磨毛边。万能打磨器附有刮刀，除了打磨，还可以抹去溢出的白乳胶。磨边圆饼功能较为单一，但价格合理，适合初学者使用。

玻璃板

大面积涂抹床面处理剂时垫在皮革下方，削薄皮革时也可以作为垫板使用。

美国骑士牌封边油 / 封边液 /IRIS 封边油

它们具有染色的功效，其中封边液只用于毛边，且需要和床面处理剂配合使用。另外两种封边油则可以单独使用。

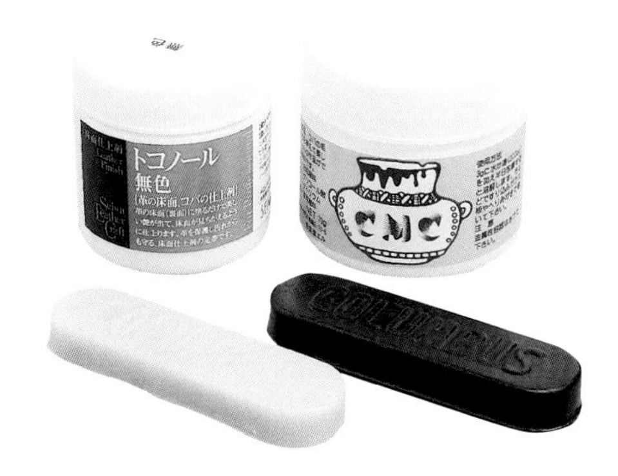

上左：床面处理剂
上右：天然床面处理剂（CMC）
下：封边蜡

“床面”即肉面（皮革的背面），用于打磨及润饰毛边和肉面的化学制品统称为床面处理剂。其中，大家通常所说的“床面处理剂”是一种白色乳胶状制品，直接涂在皮革上即可，使用起来最方便。天然床面处理剂（CMC）则呈粉末状，需要加水溶化后使用，稀释比例不容易掌握。封边蜡尤其适合打磨毛边，需加热熔化后使用。

黏合工具

黏合剂用来黏合皮包的各个部件或者黏合内层与表层的皮革，同样是制作皮包时必不可少的工具。不同的黏合剂有不同的特点，请根据需黏合的东西进行选择！

白乳胶

白乳胶是最常用的一种黏合剂。因为它属于水溶性黏合剂，所以就算变硬了也能通过加水稀释变得可以使用。其缺点是无法快速变干，通常需要10~15分钟才能自然晾干。有的白乳胶按浓度分成了不同型号，如100号白乳胶浓度中等，而600号白乳胶浓度很高，可以用来黏合金属配件。

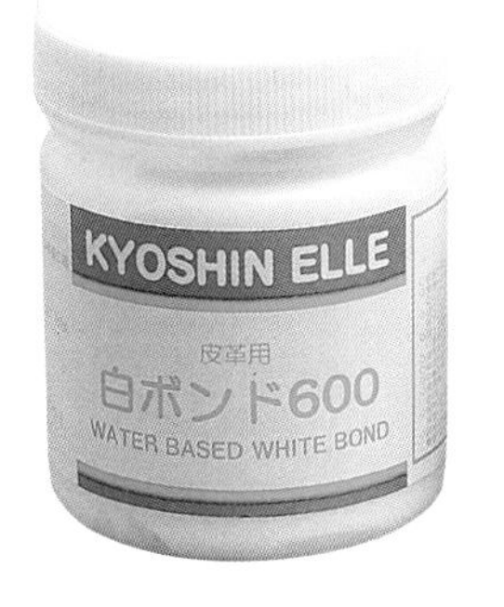

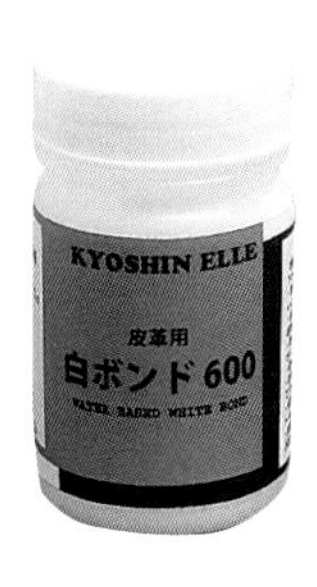

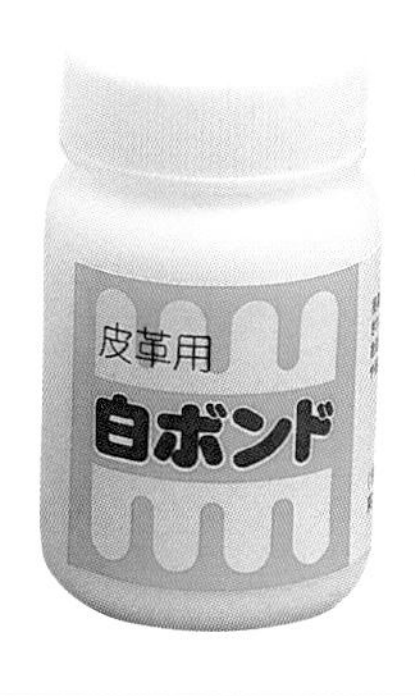

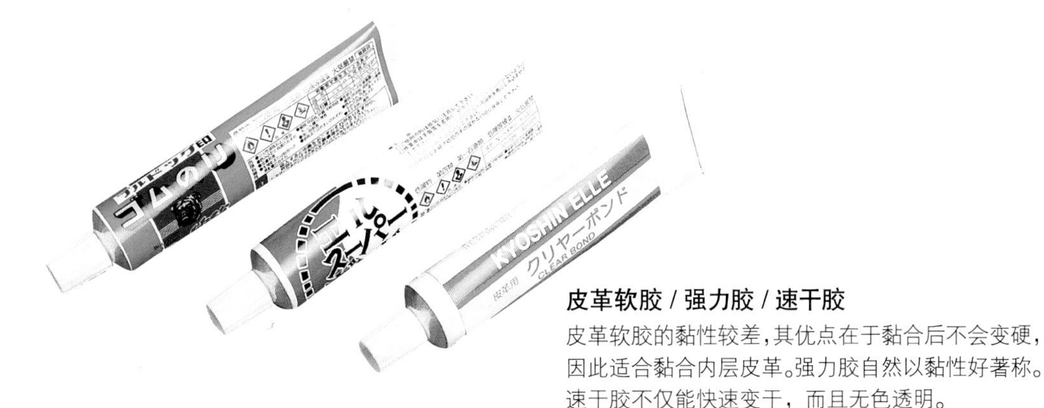

皮革软胶 / 强力胶 / 速干胶

皮革软胶的黏性较差，其优点在于黏合后不会变硬，因此适合黏合内层皮革。强力胶自然以黏性好著称。速干胶不仅能快速变干，而且无色透明。

上胶刷 / 大号上胶片 / 小号上胶片

用于涂抹黏合剂。不同大小的上胶片适用于不同面积的皮革，除了有塑料上胶片，还有木质上胶片。上胶刷适合涂抹大面积的皮革以及凹凸不平的地方。

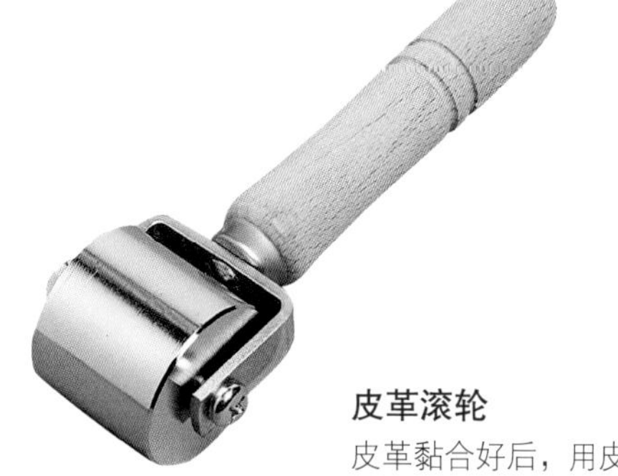

皮革滚轮

皮革黏合好后，用皮革滚轮来回滚动可以帮助皮革黏合得更紧密。

打孔工具

与缝合布艺作品不同，缝合皮革需要事先打出缝孔。另外，安装金属配件前也需要打出冲孔。根据孔洞的用途，打孔工具也分为许多种。

橡胶板

在皮革上打孔时垫在皮革下方作为缓冲，适合打缝孔和冲孔，有不同的大小。

毛毡垫

垫在橡胶板下，可以吸收部分噪声。图中毛毡垫的尺寸为 300 mm×300 mm，厚度为 6 mm。

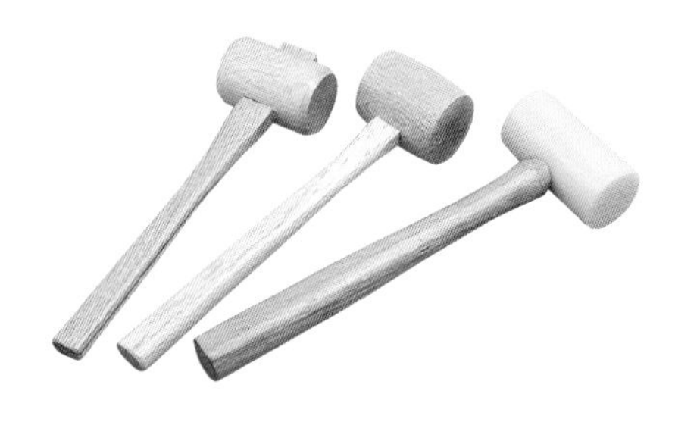

木锤 / 皮雕用木锤 / 胶锤

用于敲打菱錾等打孔工具。它们的区别不在于形状，而在于重量。较重的胶锤用于打冲孔，较轻的木锤则用于打缝孔和皮雕刻印。

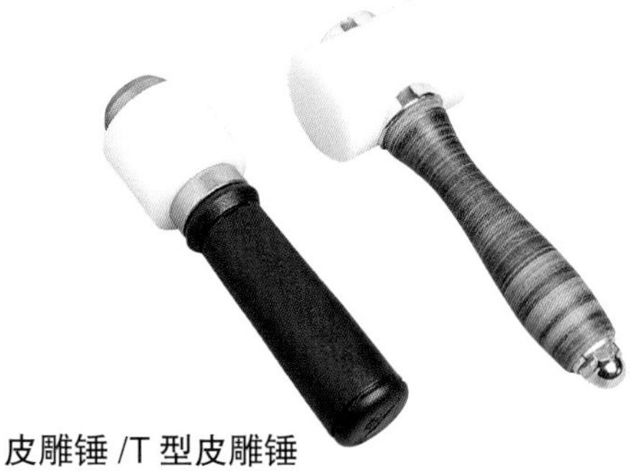

皮雕锤 /T 型皮雕锤

皮雕锤的锤头由尼龙树脂制成，重量大，但用起来比木锤省力，而且耐损耗。虽然叫“皮雕锤”，但它们不仅适用于皮雕，用来敲打菱錾等也很好。

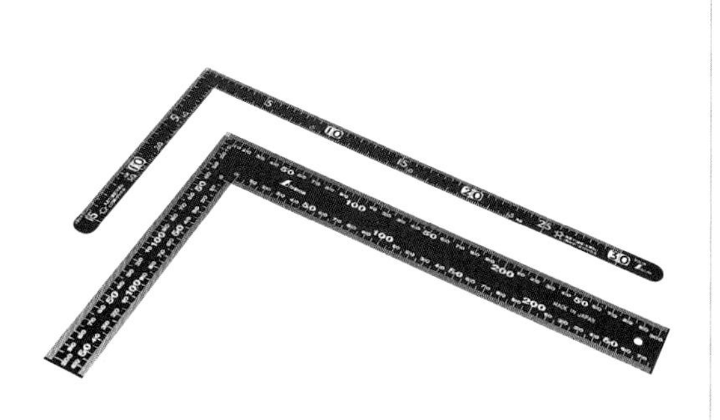

直角尺

用于测量各部分皮革的尺寸以及辅助美工刀裁切皮革，通常有大号和小号两种规格。

铁笔 / 银笔

图中左边两支是铁笔，右边两支是银笔。铁笔用于将图案通过复写纸复印到皮革上，银笔则用于依照纸型在皮革上做标记。

多功能挖槽器 / 边线器 / 间距规 / 欧式间距规

这些都是描画缝合用的基准线的工具。多功能挖槽器可以在皮革上面画出基准线，适用于有一定厚度的皮革。边线器是描画基准线时最常用的工具。间距规和欧式间距规的用途相同，都用于画线和标记孔眼的位置。

划布轮

通过滚动顶端的滚轮来做针脚记号的工具。滚轮可以替换，有齿距分别为 3.4 mm、4.5 mm 和 5.5 mm 的 3 种滚轮。

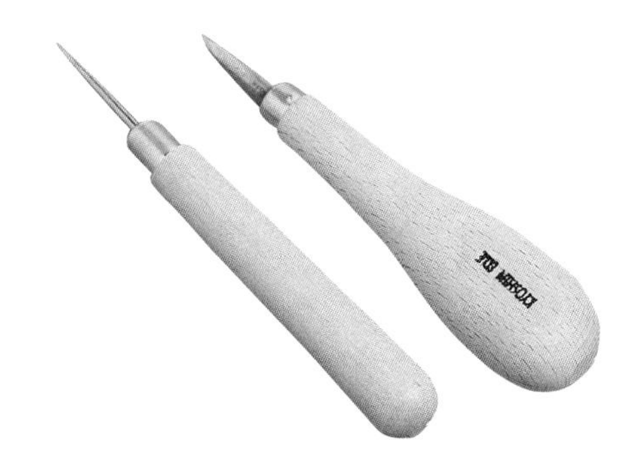

圆锥 / 菱锥

圆锥用于在皮革上标记出金属配件的位置、做记号或者比照纸型轮廓画裁切线。菱锥则用于穿透菱錾打过的缝孔。

菱錾

菱錾是打缝孔的必备工具之一。它的菱形刀刃可打出菱形缝孔，使缝线如波浪线一样有序地起伏。刀刃较多的菱錾适用于较长的直线部分，刀刃较少的菱錾适用于较短的直线部分和曲线部分。

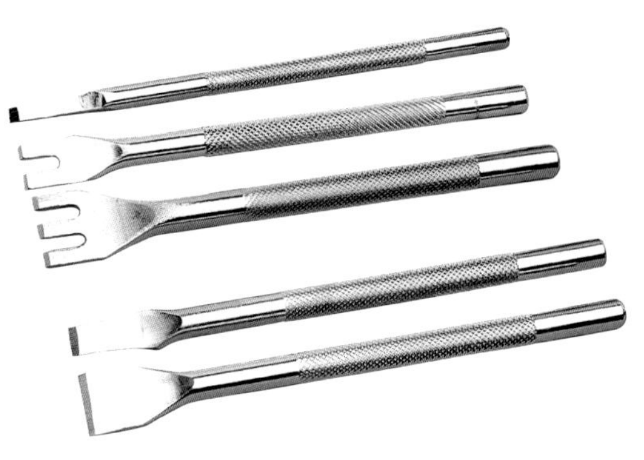

平錾

使用缝线缝合时多用菱錾打孔，使用皮线缝合时则多用平錾打孔。平錾的选择原则与菱錾一样。另外，刀刃较宽的平錾可打出金属配件的安装孔。

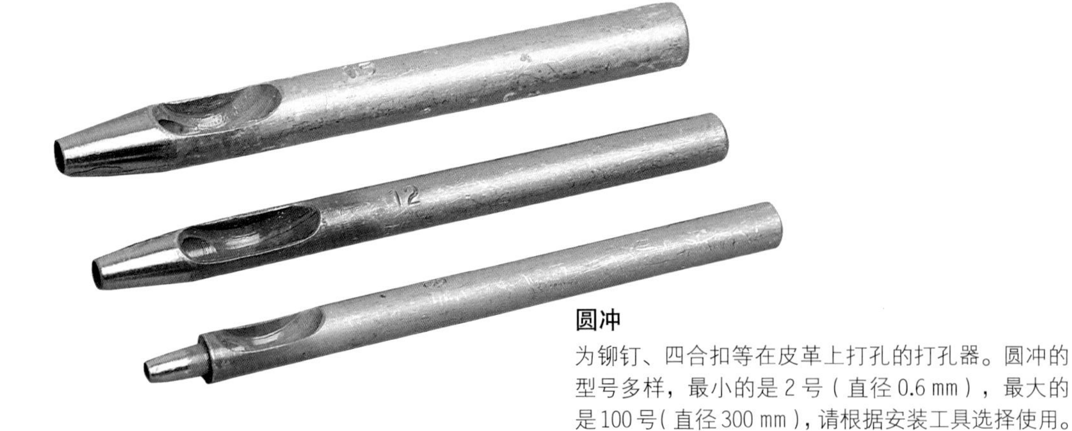

圆冲

为铆钉、四合扣等在皮革上打孔的打孔器。圆冲的型号多样，最小的是 2 号（直径 0.6 mm），最大的是 100 号（直径 300 mm），请根据安装工具选择使用。

花冲

可在皮革上打出各种形状的孔洞的打孔器，有方形、心形、星形等形状，可以制造出充满创意的孔洞装饰。

一字冲

用于打皮带扣的冲孔，有 12 mm、15 mm、18 mm、21 mm 等规格，请根据想要安装的皮带扣进行选择。

气眼安装工具 / 铆钉安装工具 / 牛仔扣安装工具 / 四合扣安装工具

安装各种金属扣时使用的工具，需要根据金属扣的种类来选择。其中，气眼安装工具通常会配备专门的底座。

多孔底座 / 圆形底座

使用金属扣安装工具时放置在皮革下方的底座。多孔底座可用于安装 6 种不同大小的金属扣。另外，由于它自身有一定的重量，裁切皮革时也可以作为镇石使用。

缝合工具

缝合皮革时，缝线就不必说了，皮革专用缝针也必不可少。缝线有很多种颜色，可根据作品的风格尽情选择。

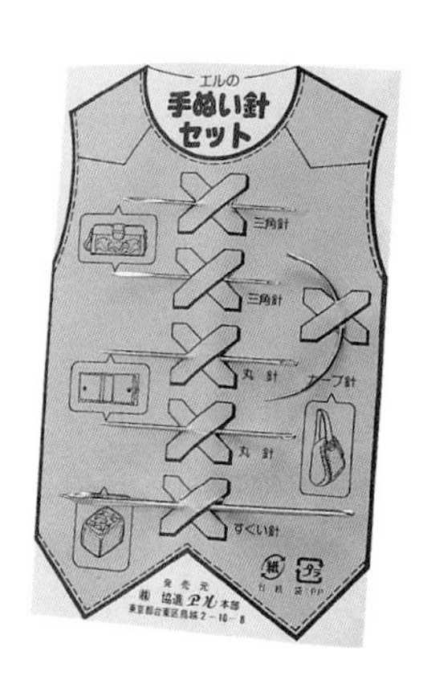

皮革专用缝针

皮革专用缝针有很多种类，左图为皮革专用缝针套装。其中，上方两根为尖头针，适合缝合有一定厚度的皮革；中间两根为圆头针，适合缝合较薄的皮革；下方一根为皮线针，它的内侧有两个小钩，可以钩住皮线缝合。右侧的是弯针，用于驹缝——缝合成直角的两片皮革。

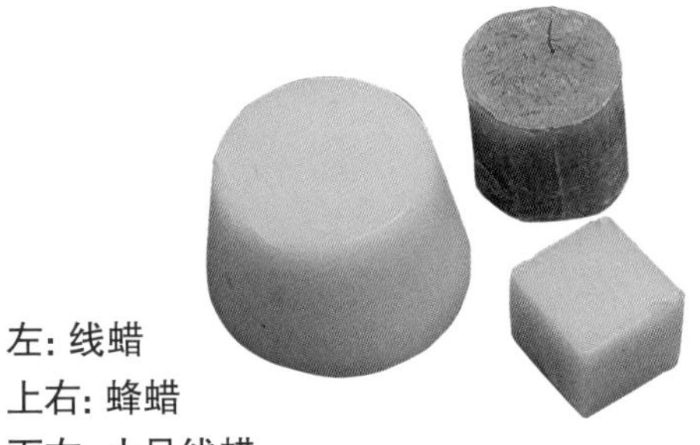

左: 线蜡
上右: 蜂蜡
下右: 小号线蜡

线蜡和蜂蜡都适用于麻线，一方面可以防止麻线起毛，另一方面可以提高麻线的强度和顺滑度，使其穿过缝孔时不容易磨断。和用石蜡制成的普通线蜡相比，蜂蜡的黏性更强，适合做皮包时使用。

上左: 蜡线
上右: 尼龙线
下: 麻线

麻线是用天然麻纤维制作的线，手感粗糙，一般需要上蜡后使用。蜡线则是已经上过蜡的麻线。尼龙线是模仿动物肌腱制作的成束的线，可根据自己喜欢的粗细分开，再搓成一股使用。

大号手缝木夹

在缝合过程中经常要把皮革翻来翻去，手缝木夹可以把皮革牢牢地固定在一起以便缝合。大号手缝木夹最长可固定长 30 cm 的皮革。

小号手缝木夹

最长可固定长 20 cm 的皮革，适合做皮带等小物件时使用。可以靠调节螺丝的松紧来固定皮革。

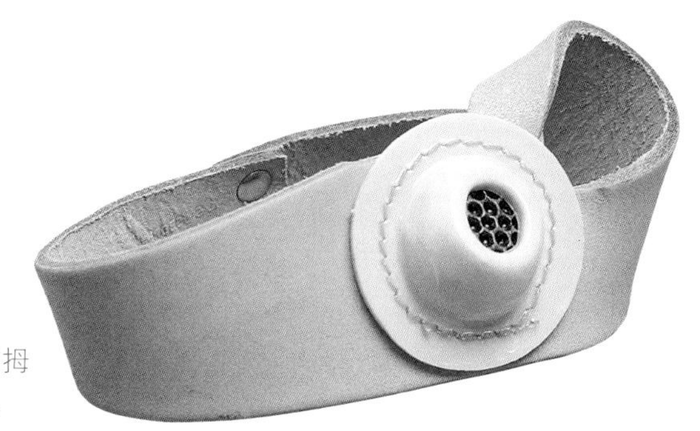

顶针指套

缝制较厚的皮革时使用。将它戴在大拇指上，用拇指根部去顶缝针，就能轻松地将缝针顶进皮革中。

染色工具

为了创作出独一无二的作品，染色是必不可少的步骤之一。但要记住一点，如果染料的种类不同，那么即使染的是相同的颜色，最后出来的效果也会有出入。

毛笔和毛刷

适合将染料涂到皮革上的毛笔和毛刷很多，可按染色范围的大小选择——小号毛笔用于小范围的染色，大号毛笔用于较大范围的染色，平头刷则用于大面积皮革的染色。

盐基染料

液体染料的一种，用水或者酒精都能稀释。因为使用方便且显色效果好，所以初学者可以放心使用。

油性染料

这种染料呈膏状，颜色厚重，多用于在皮雕作品中制造阴影，也可以用于大面积地上底色，让皮革呈现复古的效果。

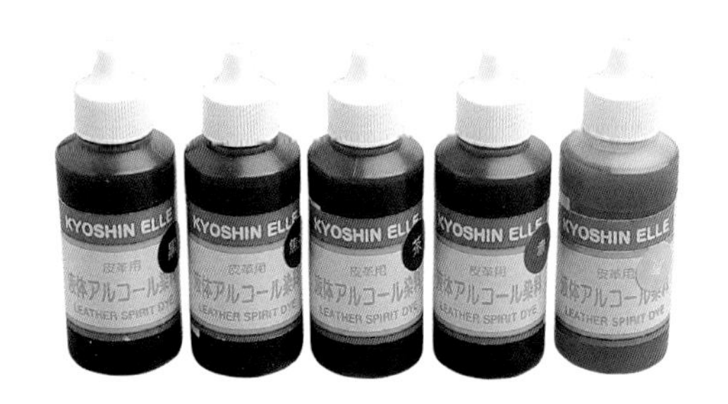

酒精染料

液体染料的一种，需要用酒精稀释再使用。与盐基染料相比，它显色较为柔和，耐光性更强。

美国骑士牌酒精染料

这种酒精染料的耐光性与显色效果俱佳，除了可用酒精稀释，还可以直接使用。出售时通常配有染色专用的纱布团。

润饰工具

用各种处理剂润饰作品不仅能使作品更加美观，还能滋润皮革和防止褪色，同时能提高作品的耐用性。所以，千万不要忽视这一环节。

牛脚油 / 皮革油蜡

牛脚油是 100% 从牛脚脂中萃取的油脂，既能提高皮革的柔软度，也能提高防水性。皮革油蜡能为皮革表面增添光泽。这两种处理剂均为油性。

皮革亮光漆 / 皮革保养剂 / 水性瓷漆 / 皮革防水喷漆

给皮革染色后，先涂上皮革保养剂来帮助皮革固色，再涂上皮革亮光漆进一步加强固色及防水效果。水性瓷漆可涂抹在任何染料和颜料上，使颜色更自然。皮革防水喷漆可以让颜色更加鲜艳，轻轻一按即可喷出喷雾。

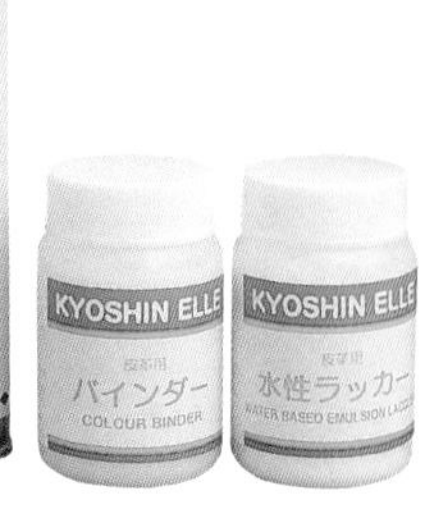

工具套装

对刚刚入门的爱好者来说，直接购买工具套装十分方便。下面以日本协进的工具套装为例，展示一些常见的工具组合。

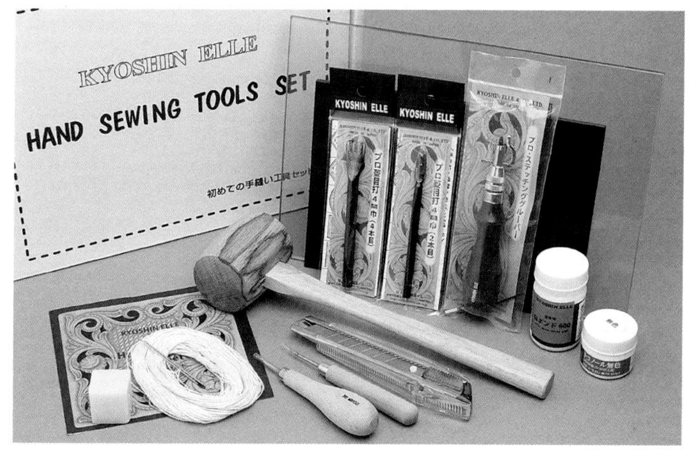

手工皮艺基础套装

这是最适合即将开始手缝皮具的人的工具套装，包括从裁切皮革到最终润饰皮革的一整套基本工具，还附有基本的手缝技法说明书。

缝线基础套装

包含了打孔和缝制这两个核心环节所需的工具，包括菱錾、菱锥、皮革专用缝针、蜡线和白乳胶，并附有套盒和简单的说明书。

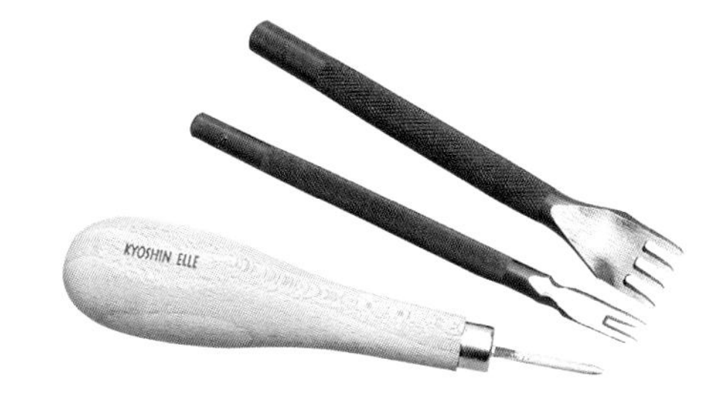

菱錾及菱锥套装

包含一把四孔菱錾、一把双孔菱錾和一把菱锥，且有 3 种尺寸可供选择，可满足大部分初学者的基本需要。

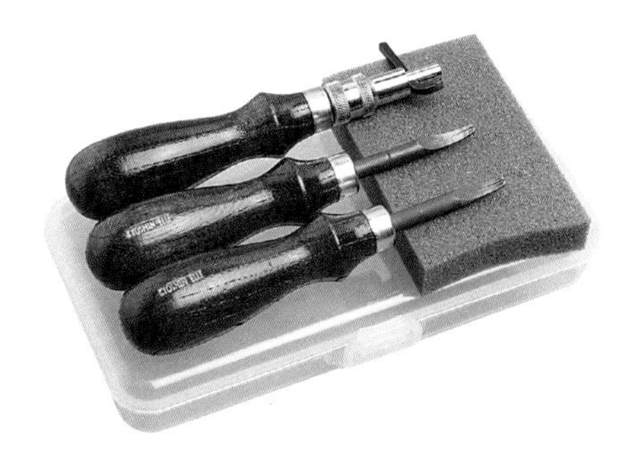

削边器和多功能挖槽器套装

包含刃宽不同的两把削边器和一把多功能挖槽器。

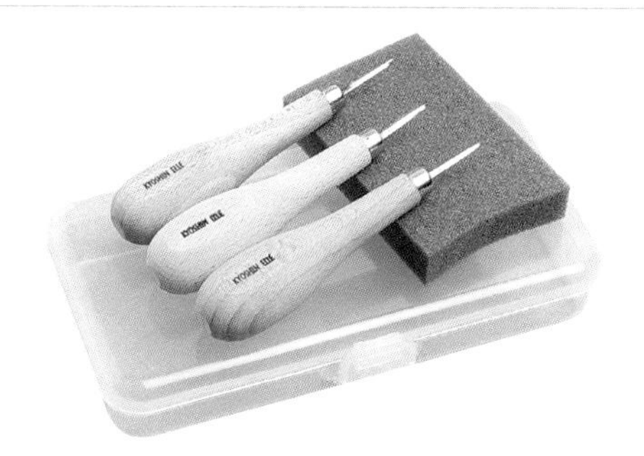

专业菱锥套装

包含 3 把锋利的菱锥和工具盒，菱锥根据头部的粗细分为细头、中等和粗头 3 种。

专业削边器套装

包括 3 把一模一样的削边器，方便替换。

多功能挖槽器与划布轮套装

包括一把多功能挖槽器和一把划布轮，其中划布轮配有 4 种型号的滚轮。

金属配件

金属配件虽然并非必需的材料，却能提高作品的功能性和装饰性。金属配件的种类多如繁星，以下仅介绍几种基本的。

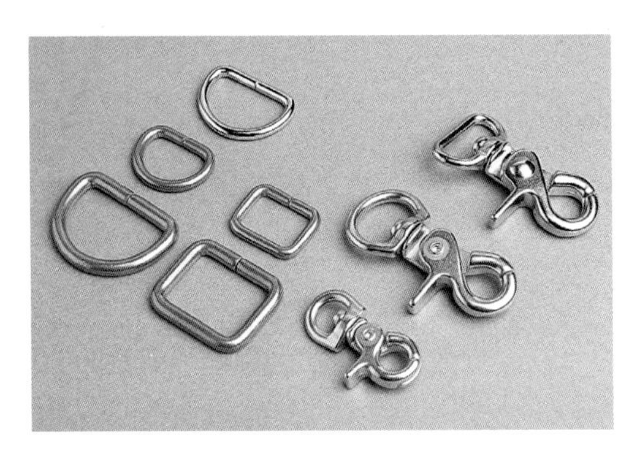

D 形扣 / 方扣 / 钳扣

这些都是皮艺中经常使用的环状扣，其尺寸和形状都非常多，大家最好多准备几种。

二合扣

皮艺中常用的二合扣有铆钉、牛仔扣和磁扣等，它们的功能各不相同，款式及颜色也非常多。

拉链

安装在皮包的袋口和内袋上，有不同的长度，大家可以根据需要安装部位的长度来选择。

APPROPRIATE FOR BAG

适合制作皮包的皮革

用于皮具制作的皮革种类繁多，特征各异。在这里我们将介绍适合做皮包的皮革以供大家参考。

逛过皮革店的人应该知道，其中的货品虽然统称为“皮革”，但种类和数量都十分惊人。依据动物品种来分类，就有牛皮、猪皮、鹿皮、马皮、山羊皮等，而且每一类又有不同部位之分，其性质和特征等都大不相同。另外，有些皮革虽然不适合染色，但也有很多颜色可供选择。若想衡量一张皮革的价值，往往还要从稀少程度和加工方式这两方面进行考量。总之，影响皮革挑选的因素可谓千差万别，要是展开来介绍，足足可以写出一本书了。

下面介绍的皮革都适合做皮包，如果你是初学者，不妨先从中选择。

全背部染色植鞣革

纹理细致的优质植鞣革是最近最受欢迎的皮革。由于皮面纹理细致，它能够染出各种饱满的颜色。它的原色也很漂亮，适合制作雅致的物品。全背部裁切的方式使得皮革的利用率很高（详细介绍见第20页），这也是它受欢迎的一个原因。

美国油牛皮

自皮具诞生初期就拥有超强人气的植鞣革。它饱含油分，非常适合皮雕创作。所以，除了制作皮包，它也适合制作小装饰和小物件。可以染色。

梅乐奈白色植鞣革

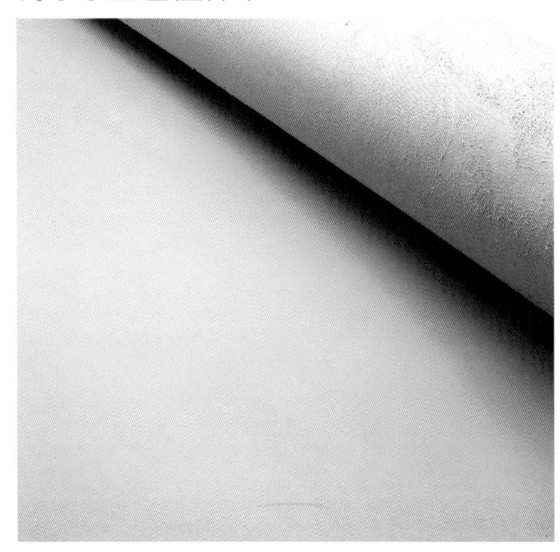

饱含油分，且延展性极佳。它之所以受欢迎，主要因为它所呈现的白色在植鞣革中非常罕见。它拥有植鞣革特有的自然质感，使用时间越长越能显现风格。不可染色。

德国光面牛皮

以欧洲牛皮为原料，用 100% 植物单宁酸鞣制的高级植鞣革。这种皮革的表面进行了特殊的防污处理。用久了之后，它会变成焦糖色，是一种值得细细品味的皮革。不可染色。

意大利托斯卡纳牛皮

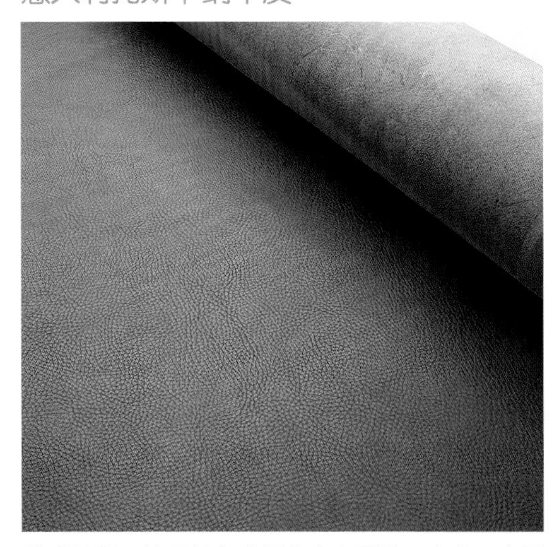

手感温润、越用越有光泽的意大利进口皮革。它虽然也是植鞣革，但由于纹理深邃，不容易被刮伤。有黑色、茶色、巧克力色 3 种颜色，不可染色。

皱纹山羊皮

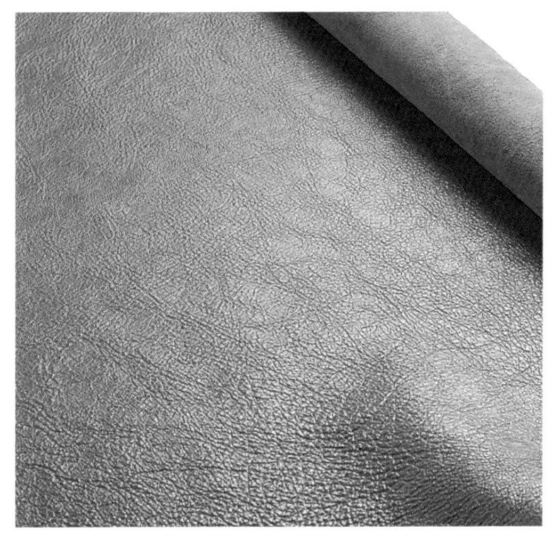

山羊皮独有的大量纹理让人印象深刻。一整张山羊皮正好可以制作一个皮包,所以很适合初学者购买。它的颜色有十几种，不可染色。

麋鹿皮

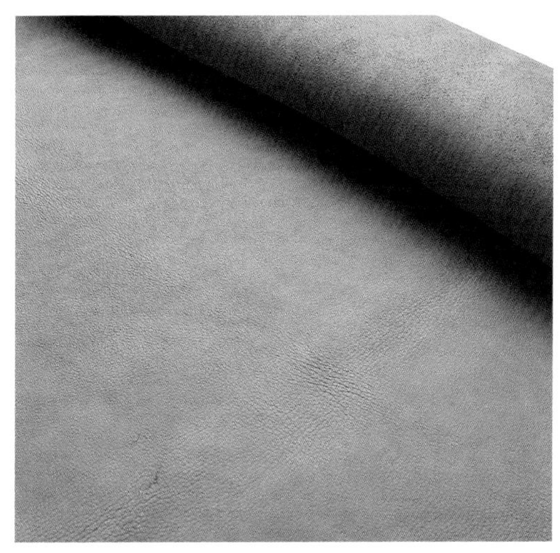

用新西兰麋鹿皮制成的皮革。它具有所有麋鹿皮的特征——耐用，就算湿了也不容易变形。用它制作皮具时，配合皮线缝制格外有味道。可以染色。

油蜡猪皮

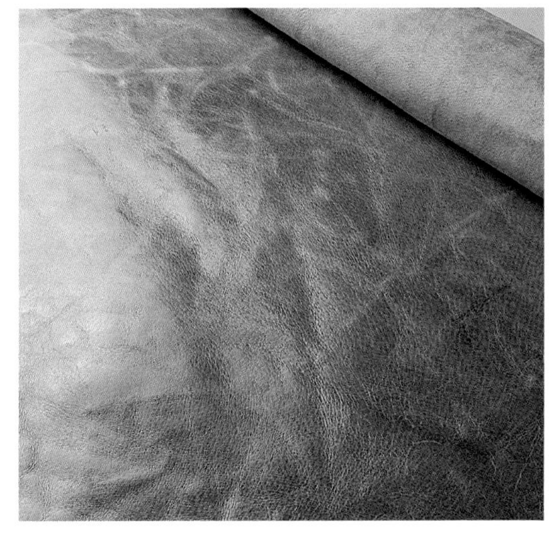

虽然猪皮通常用来做内层皮革，但是这种猪皮更适合做表层皮革。在油脂与蜡的作用下，它呈现出独特的光泽，用手搓法制造的独特纹理也是它的特点之一。它质地柔软，易于加工，用剪刀也能剪裁。不可染色。

猪里皮

利用皮革表面的特殊纹理制成的猪皮植鞣革。其特征是耐磨，所以多用作皮包的内层皮革。既可以将原色皮革单独染色，也可以和表层皮革一起染色。

HOW TO USE DYESTUFF

染料的用法

要想创作有个性的作品，染色必不可少。不同的皮革适合不同的颜色，染色方法也不尽相同。在此，我们将介绍两种基本的染色方法。

纱布团擦染法

这种方法适用于染色面积比较小的情况。这种技法很简单，任何人都能轻松上手。不过，为了把握好每次蘸取染料的分量，建议先用小块边角料练习一下，再正式开始染色。

1 首先，将适量染料倒进容器里。图中选用的是骑士牌酒精染料。

2 将准备好的纱布捏成团，用纱布团蘸取染料。因为需要反复涂抹，所以开始时不必蘸取太多。

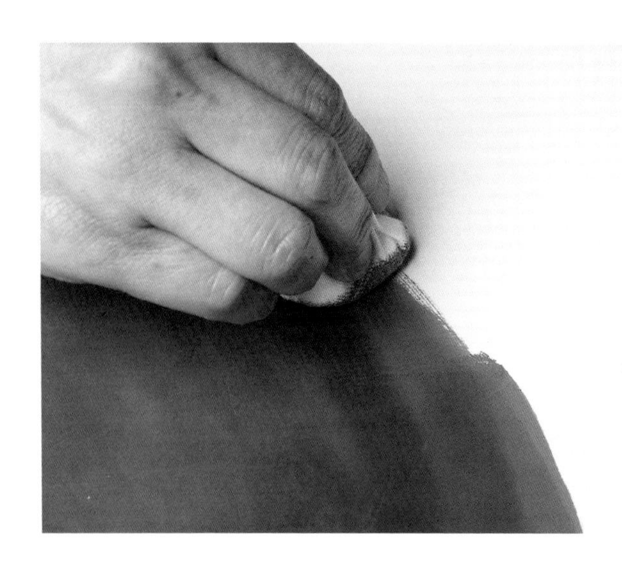

3 捏住蘸了染料的纱布团，在皮革表面来回涂抹，使颜色逐渐加深至理想效果。这样反复涂抹能避免染色不均匀。但是要注意一点，使用酒精染料时，反复涂抹太多次会使皮革表面变硬。所以不要嫌麻烦，事先练习一下吧！染出满意的颜色后，再在皮革上涂抹封边油。

毛刷刷染法

这种方法适用于染色面积较大的情况，因此制作小物件时不常用，制作皮包等大件皮具时会经常用到。

1 首先，为了避免成品染色不均匀，用刷子将水刷在整个皮面（皮革表面）上。注意：水不宜刷太多，否则会使皮革变硬。

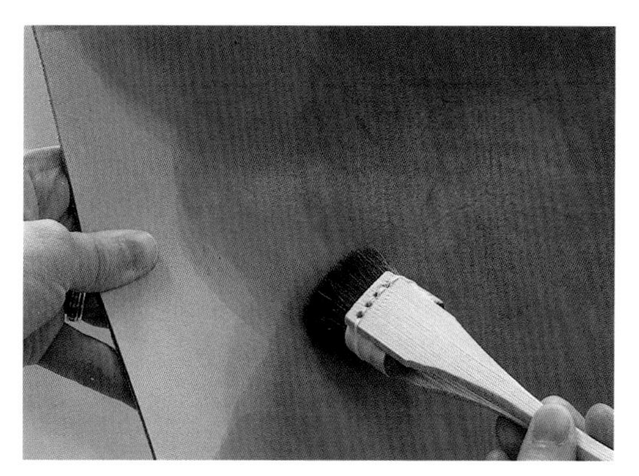

2 接下来，用毛刷蘸取用水稀释过的水溶性染料并染色。和使用纱布团擦染法相同，反复涂抹以使颜色逐渐加深。达到理想效果后静置片刻。

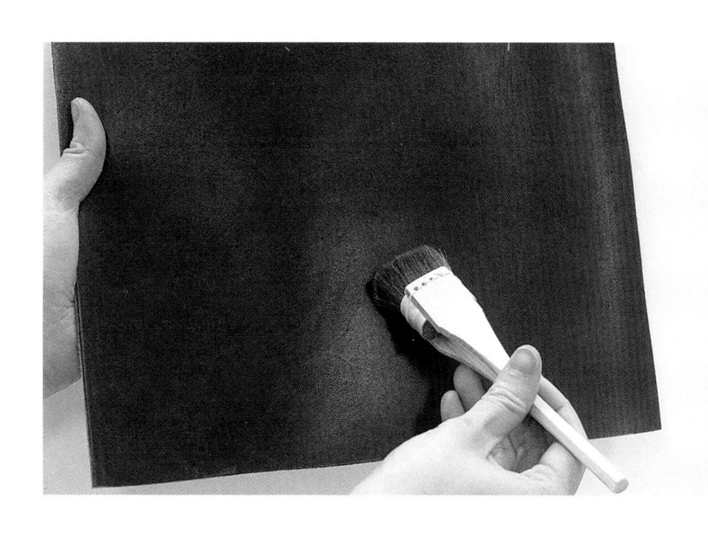

3 确认染料完全晾干后涂上处理剂。处理剂不同，其晾干时间也有所不同，一般为 2~3 天，具体时间要通过仔细阅读染料的说明书来确定。至于毛刷的种类则没有特别要求，根据需要染色的面积和自己的喜好来选择就好。

① 染料种类繁多，就算是同种皮革，使用不同染料的效果也截然不同。
② 染色方法远不止上面介绍的两种。这里所用的染色方法便不一般——先用处理剂画出不规则的格子，再用染料染色。只有大胆尝试，才能创造出独树一帜的作品。

1

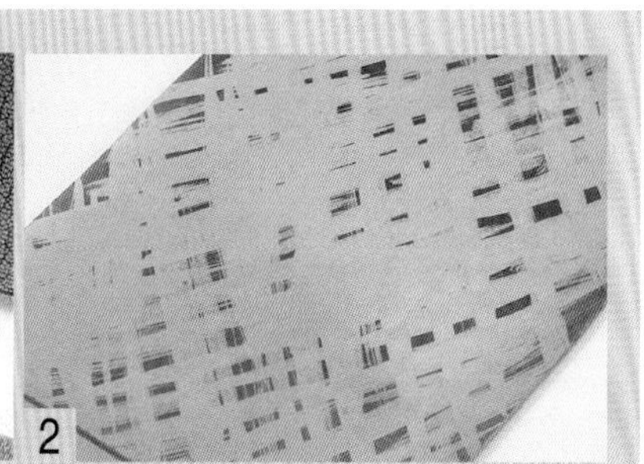

2

LEASER BASIC KNOWLEDGE

皮革的基础知识

开始制作皮包前，让我们了解一下皮革各部分名称、纤维走向等方面的基础知识吧！挑选皮革时，这些知识一定会对你有所帮助。

部位名称和纤维走向

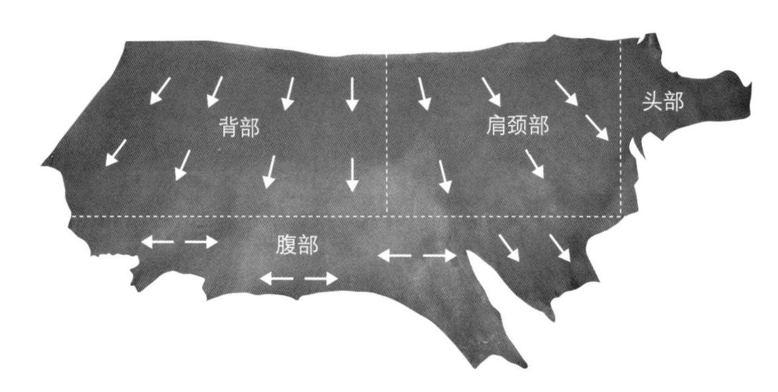

皮革的纤维是有方向的，部位不同，纤维的走向也不同。如上图所示，箭头所指方向为纤维的走向。沿纤维走向拉伸时，纤维较为紧密（不易拉伸）；垂直于纤维走向拉伸时，纤维较为疏松（易拉伸）。正因为皮革有这样的特性，我们一定要根据皮革的用途，考虑好再裁切皮革。特别要注意的是需要弯折的皮革，只有折叠方向与纤维走向保持一致，成品才会整齐美观。如果选用的是已经裁切好的皮革，可通过横向和纵向的拉扯来确认纤维走向。另外，一张半开牛皮（以背部为中心将整张成年牛皮裁为左右两部分）的尺寸约为 25 ft^2（2.3 m^2）。

什么叫肩皮？

动物肩颈部的皮革。由于颈部周围的皮革有很多褶皱，用它可以创作风格独特的作品。

什么叫全背部皮革？

动物背臀部的皮革。因其形状较为规则，使用起来无须修剪太多，所以利用率相当高。

SPECIAL THANKS

特别鸣谢

日本协进
邮编：111-0054
东京都台东区鸟越 2-10-8
电话：03-3866-3221
传真：03-3866-3226
营业时间：9:00-17:30
休息日：星期六・星期天・节假日
网址：
http：//www.kyoshin-elle.co.jp
邮箱地址：
leather-craft@kyoshin-elle.co.jp

日本协进旗舰店
营业时间：9:00-17:30
休息日：星期六・星期天・节假日
邮箱地址：
alpha@kyoshin-elle.co.jp

提供有关手工皮艺的一切产品和信息

到目前为止，本书介绍的工具和皮革均由东京都台东区的日本协进（协进 ELLE）提供。这里的皮艺产品相当丰富，无论是新手还是职业皮具匠人，无论是想做皮革小物件、皮包、皮带的人，还是想做皮鞋、皮衣的人，都能轻松找到自己所需的工具、材料和教材。其中，皮革尤为齐全，包括牛皮、猪皮、羊皮、麂皮、袋鼠皮、马皮、蛇皮等几乎所有种类的皮革。不仅如此，其中的工作人员也是皮艺玩家，不仅对皮革和工具的信息了如指掌，也十分关注皮艺制作技术的最新动态。如果你有什么不明白的，不妨和他们聊一聊。

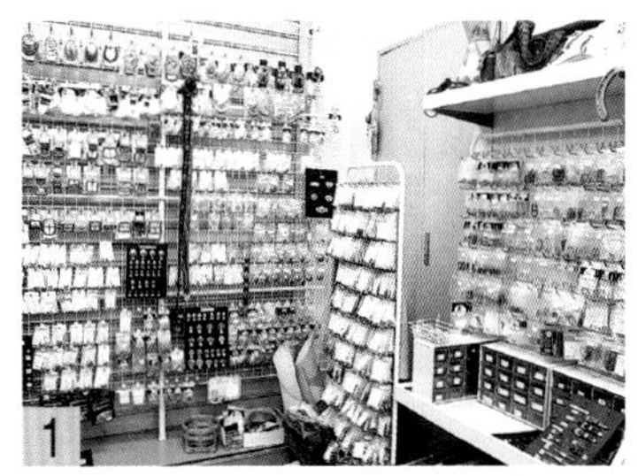

①②店里满满当当地铺陈了各种工具和材料，包括金属扣和金属卡口等金属配件。所有商品都按种类细分，顾客很轻松就能找到所需的商品。
③地下一楼的“ELLE 皮革工艺研究所”长期开办各种各样的兴趣班，人气爆棚，十分热闹。兴趣班包括皮包制作和皮雕等，欢迎有兴趣的朋友前去咨询。

TOTE BAG

托特包 熟悉皮包制作的流程

要想通过制作一款皮包来打好基础，制作托特包（即大提手袋）最合适不过了。这款皮包为四边形，虽然造型简约，其制作过程却包含了皮包制作的所有环节。在这一章中，我们会详细讲解包括自制纸型、裁切、缝合以及最后的磨边和润饰在内的每一个环节。

皮包制作的九项基本功

从零开始制作皮包需要经过多道制作工序。虽说根据皮包的样式，制作工序会相应变化，但基本的制作过程是大致相同的。

这些工序一共有 9 道，被称为皮包制作的 9 项基本功，包括按成品设计和制作纸型、选购皮革、在整张皮革上规划各部分的裁切位置、裁切皮革、绘制基准线、打出缝孔、黏合皮革、缝合以及磨边和润饰。

别看托特包造型简单，内部却别有洞天。与一般的托特包相比，这款托特包更加实用：通过添加边皮来增加厚度，通过添加内层皮革来提高强度，还有可以放置小物品的内袋以及结实的提手。按照下面的步骤制作一个托特包之后，想必你会对皮包的制作过程了然于胸。

1 制作纸型

如果是制作没有曲线的托特包，从零开始亲手设计纸型并不是件难事。先考虑要放进包中的物品大小和托特包的用途，再确定好托特包的长度、宽度和厚度，就可以开始制作自己理想中的托特包的纸型了。

1 想一想托特包要容纳的物品的大小，确定好袋身的大小。这里以 A4 大小的书为参照，确定袋身的大小。

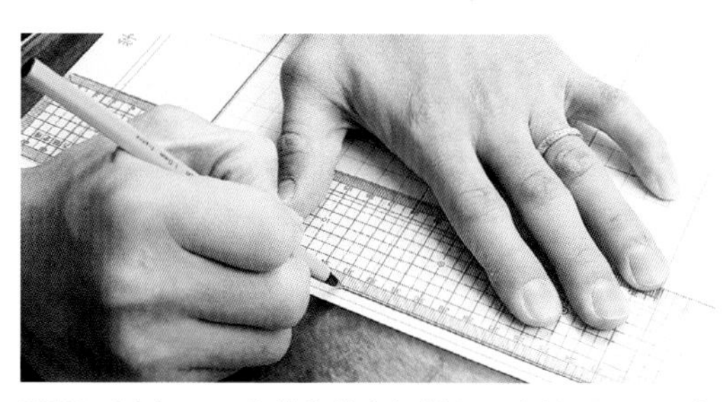

2 在以 1 cm 为单位的坐标纸上画出纸型，要用直尺准确画出纸型的轮廓。

3 用美工刀按照轮廓线裁切出纸型。因为纸型是裁切皮革时的唯一依据，所以一定要用直尺分毫不差地裁切。

设计并裁切出各部分的纸型

除了袋身，制作托特包还需要哪些部件呢？下面将逐一进行解说。各部件的实际尺寸可参照第 28 页等比例缩小的纸型。

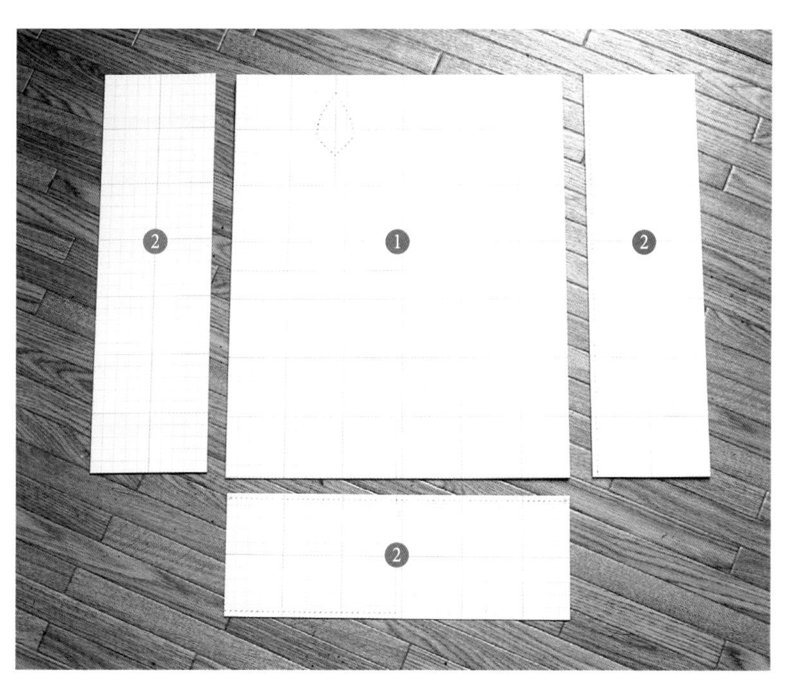

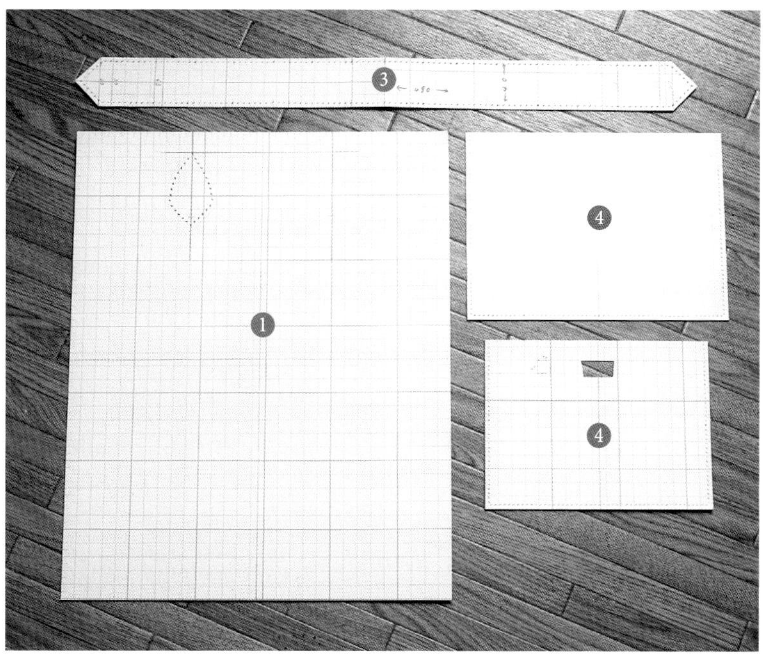

❶ 袋身

在包袋的各个平面中，面积最大、居于主体地位的就是袋身。皮包的袋身一般有前后两片，用边皮（下面会讲到）把它们连接起来，就会形成皮包的大致形状。当皮包需要区分前后时，我们称前面的为前幅，后面的为后幅，不过托特包没有前后之分。袋身的大小可以根据想装物品的大小和自身喜好来定，当然你也可以自由改变长宽比例。

❷ 边皮

包袋的侧面，即决定包袋厚度的部分都称为边皮。连接袋身两侧的两片边皮称为侧片，连接包底的边皮称为底片，它们和袋身拼接在一起就成了盒子状。边皮的宽度决定了包袋的厚度，我们可根据实际需要来确定其宽度。侧片和底片既可以分别裁切，也可以作为一个整体裁切。在这款托特包中，边皮是一个整体。

❸ 提手（手柄）

包袋上用手提着的部分就是提手。提手的形状和材质都有很多种选择，可以说有多少种包袋就有多少种提手。在这里，我们将用与袋身相同的皮革来制作提手。

❹ 内袋

顾名思义，即袋身内的口袋。设计内袋纸型时，理论上说内袋只要能装进袋身就行，当然你也可以选择不要内袋。要内袋的话，虽然制作工序会增多，但是皮包使用起来更方便，看起来也更有档次。

在纸型上绘制基准线

在裁好的纸型上绘制打孔及缝合所需的基准线。这一步可以作为在皮革上绘制基准线的热身，这样等你打孔和缝合时才能心中有数。

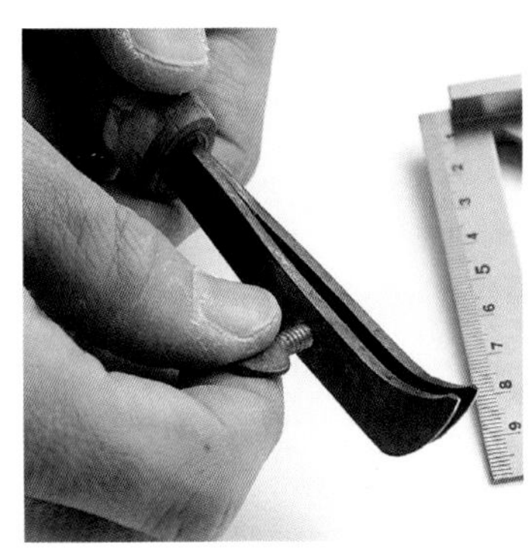

1 绘制基准线时使用边线器。可通过转动边线器侧面的螺丝来调节两片刀刃的间距。

2 测量宽度时，以刀刃内侧之间的距离为准。此处我们就和实际在皮革上绘制基准线时一样，将宽度设定为 5 mm。

3 将较长的刀刃紧贴纸型的边缘，较短的刀刃自然落在纸型上。沿纸型边缘拉动边线器，这时较短的刀刃画出的线就是基准线。

4 如左图所示，一只手紧握边线器，大拇指竖起来顶住边线器，另一只手紧紧按住纸型。拉动边线器时，如果贴着纸型边缘的刀刃颤动，基准线就会歪歪扭扭，所以要均匀地用力。开始画线时，就算画出的痕迹不明显也没关系，只要反复练习，就能画出既清晰又笔直的线条。

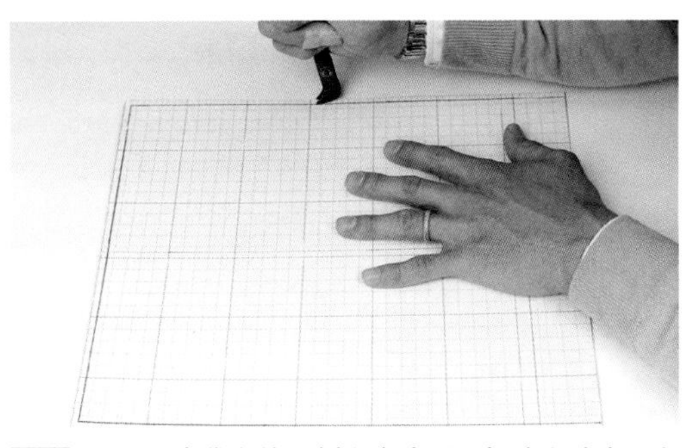

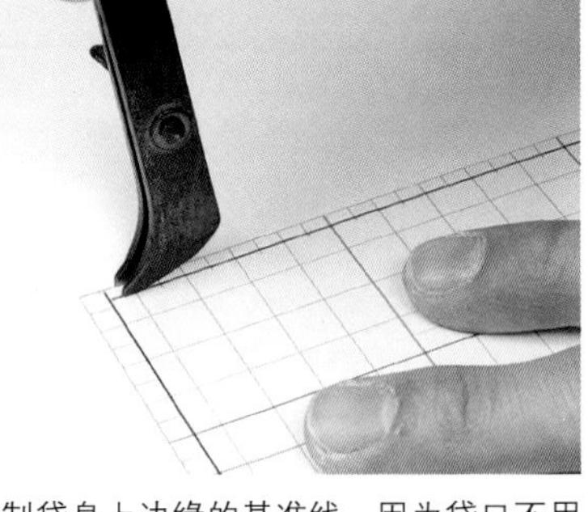

5 因为只有袋身的两侧和底边需要打孔和缝合，所以先画出这 3 条边的基准线即可。注意，不要让基准线在转角处交叉，最好在快画到相交点前就停下来。

6 最后，绘制袋身上边缘的基准线。因为袋口不用和其他部分缝合，在这里缝的线只起装饰作用，所以它又叫装饰性缝线。将边线器的宽度调整到 3 mm 并画出基准线，再在上面打出可供细线穿过的小孔即可。

在纸型上打缝孔

因为缝孔一旦打好就难以更改，所以打孔前要用菱錾在基准线上轻压出标记，确定缝孔的位置和数量。先在纸型上练习一下，这样在皮革上操作时便心中有数了。

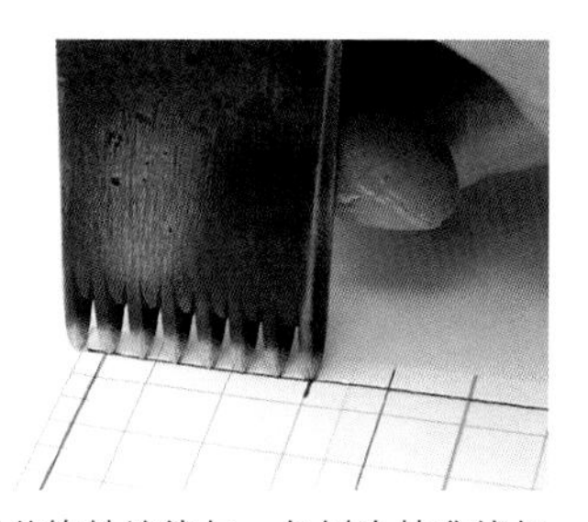

1 任选一个角（以装饰性缝线与一条侧边基准线相交的角为例），将菱錾的第一个刀刃抵在纸型边缘，以第二个刀刃的落点为第一个缝孔的位置。确定刃尖都落在基准线上后，轻轻按出标记。

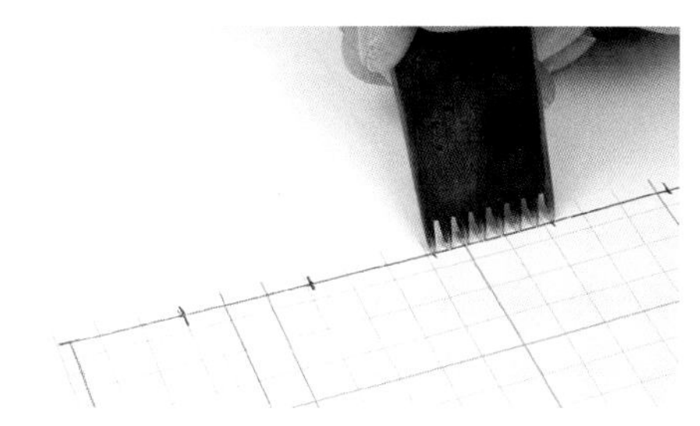

2 继续沿基准线做标记。将菱錾的第一个刀刃对准刚才压出的最后一个标记，再次轻轻按压。按照此方法反复操作，直到接近这条基准线的尾端。

3 为了对齐转角（袋身侧边和底边的基准线相交处）的缝孔，当标记即将到达基准线的尾端时暂停下来。

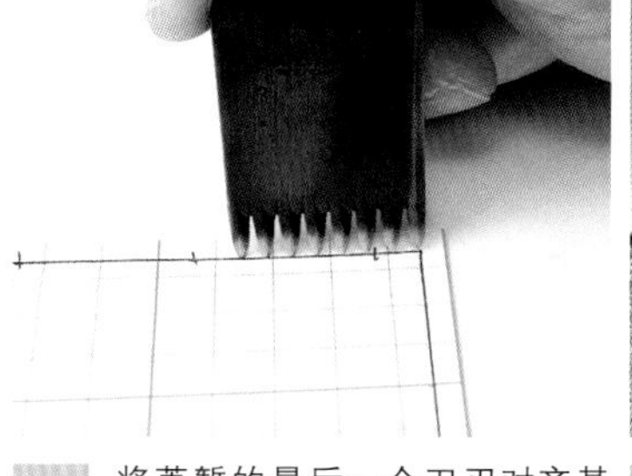

4 将菱錾的最后一个刀刃对齐基准线的尾端，用同样的方法印出标记。就算之前印出的标记和最后收尾的标记没对齐也没有关系，等到在皮革上打孔的时候可以进行微调。

5 所有标记都做好后，便可以开始在纸型上打孔了。依然将菱錾的第一个刀刃抵在纸型边缘，其余刀刃与已经做好的标记对齐。用木锤连续敲打菱錾，直至刀刃穿透纸型。

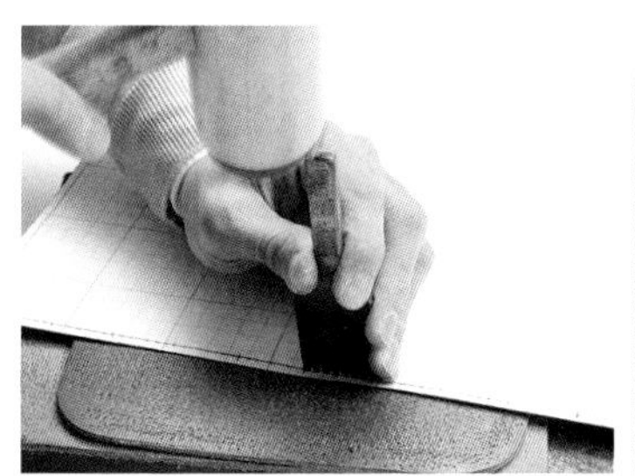

6 继续敲打菱錾。和做标记时相同，让菱錾的第一个刀刃与之前打出的最后一个孔重合。如果敲打时发现标记偏离了基准线，就以基准线为准来打孔。

7 快打到转角时，先按照标记的位置放置菱錾。略微调整菱錾的位置，使菱錾的最后一个刀刃与基准线的尾端完全重合，再进行敲打。

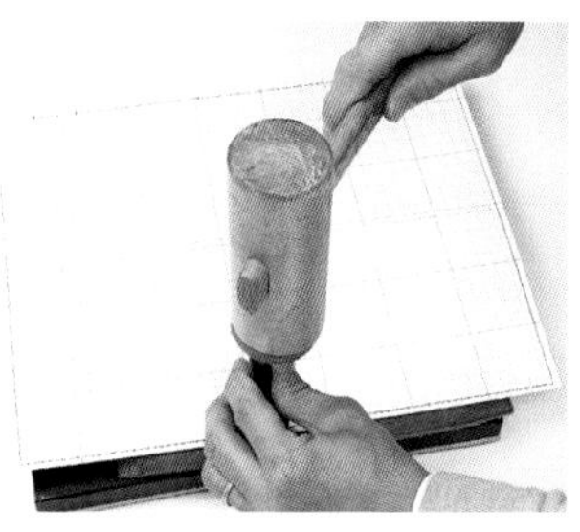

8 转角的缝孔打好之后，接着在相连的另一条边（即袋身的底边）打孔，之后在另一条侧边打孔。

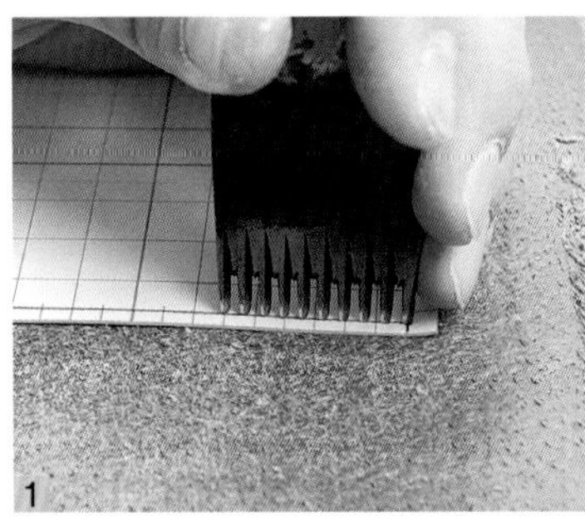

9 ① 在袋口所在的那一边为装饰性缝线打孔。因为要使用较细的缝线，所以缝孔相对也要小而密。换用合适的菱錾，和在其他 3 条边所做的一样，先轻轻印出标记。
② 从一端的转角开始打孔。因为转角的缝孔已经打好，所以从第二个标记开始打孔。
③ 一直将缝孔打到装饰性缝线的另一端。

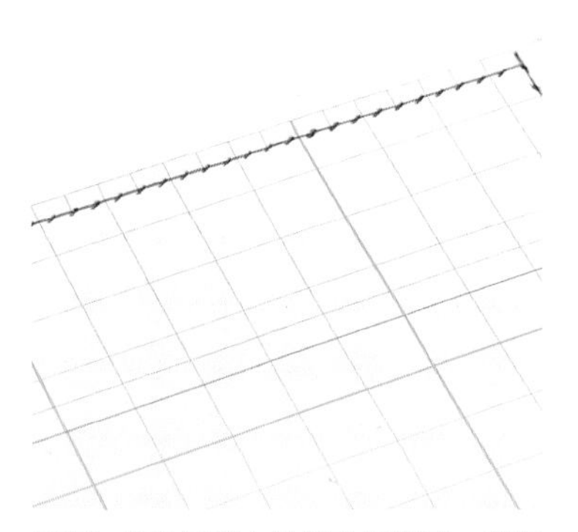

10 袋身纸型上的缝孔打好了。实际在皮革上打孔时也按刚才的顺序操作，就能准确地打出缝孔了。

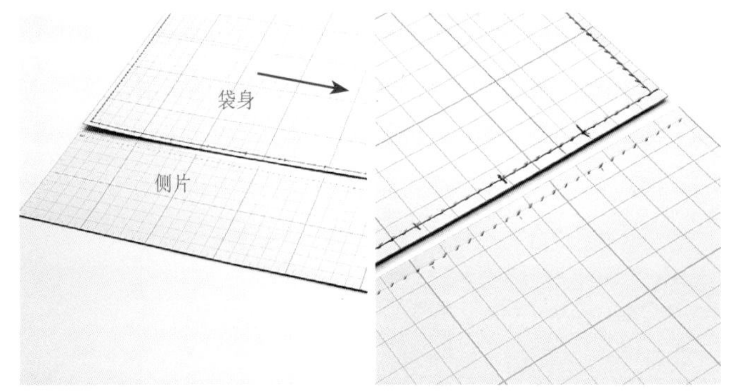

11 接下来在边皮纸型上打孔。先在侧片纸型的两侧绘制 5 mm 宽的基准线，并按照基准线先做标记再打孔。打孔时，为了确保侧片和袋身的缝孔对齐，最好把袋身纸型放在旁边作为参照。

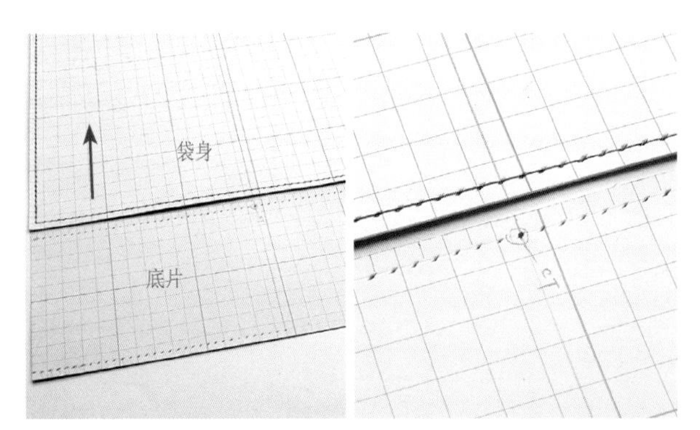

12 和侧片纸型一样，底片纸型上也要打孔。这个时候一定要对齐转角的缝孔，袋身中点和底片中点也要对齐，对齐后在纸型上做标记。这个标记将成为皮包的边皮和袋身黏合时确认它们是否对齐的参照。

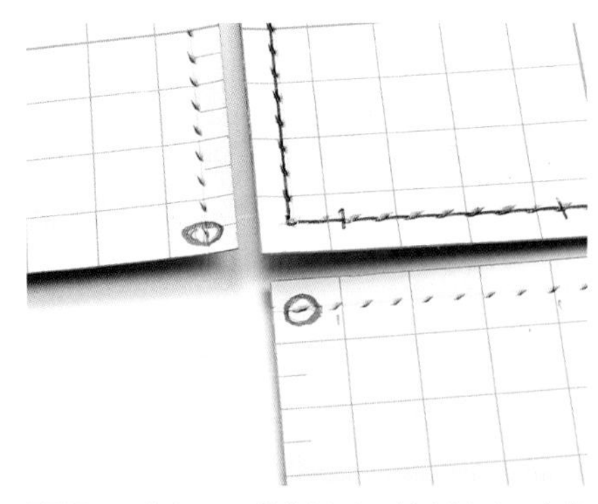

13 图中所示是袋身纸型、侧片纸型及底片纸型的转角。在皮革上打孔时，因为边皮是一整片皮革，所以圆圈记号所对应的缝孔实际上是重合的，它们要和袋身转角上的缝孔缝合。

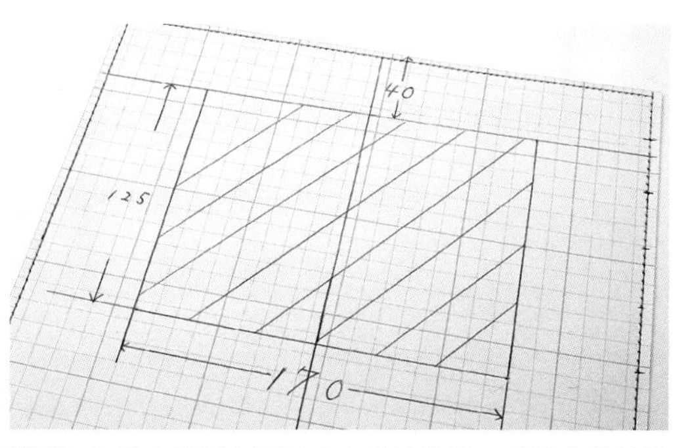

14 在袋身纸型上标记出内袋的位置。虽说内袋的位置可以自由安排，但我们通常会将内袋的中心与袋身的中心对齐。

15 在裁好的袋身和内袋的纸型上画出中线，将它们重叠起来会让你更容易想象出成品的样子。

自制缝孔标尺

掌握了基本的打孔技术后，就没必要特意在纸型上打孔了。这时该如何事先确认缝孔的数量和位置呢？你不妨制作一把专门测量缝孔的直尺——缝孔标尺。

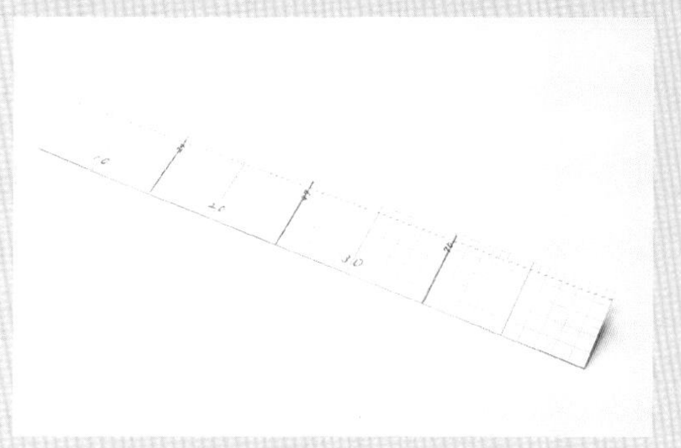

1 这便是用剩余的坐标纸自制的缝孔标尺，它的制作方法十分简单。

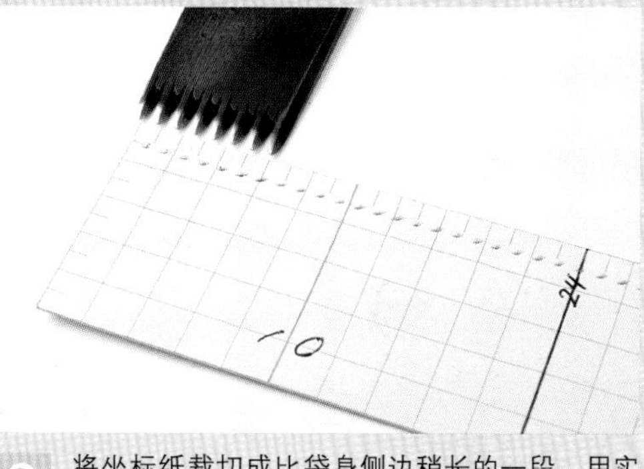

2 将坐标纸裁切成比袋身侧边稍长的一段，用实际打孔所用的菱錾打出缝孔。

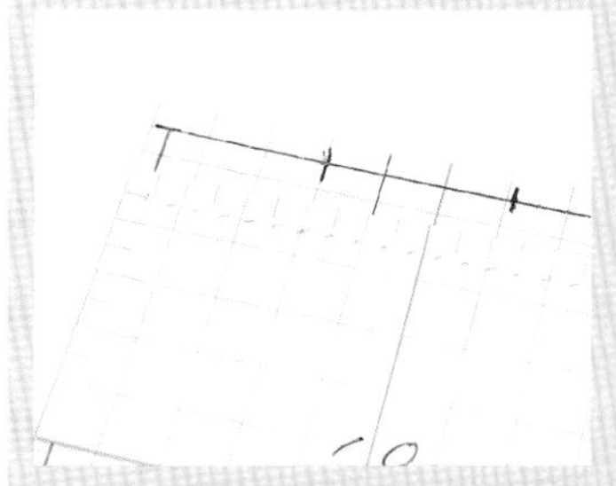

3 将缝孔标尺的短边与袋身的侧边对齐，平行于袋身上的基准线摆放。

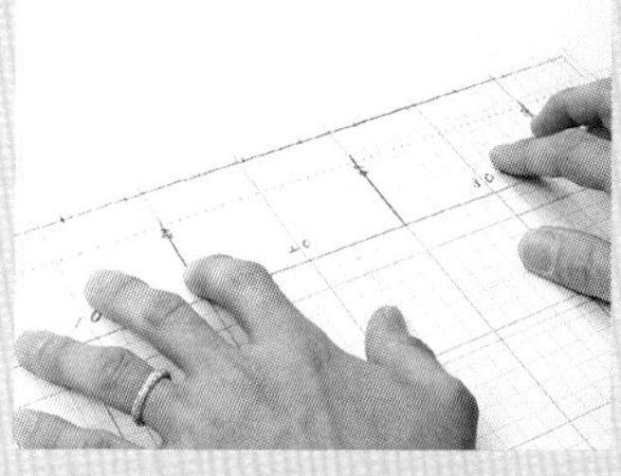

4 将基准线尾端与标尺上的缝孔对齐，数出需要打出的缝孔的数量。

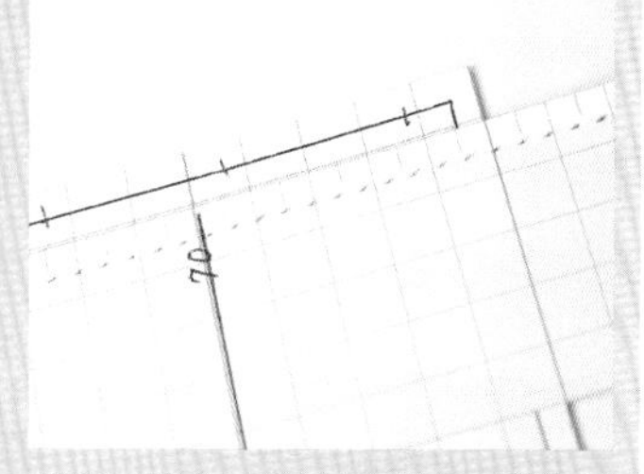

5 检查转角的缝孔是否落在基准线的交点。若没有，想好实际打孔时如何进行微调。

纸型

下面的纸型标出了本书中托特包的实际尺寸。这款托特包能轻松容纳A4大小的文件，其大小十分常见。当然，大家可以根据自己的实际需要来改变大小。但如果你是初学者，建议在此纸型的基础上进行等比例的放大或缩小。

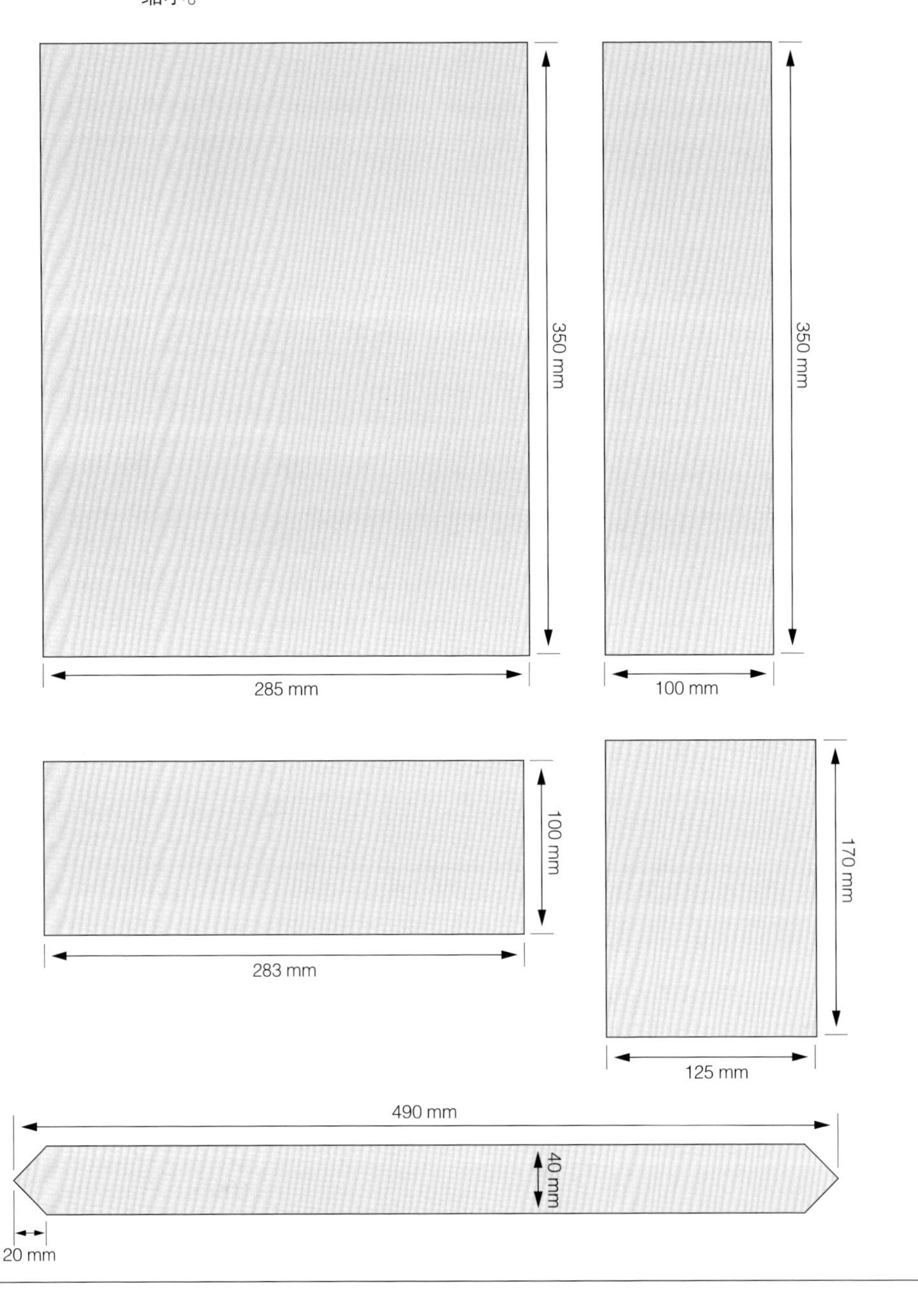

2 购买皮革

制作好纸型后，便要购买作为材料的皮革了。如果有条件，最好亲自去一趟皮革店。以下内容将帮助你挑选到最适合做皮包的皮革。

首先，根据裁好的纸型判断制作托特包需要多少皮革。另外，“皮革”虽然只是简单的两个字，但是其种类繁多。对初学者来说，有些皮革难以驾驭。如果不太确定，就大胆地去向店员咨询或向懂行的人请教吧！他们肯定会根据你的情况回答你的问题。

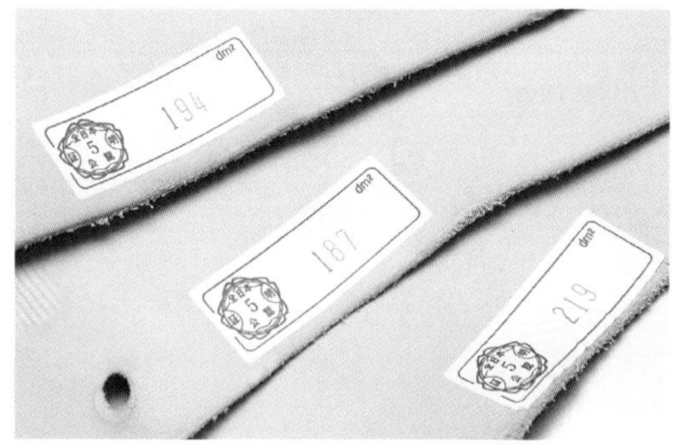

1 一般来说，整张贩卖的皮革上会标有它的面积，将它和此类皮革的单价相乘，就能得到其售价。购买的时候，虽说你不能像下一页的图片中那样把纸型放在皮革上比对，只购买所需大小的皮革，但可以尽量买大小适中的皮革，剩下的碎皮可以用来制作一些小物件。

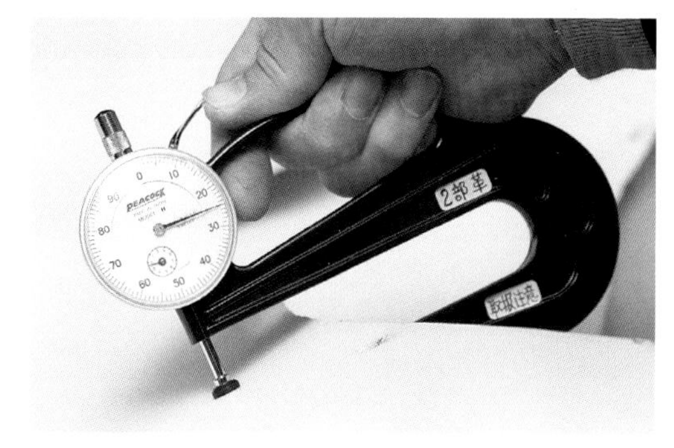

2 市面上销售的皮革都有其原始厚度（该厚度为平均值，实际上皮革各部位的厚度略有差异），但这种厚度的皮革不一定适合制作皮包。这时可以让店员帮你将皮革削薄。如图所示，借助测厚仪可以确认皮革的厚度是否符合你的需要。

注意

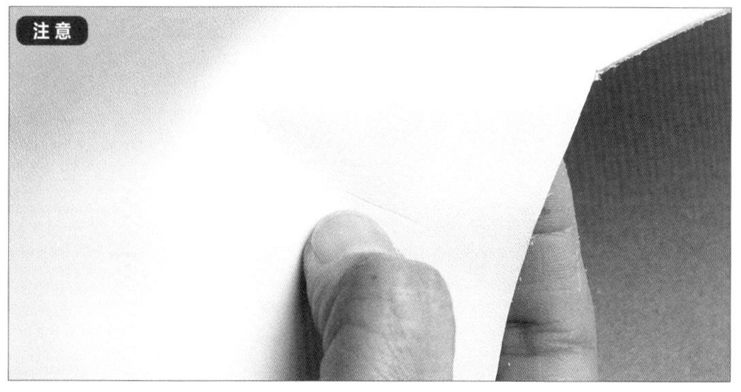

3 柔软细腻的皮革表面很容易被长指甲等尖锐的东西划花。因此，不管是去皮革店选购前，还是将皮革买回家开始使用前，都要检查一下自己的指甲。这不仅是对店家的尊重，也是在让自己养成保养皮革的好习惯。

3 在整张皮革上安排各部件

按所需大小购买皮革是个不浪费材料的好方法，但缺点是只购买优质部位的皮革，价格会很高。就皮包而言，由于许多部件的面积都比较大，不妨买一张完整的皮革。这样，你依然可以将质量最好的皮革一点儿不浪费地用于制作皮包，而且价格也相对公道。下面便来说明如何在整张皮革上安排托特包的各个部件。

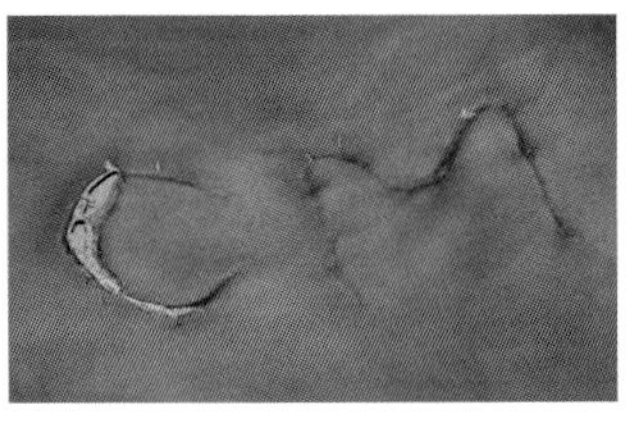

制作这款托特包所选用的皮革是质量良好、褶皱少、容易安排大面积部件的全背部皮革。虽说每张全背部皮革上都难免有些显眼的烙印或血管痕，但总体来说，适合做皮包的优质皮革的面积依然很大，很适合初学者使用。

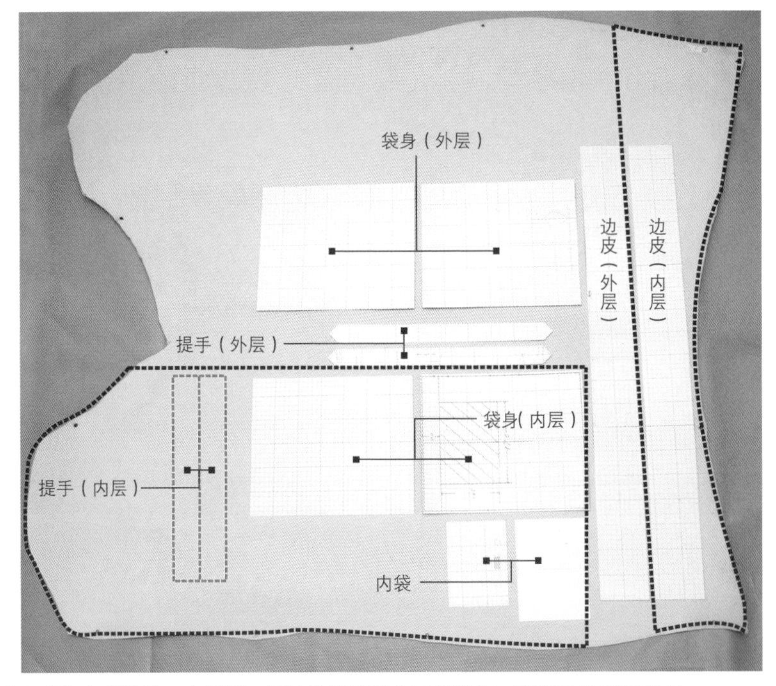

这是从整张皮革上裁切各部件的一个示例。无论你是否照此示例裁切，都要注意以下要点：

①弄清皮革的纤维走向（第 20 页），注意皮包的承重方向必须和皮革的纤维走向一致。

②安排好各部件的位置。如果皮包的某个部件需要弯曲，就要选择皮革上适合弯曲的部分进行裁切。

③因为此次制作的托特包是双层的，所以袋身、边皮和提手都要各裁两片皮革。

④为了让托特包耐用而不失柔软，要将内层的皮革削薄一些。出于节省费用的考虑（因为削薄服务通常不以皮革面积而以皮革张数来计算价格），可参考示例，将所有部件分成 3 组。其中用红色虚线围起来的两组都是要粘在皮包内侧的部件，需要削至 1.2 mm 厚，剩下的则是皮包外层所需的部件，需要削至 1.6 mm 厚。

⑤如果难以找到提供削薄服务的店家，也可以只用单层皮革制作皮包，但要在购买时就挑好原始厚度适宜的皮革。

4 裁切

各部件的裁切是制作皮包最基本的工序之一。裁切时一般使用裁皮刀，但如果裁切以直线部分为主的托特包，用美工刀就足够了。

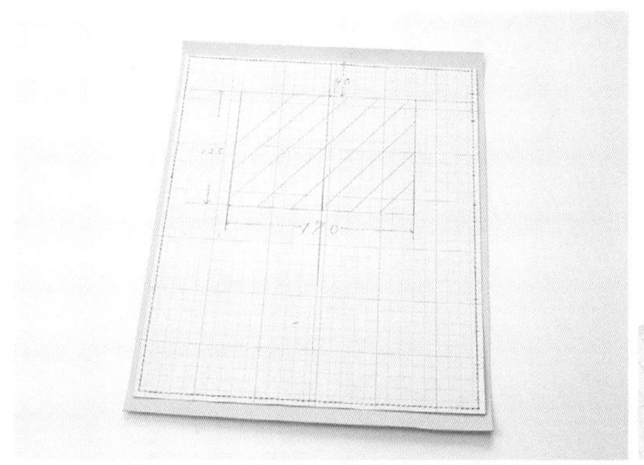

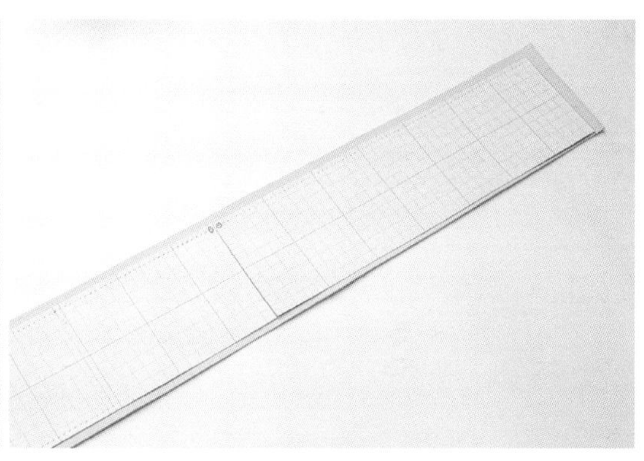

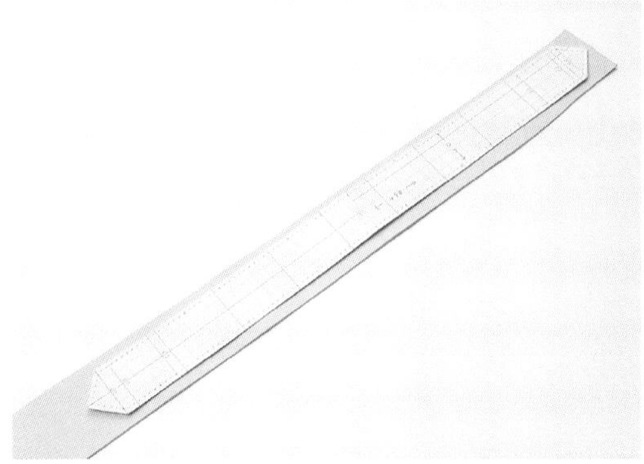

1 决定好要从皮革的哪个区域裁切后，粗略裁切出比纸型大一圈的皮革。如果是这种相对较薄的皮革，用美工刀就可以裁切了。当然，也可以把粗略裁切当作练习，用裁皮刀进行裁切。左上图中的是袋身，左下图中的是提手，右上图中的是边皮——也就是说，将两片侧片和一片底片连在一起，作为一个整体进行粗略裁切。内袋也同样裁切。

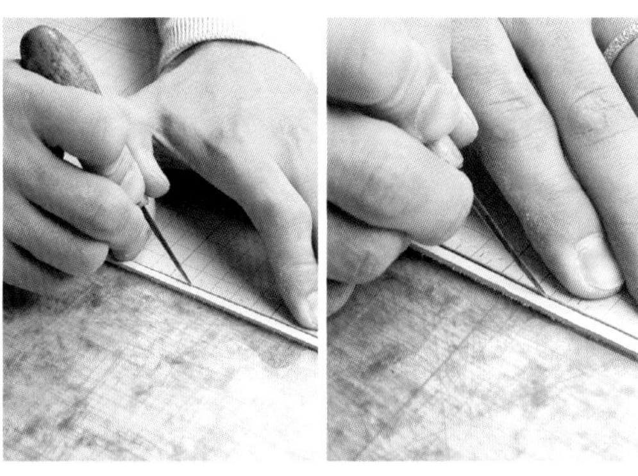

2 先裁切袋身。把纸型放在粗略裁切好的皮革上，注意不要放歪。一只手紧紧按住纸型，另一只手用菱锥或圆锥沿纸型边缘画出轮廓。

3 这是轮廓线画好后的样子。轮廓线即为裁切线，不能有丝毫马虎。再次确认它是否与纸型一致以及线条是否足够清晰。

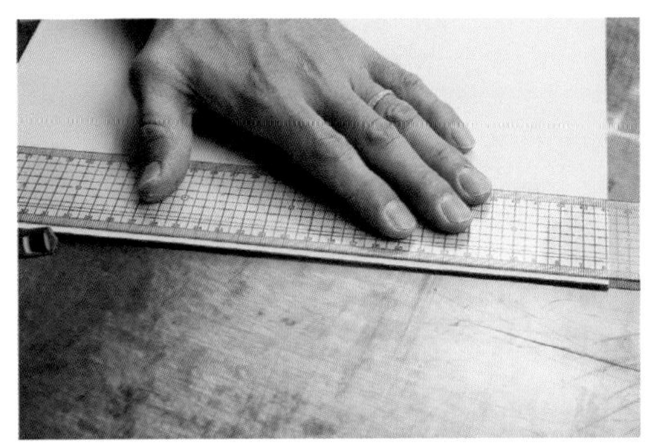

4 沿轮廓线裁切。裁直线部分时用美工刀就可以了。为了精确裁切，用直尺对齐裁切线作为辅助。

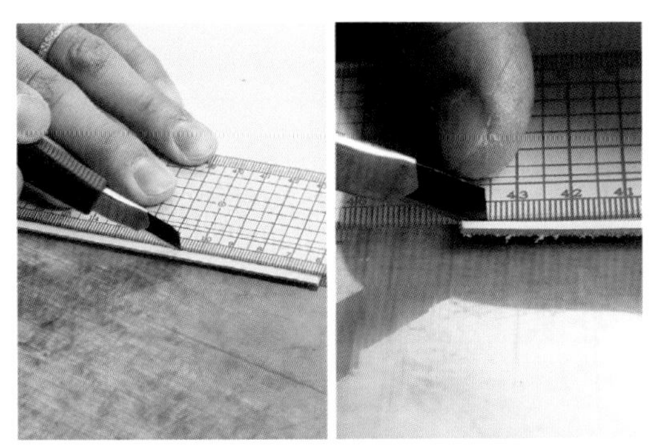

5 按紧直尺，用美工刀的刀刃沿着直尺笔直地裁下皮革。要想提高美工刀的强度，可选用比较硬的黑色刀片。

用裁皮刀裁切皮革

使用裁皮刀需要一个熟练的过程。了解正确的用法后，最好在粗略裁切这一环节用裁皮刀练习一下，或者收集一些碎皮专门练习一下，等到熟练再裁切皮革的各部分。

裁直线部分时，一只手按住皮革，另一只手握住裁皮刀，将刀刃的斜面朝向要裁切出的部分。右图是裁皮刀的正确握法。注意，手肘要稳稳地放在操作台上，四指握紧刀柄，大拇指竖直顶住刀柄以控制方向。

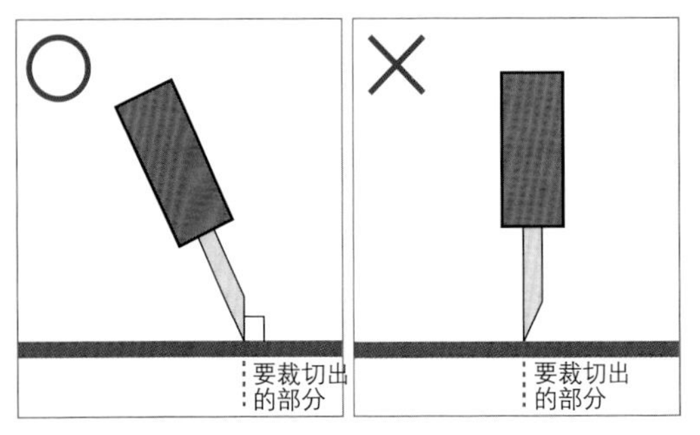

裁切时最重要的一个原则是：让裁皮刀的刀刃而非刀柄与皮革垂直。因为它的刀刃呈斜面，如果刀柄垂直于皮革，刀刃就会斜插入皮革，裁切面就会变为斜面。

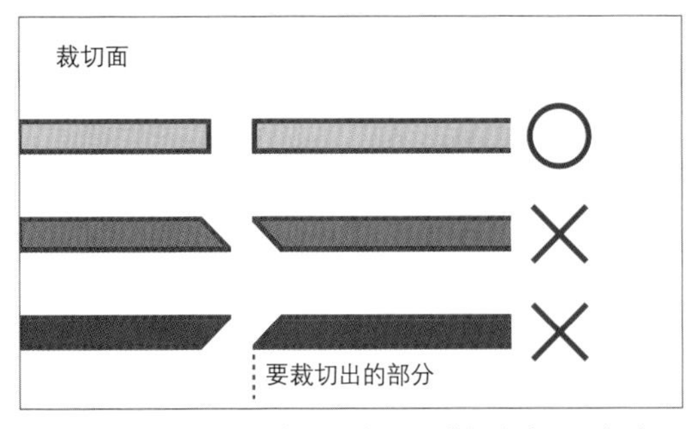

裁切面就是成品的边缘。无论之后进行修边还是打磨，都需要均匀的裁切面，因此这里一定要保证裁切面是垂直的。

6 接下来裁切提手。仍然先用圆锥沿纸型画出轮廓，注意变向时不要使纸型移位。

7 用美工刀或裁皮刀裁切均可。提手两端的短边容易裁切，这是练习使用裁皮刀的好机会。

8 裁切较长的直线时，如果还不熟练，建议用直尺搭配美工刀以确保精确地裁切。

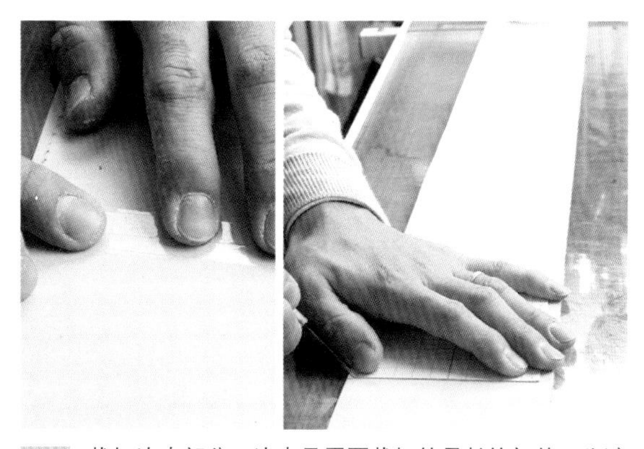

9 裁切边皮部分。边皮是需要裁切的最长的部件。为避免描画轮廓线时画歪，可以先将侧片和底片的纸型黏合在一起（左图），并在画线时按紧纸型（右图）。

10 裁切时可以准备一把印有方格的宽大直尺，方便随时确认是否产生了偏移。

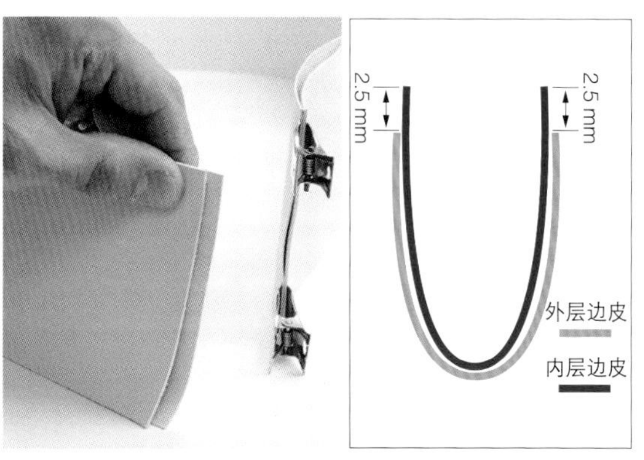

11 边皮在缝合时要弯曲成 U 字形。内层和外层的边皮长度相同的话，黏合时内层边皮就会多出来一截。因此，需先把内层边皮裁短 5 mm 再黏合。

12 在内层边皮的一端画 5 mm 宽的裁切线，就等于在两端分别画 2.5 mm 宽的裁切线。

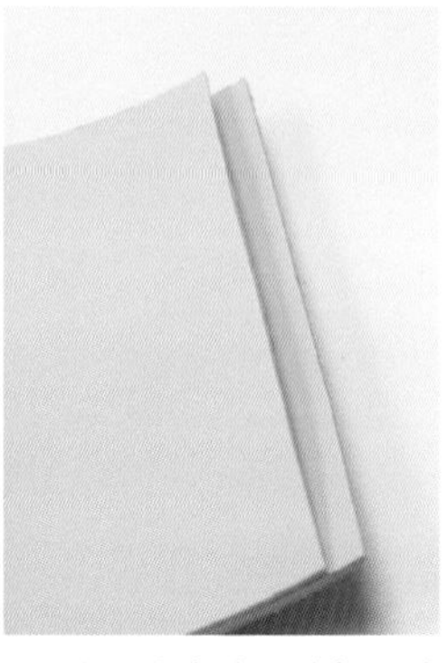

13 沿着裁切线裁切。为了让内层边皮的两端都比外层边皮短 2.5 mm，黏合时必须先弯曲两片边皮，调整一下内层边皮两端的长度。

裁好的所有部件

下图中是在粗略裁好的皮革上放置纸型，然后沿纸型轮廓裁出的所有部件。除了内袋以外，所有部件都分内外两层，因此所需皮革的面积相当大。

上排为提手。左边的两片是内层提手（厚 1.2 mm），右边的两片是外层提手（厚 1.6 mm），内层比外层略宽。
中间一排依次为两片外层袋身（厚 1.6 mm）、两片内层袋身（厚 1.2 mm）、两片内袋（厚 1.2 mm）。内袋将缝在皮包内侧。你可以选择喜欢的大小，也可以不缝内袋。
下排为内层边皮及外层边皮。它们都是按照拼接起来的两张侧片纸型和一张底片纸型裁切的。上方的内层边皮比下方的外层边皮短 5 mm。

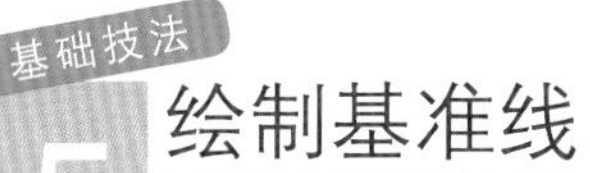

5 绘制基准线

所有部件裁切完毕后，就可以为缝合做准备了。由于皮革质地厚实，缝合前需要打好缝孔以便穿针引线。为了确定缝孔的位置而绘制的线就是基准线。在皮革上绘制基准线的顺序和在纸型上绘制一样，但二者在力道和操作速度方面的差异需要你去亲身体会。

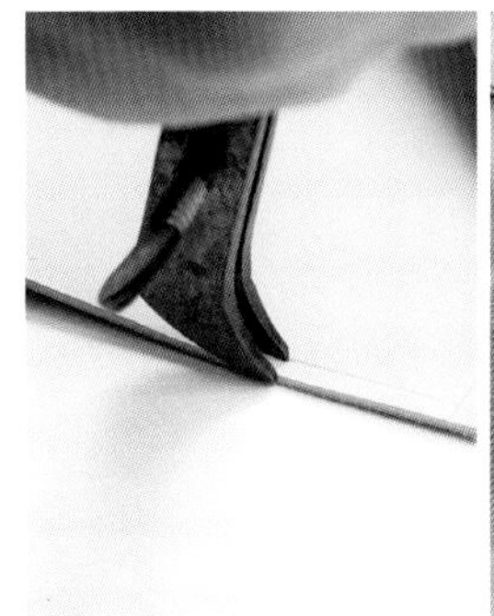

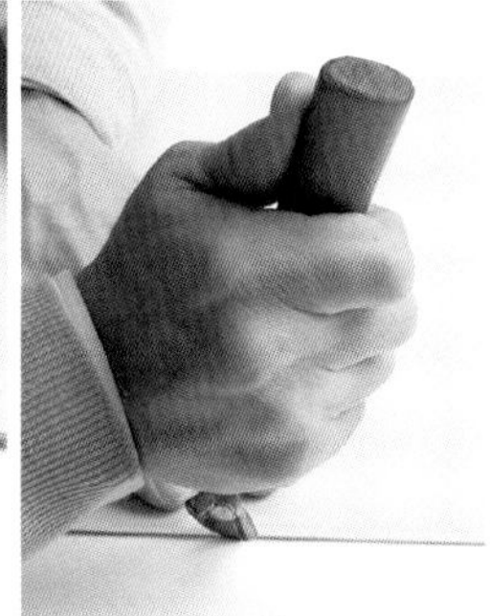

1 和在纸型上绘制基准线一样，先根据不同部件的要求调节好边线器的宽度。

2 将边线器的一端抵住皮革边缘，拉动边线器。可以在旁边放置画好基准线的纸型作为参照。

POINT

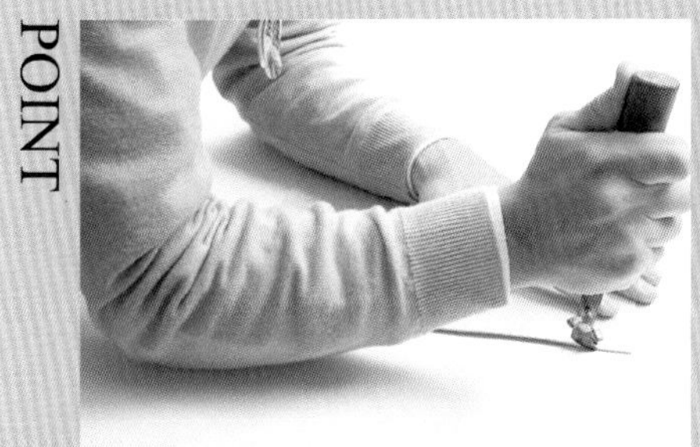

为避免在绘制基准线的过程中刀刃歪斜，要用大拇指顶住边线器的手柄，并将手肘稳稳地搁在操作台上。另外，基准线无须画得太深，清晰可见即可。

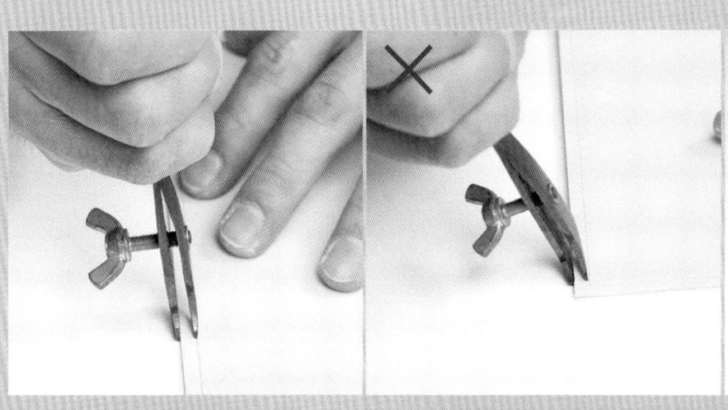

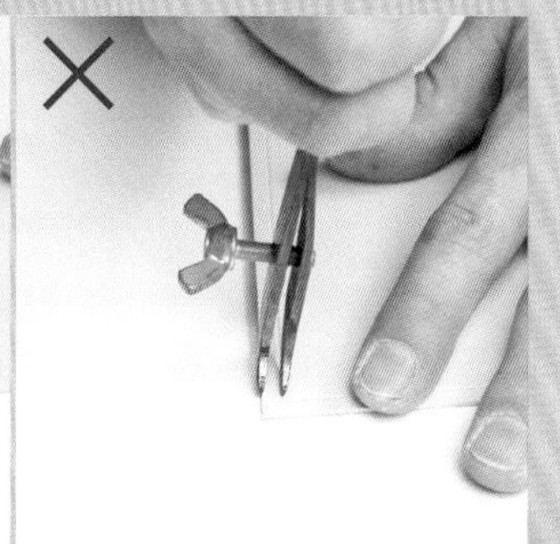

为了使绘制的基准线平行于皮革边缘，要使画线的刀刃与皮革表面垂直。如果刀刃向内或向外倾斜，基准线就会歪斜。所谓基准线，就是打孔和缝合的基准。要想缝出整齐漂亮的针脚，基准线一定不可歪斜或扭曲。

基础技法 6 打出缝孔

为了让各个部件准确地拼合和缝合，为了缝合的针脚整齐美观，要在打缝孔前确认缝孔的数量和间距。这时，打过孔的纸型就派上用场了。

袋身

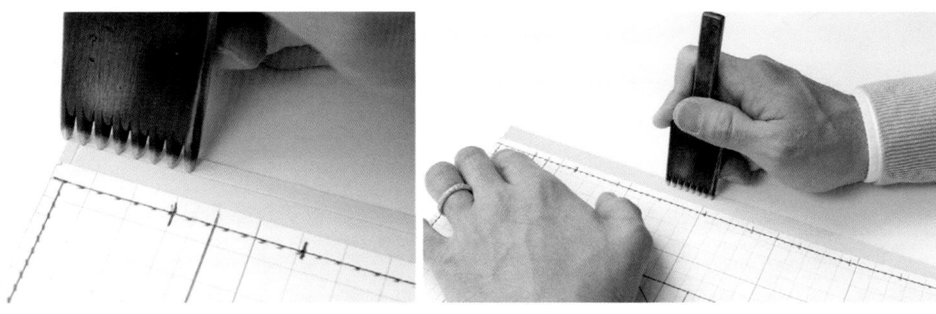

1 首先在袋身皮革上打孔。把打过孔的纸型与皮革对齐并放在旁边，用手按住。参照纸型上的缝孔位置，用菱錾在皮革的基准线上压出标记。

POINT

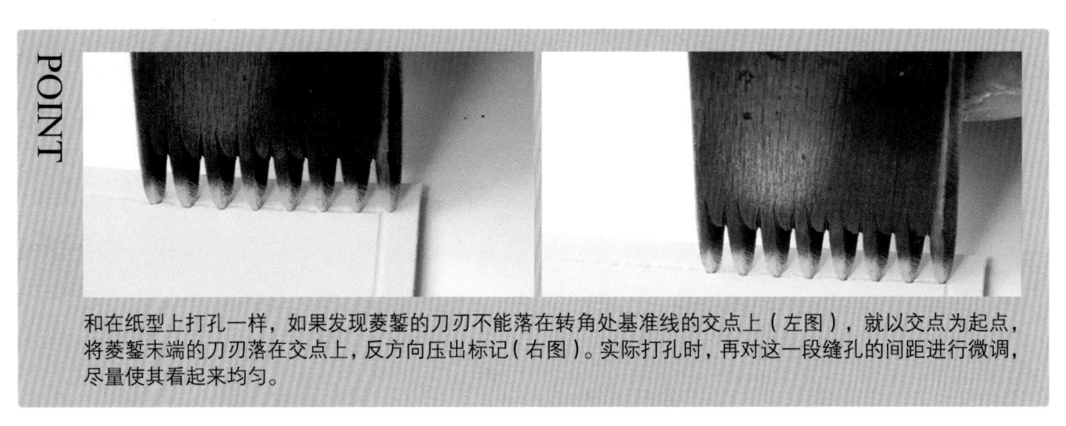

和在纸型上打孔一样，如果发现菱錾的刀刃不能落在转角处基准线的交点上（左图），就以交点为起点，将菱錾末端的刀刃落在交点上，反方向压出标记（右图）。实际打孔时，再对这一段缝孔的间距进行微调，尽量使其看起来均匀。

2 做好标记后便可以开始打孔了。注意让基准线与自己的身体保持垂直，按从远到近的方向打出缝孔。用木锤敲击菱錾时，如图所示用所有手指抓住菱錾，使其刀刃与基准线保持垂直。

POINT

即将打到转角时停下来进行微调，这时通常距离转角大约两把菱錾的宽度（左图）。就像做标记时一样，将菱錾末端的刀刃落在基准线的尾端，即两条基准线的交点上（右图），朝反方向打孔。由于剩余的距离并不一定刚好够打两次，这时便不必死守“第一个刀刃与上一次的最后一个缝孔重合”的规矩，应视情况判断与多少个缝孔重合最合适。

处理完转角的缝孔后，就要转向与之相交的另一边的基准线了。为避免交点的缝孔太大，最好不再打这个缝孔，而从第二个缝孔的位置开始打孔。尽管如此，仍要先将菱錾的第一个刀刃与交点重合（左图），确认第二个缝孔的位置，再开始打孔（右图）。

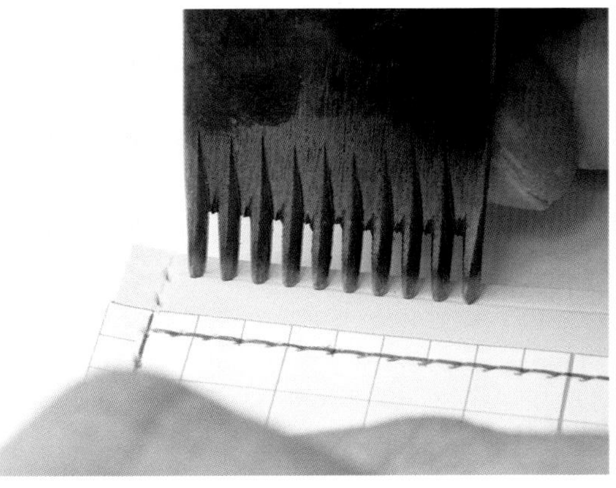

3 按照“侧边—底边—侧边”的顺序在袋身上打好缝孔。接下来换用刀刃间距较小的菱錾为袋口所在那一边的装饰性缝线打孔。如果担心改变刀刃间距后不容易控制缝孔的数量，仍用刚刚使用的菱錾也可以。

整片边皮

4 和袋身一样，整片边皮上也要打出缝孔。首先，对照边皮的纸型，用菱錾在皮革上轻轻地印出标记。

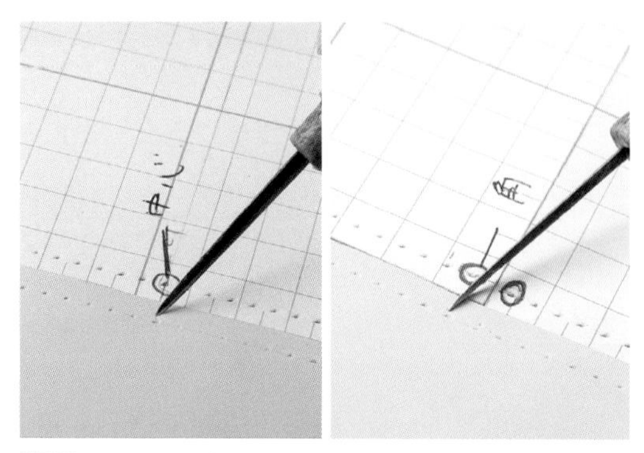

5 用菱锥准确地在边皮上标出袋身的中点（底片的中点，左右两侧的都要标出来）和袋身下方 4 个角（底片的两端和侧片的下端，左右两侧的都要标出来）所在的位置。

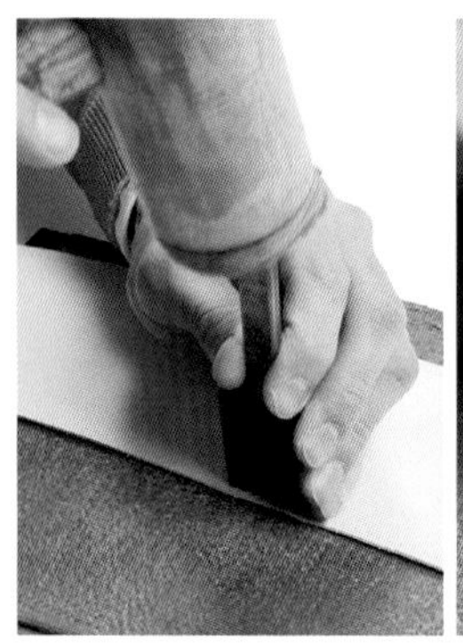

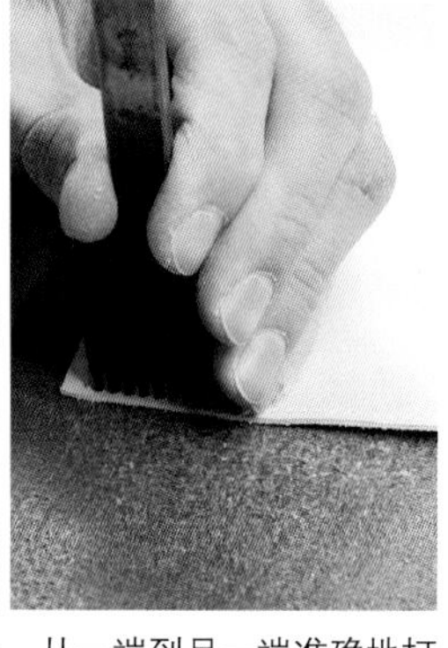

6 在整片边皮的长边上，从一端到另一端准确地打出缝孔。在袋身的中点和袋身下方的 4 个角所在的位置打出与纸型吻合的缝孔。

7 在边皮的两条短边（即边皮的两端）与在袋口一样，打出装饰性缝线所需的 3 mm 宽的缝孔。

POINT

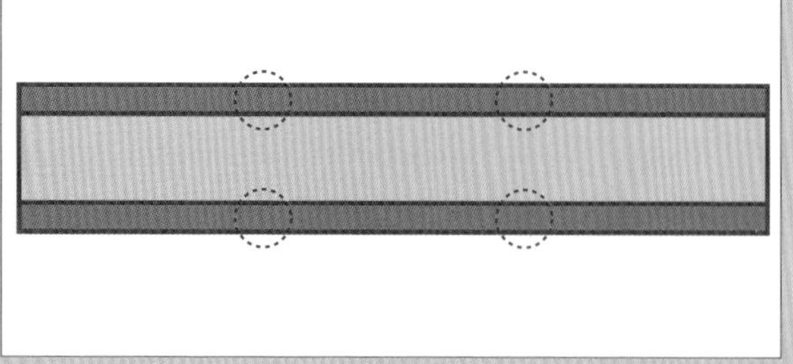

为了使缝合更容易，可以对边皮和内层皮革进行削薄处理，即从皮革背面距离边缘 1 cm 处开始削薄，将厚 1.6 mm 的皮革削到厚 1.2 mm，将厚 1.2 mm 的皮革削到厚 0.8 mm，袋身下方的 4 个角可削到厚 0.5 mm。

基础技法

7 黏合皮革

缝合各部分皮革或内外层皮革前都需要黏合皮革。下面便以黏合内外层边皮为例，介绍黏合皮革的基本步骤。

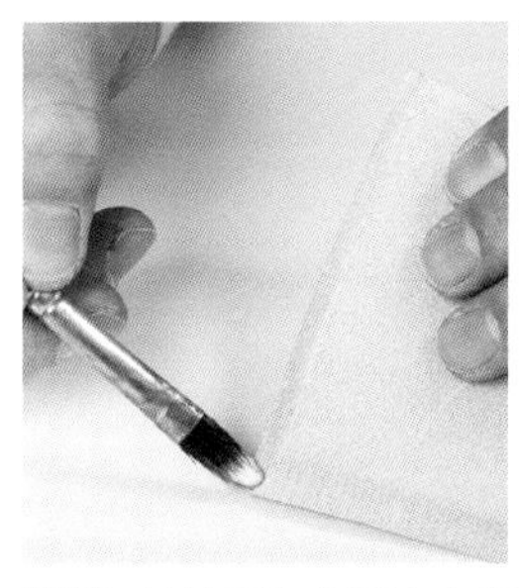
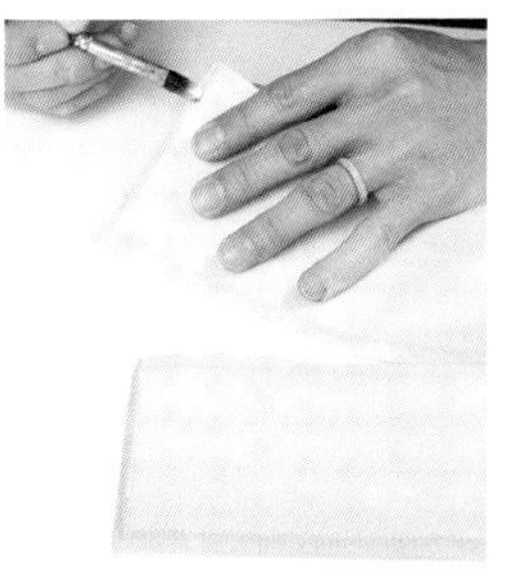

1 从外层和内层边皮的两端（即两条短边）开始黏合。任选一端，在两片皮革的毛面（背面）涂抹宽约 5 mm 的白乳胶。

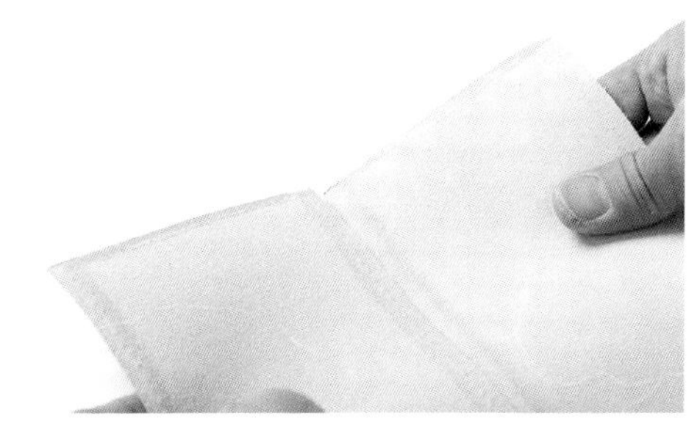

2 将涂好白乳胶的毛面相对，角对角，边对边，准确对齐后粘在一起。

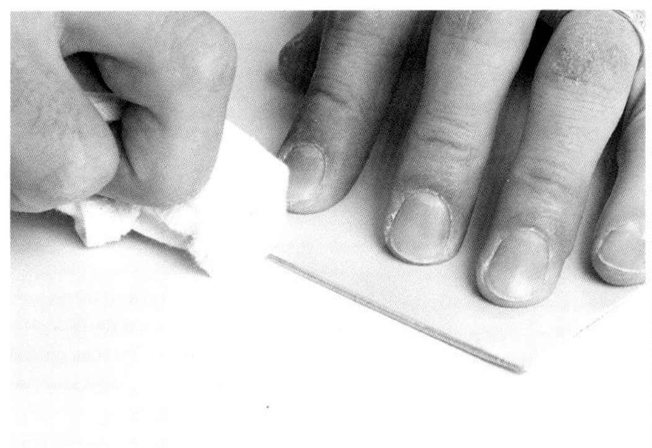
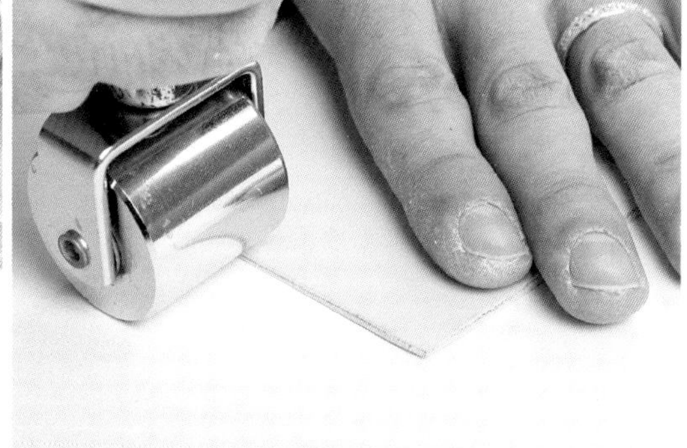

3 用干净的纱布等按压皮革，使其黏合紧密。也可以用皮革滚轮按压，但这样容易使白乳胶溢出。为避免弄脏粒面（正面）和毛边，一定不要嫌麻烦，将白乳胶擦干净再进行下一步。

4 两片皮革的另一端也按此方法黏合。注意检查角和边是否对齐。

5 接下来黏合长边中侧片所在的部分。和黏合两端一样，分别在两块皮革的长边涂抹宽约 5 mm 的白乳胶。

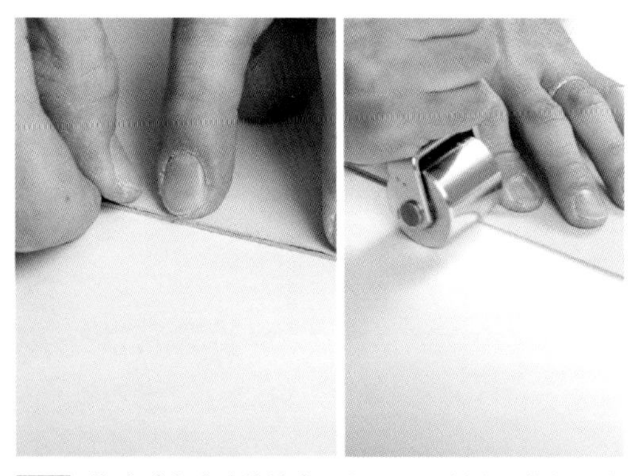

6 将涂过白乳胶的地方压紧。如果侧片比较长，分段操作更容易一些。

7 如图所示，一直黏合到底片与侧片的交界。

8 最后黏合底片所在的部分。与之前一样，先在边缘涂抹宽约 5 mm 的白乳胶。

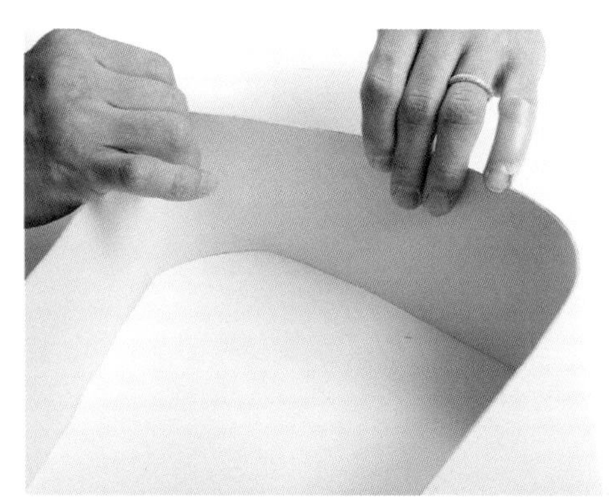

9 由于内层比外层短 5 mm，要先将边皮弯成 U 字形再黏合。

在内层打缝孔

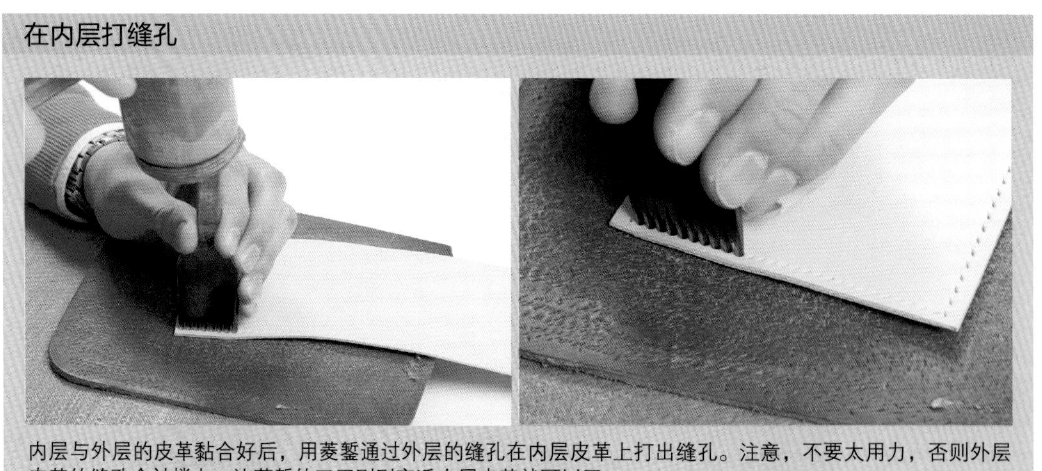

内层与外层的皮革黏合好后，用菱錾通过外层的缝孔在内层皮革上打出缝孔。注意，不要太用力，否则外层皮革的缝孔会被撑大。让菱錾的刀刃刚刚穿透内层皮革就可以了。

8 缝合皮革

下面我们将用粘好内层的整片边皮来示范皮革缝合技法中最常用的平缝法。缝合之前有很多准备工作要做，包括确定缝线的长度、用线蜡给缝线上蜡和穿针等。每一步都不能马虎哦。

确定缝线的长度

缝合时所需缝线的长度根据缝合的情况会有细微的差异。一般来说，缝线的长度应为需要缝合的皮革长度的3~4倍。但如果缝孔很多或缝线很细，就需要更长的缝线。另外，如果缝合距离很长，用太长的线不便于操作，那么最好分成两段来缝合。图中是为了缝合边皮的一端（即短边）准备的中等粗细的麻线，其长度大约为缝合距离的4倍。

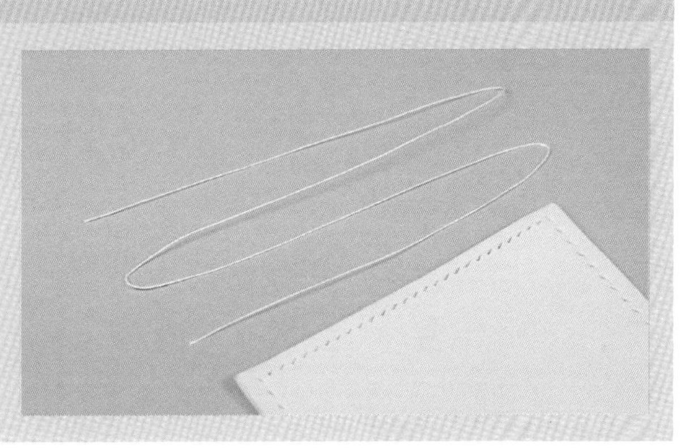

用线蜡给缝线上蜡

如果选择天然麻线作为缝线，为了防止缝线起毛、减少缝线在缝合过程中与皮革的摩擦、防止缝线和针脚松散，有必要给麻线上蜡。上蜡时，让麻线稍微嵌进线蜡里，然后来回拉动麻线，使线蜡均匀涂抹在麻线上。上蜡的标准可参考下图。

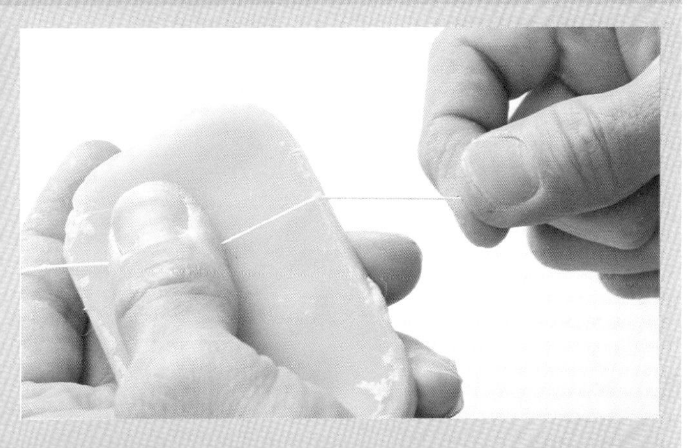

上好蜡的麻线不会有翘起的纤维，左图上边那根就是上蜡合格的麻线。此外，上过蜡的麻线有一定的韧性，如右图所示可以立起来。

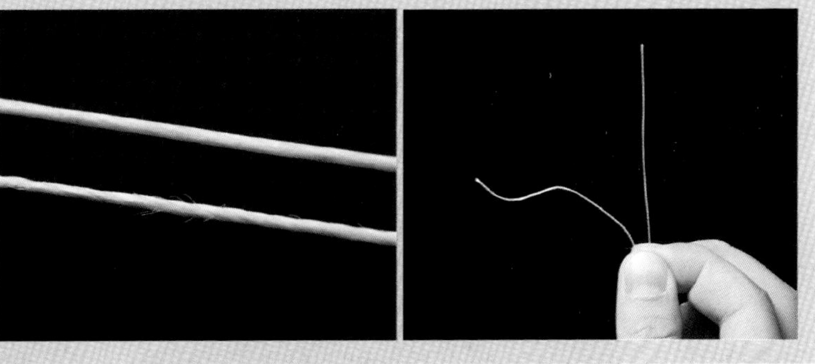

穿针

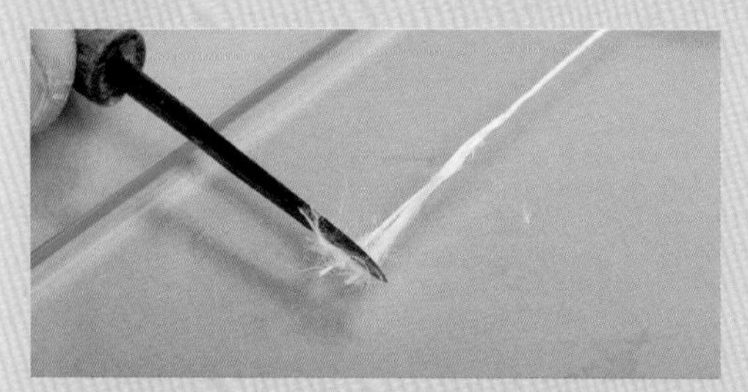

1 往缝针上穿线时，为了让线头容易穿过针眼，将 4~5 cm 的线头削薄，做法是将麻线放在玻璃板上，用菱锥等将纤维弄散后刮去一部分。

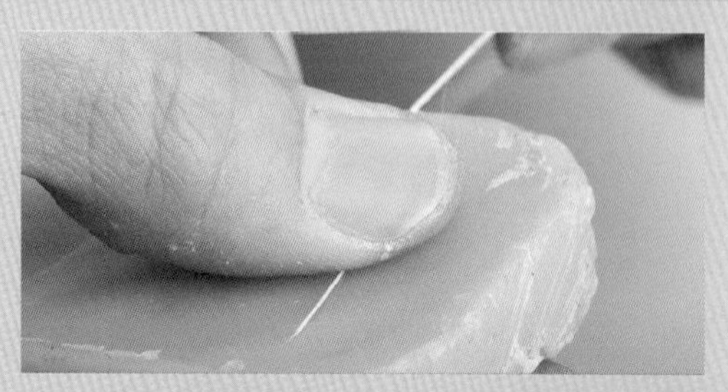

2 散开的线头很难穿过针眼，所以削薄后需要重新上蜡以使线头收拢。

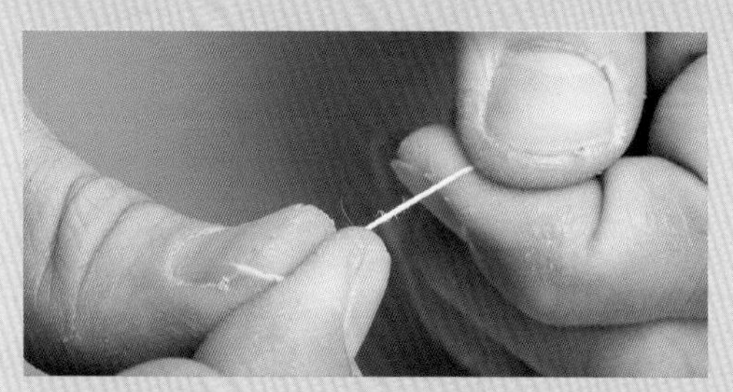

3 用手指将上好蜡的线头仔细搓细，以便线头穿过针眼。

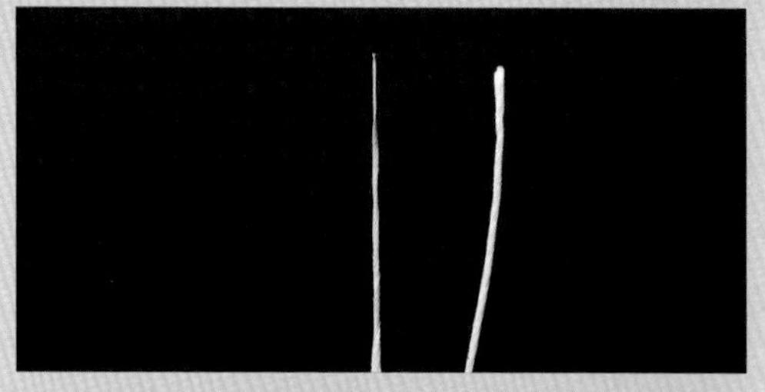

4 图中左边的是上蜡并搓细的线头，右边的是只上过蜡的线头，其穿针的难易程度一目了然。

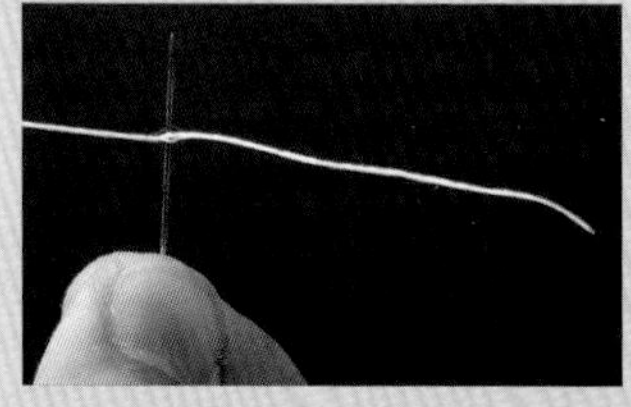

5 开始打结。从线头算起，在长度约为缝针长度 1.5 倍处，将缝针刺入麻线中。

6 间隔 1 cm 左右，往麻线后方（即麻线较长的一方）再刺一针。

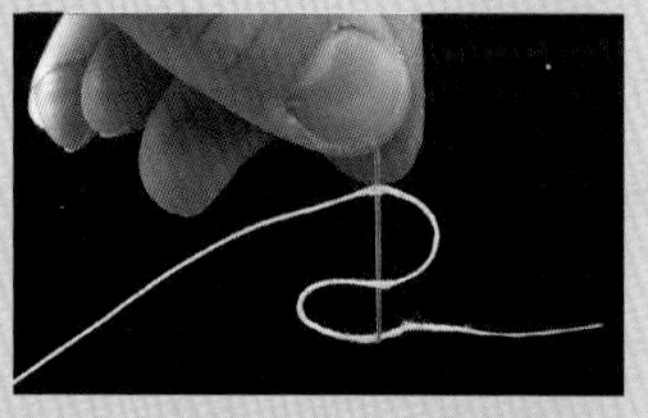

7 将被针刺穿的麻线整体向下捋至靠近针眼，将线头穿过针眼。

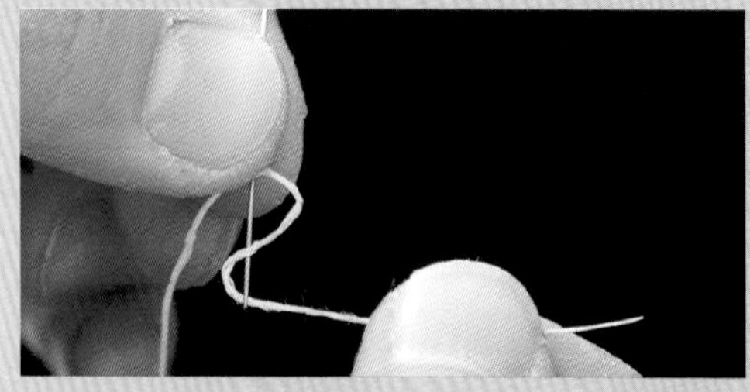

8 为了避免线头从针眼中滑出来，一只手捏紧线头，另一只手将被针刺过的麻线进一步朝针眼方向捋。

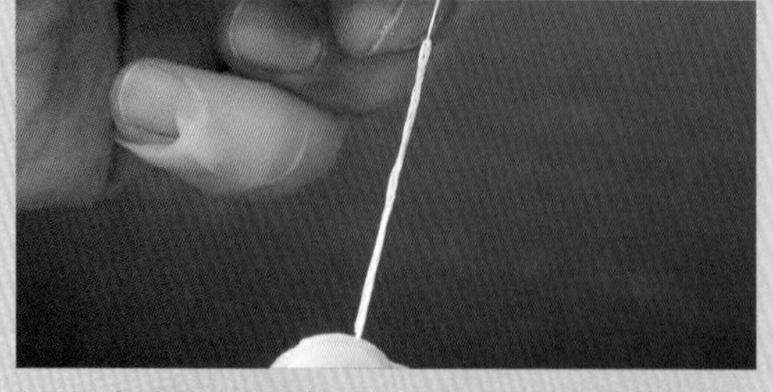

9 将麻线全部从针上捋下来后，与穿过针眼的线头并拢。这样，一个结实又毫不突兀的结就打好了。一根缝线的两端都要穿好针。

平缝法

1 下面开始用平缝法缝合边皮的外层和内层。图中靠近读者的是边皮的外层皮革。第一针要穿过左起第二个缝孔，这是为了之后往第一个缝孔回缝，从而提高转角针脚的强度。

2 穿过缝孔后把针拉起，与麻线另一端的针对齐，这样可以保证皮革两边的线长度相同。

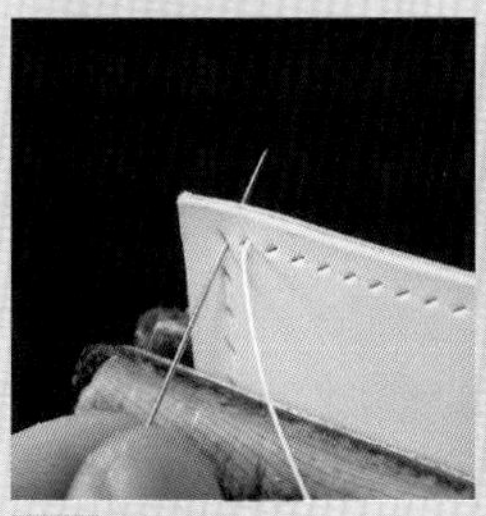

3 将靠近自己一侧（外层边皮）的针穿过第一个缝孔，轻轻地从另一侧（内层边皮）拉出。

4 这是从另一侧看到的样子。继续轻轻地拉从第一个缝孔出来的线，这时不用把线拉得太紧。

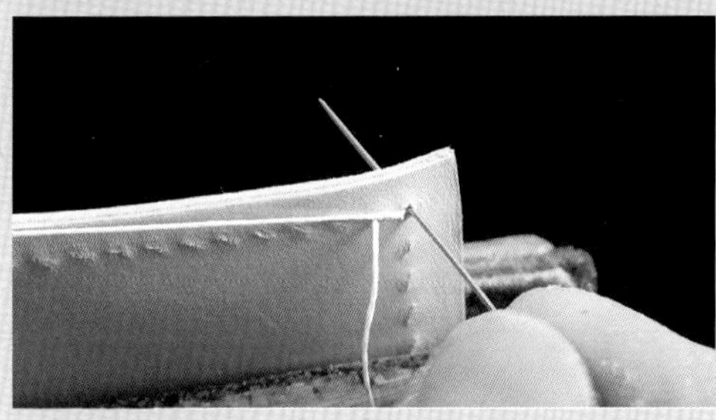

5 第一个缝孔中的线保持不动，将第二个缝孔中的线穿入第一个缝孔中，先不要将缝针拉出。缝针穿入缝孔时，注意不要刺穿原有的那根线。

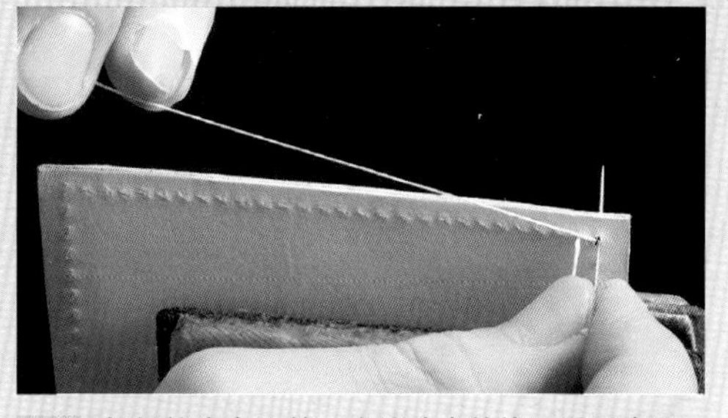

6 轻轻拉先穿入第一个缝孔中的线，看刚才那一针是否避开了它。如果拉不动，就要抽出缝针重来。

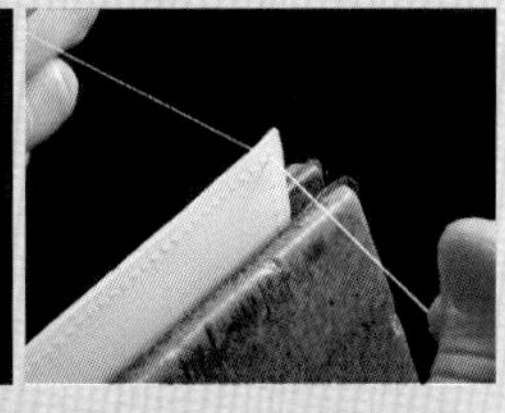

7 确认两根线都能自由活动后，便可以将针拉出了，同时慢慢地将两边的缝线拉紧。

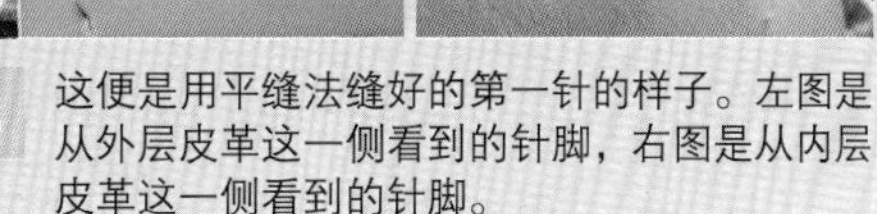

8 这便是用平缝法缝好的第一针的样子。左图是从外层皮革这一侧看到的针脚，右图是从内层皮革这一侧看到的针脚。

9 接下来开始缝第二针。先将外层皮革这一侧的针穿过第二个缝孔。

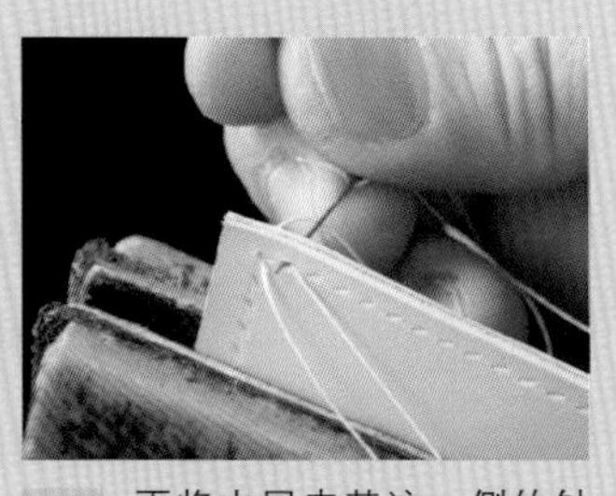

10 再将内层皮革这一侧的针穿过第二个缝孔。

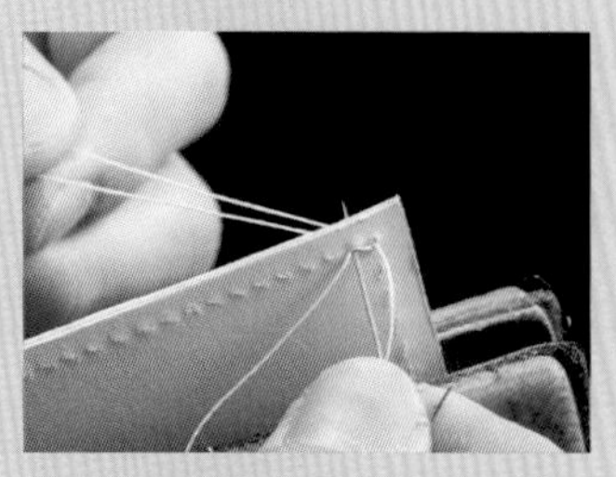

11 这是从内层皮革这一侧看到的针脚。来回拉线，确认缝针没有刺入缝线中。

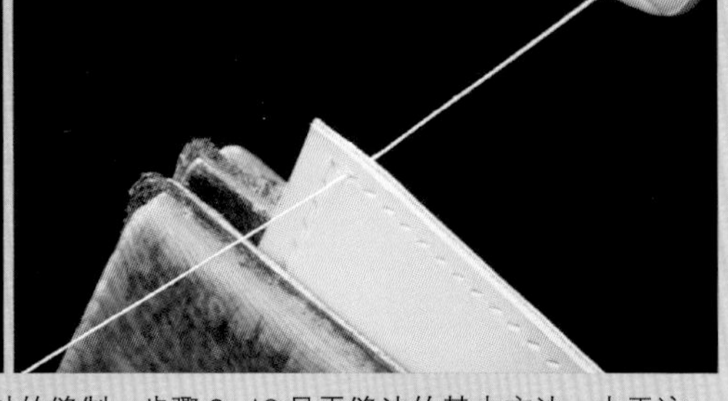

12 确认好后，将两侧的缝线拉紧，便完成了第二针的缝制。步骤 9~12 是平缝法的基本方法。由于这一针与上一针的针脚重合，这种缝合方法就是一开始提到的“回缝”。

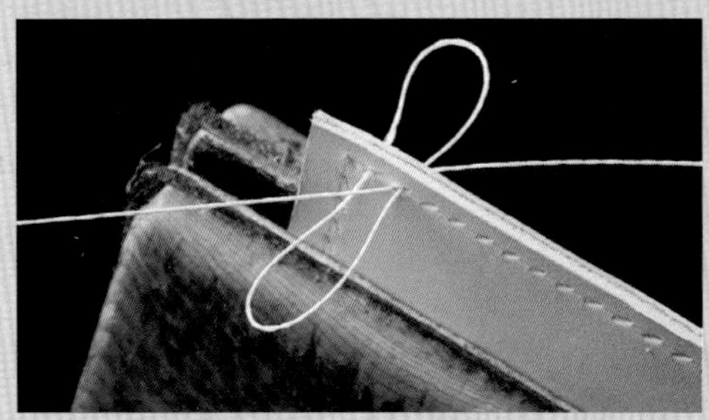

13 之后重复步骤 9~12，也就是使两侧的缝针交替穿过缝孔。

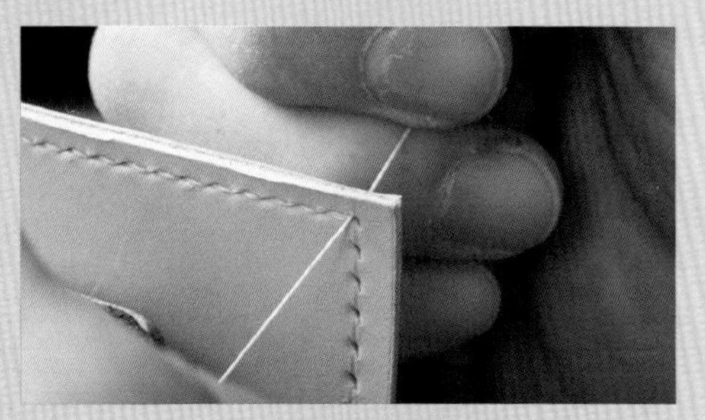

14 平缝到这条边的尾端时，先缝好最后一个针脚并拉紧缝线，然后像开始那样回缝一次。

15 这次回缝的顺序相反，但方法不变。先将一侧的针穿入倒数第二个缝孔，并从另一侧拉出。

16 再将另一侧的针穿入倒数第二个缝孔。

17 确认这一针没有刺入上一针的缝线后，把针从缝孔中拉出，并将两侧的缝线拉紧。这样便完成了最后一针回缝。

18 将多余的线藏到不会外露的内层皮革这一侧。已经在这一侧的针保持不动，将另一侧的针穿入前一个缝孔，并拉到内层皮革这一侧。

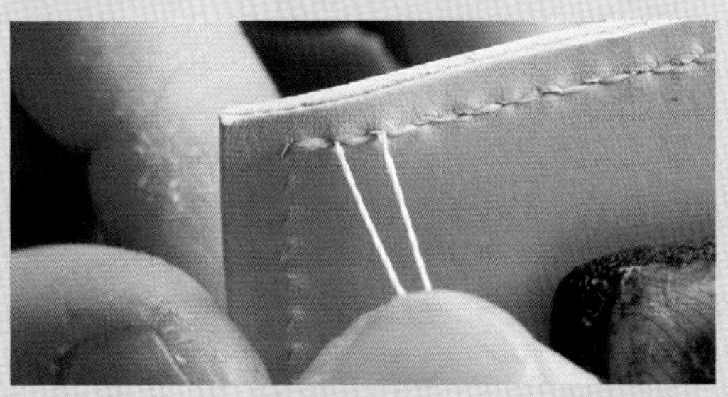

19 图为两根线都在内层皮革这一侧的样子。若已经缝好的针脚都收紧了，即使松手缝线也不会回缩。

20 将两根线贴着针脚剪断。比起刀尖很平的剪刀，刀尖窄的斜嘴钳用起来更顺手。

21 在剪断的线头和缝孔之间涂抹白乳胶。这么做不仅能加固针脚，还能使线头不散开。

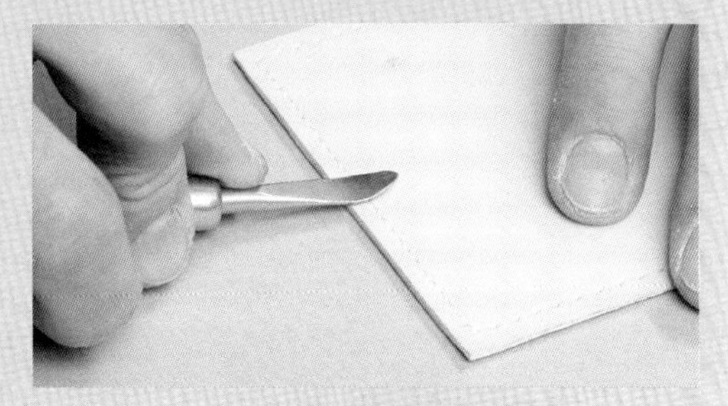

22 最后，从外层皮革这一侧轻轻按压，这样可以让针脚更平整。

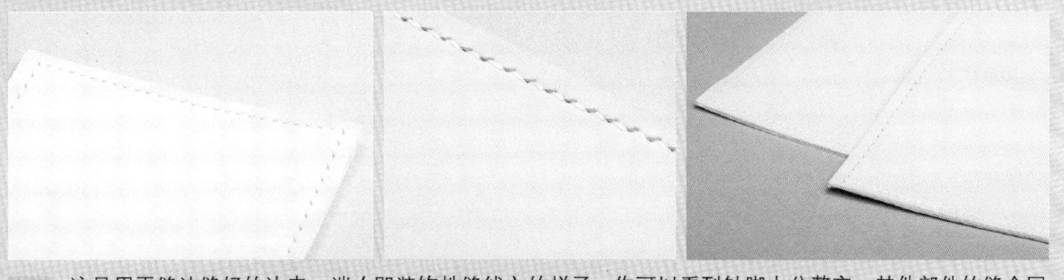

23 这是用平缝法缝好的边皮一端（即装饰性缝线）的样子，你可以看到针脚十分整齐。其他部件的缝合同样可以只用平缝法。所以，好好练习这种方法吧！

磨边

将所有部件都缝合好后，就剩下最后一道工序——磨边了。下面以刚刚缝好装饰性缝线的边皮一端为例，介绍修饰毛边的方法。

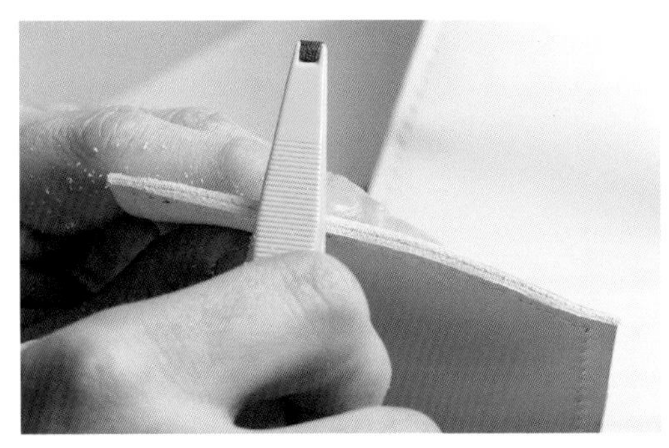

1 将三角研磨器沿着毛边平行移动，磨去凹凸不平的部分。

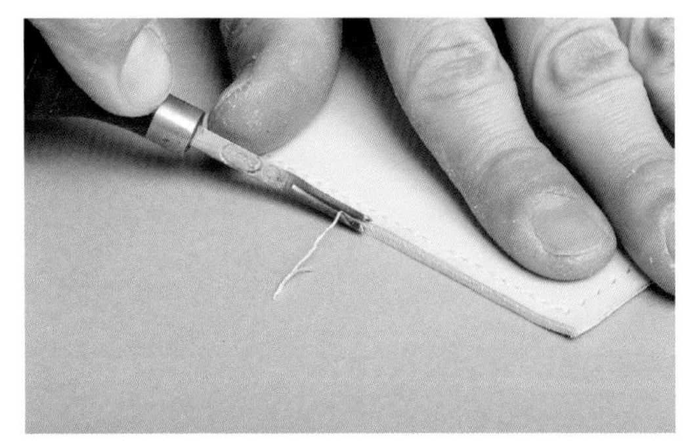

2 用三角研磨器磨过毛边后，毛边边缘会变锐利，所以接下来要用削边器把边缘修整得平滑一些。

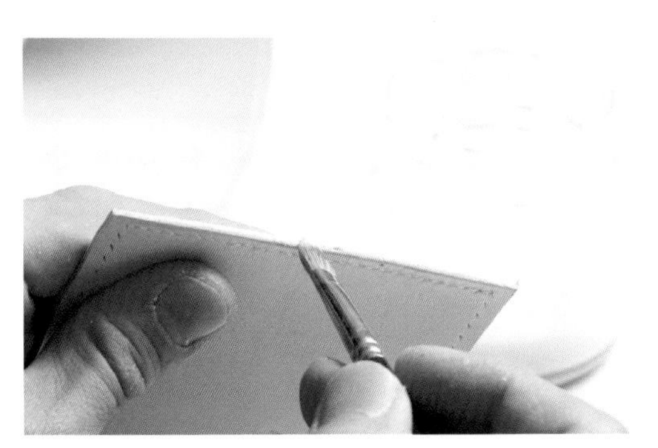

3 在用削边器修整过的毛边上涂抹薄薄的一层床面处理剂。避免涂到缝线上。

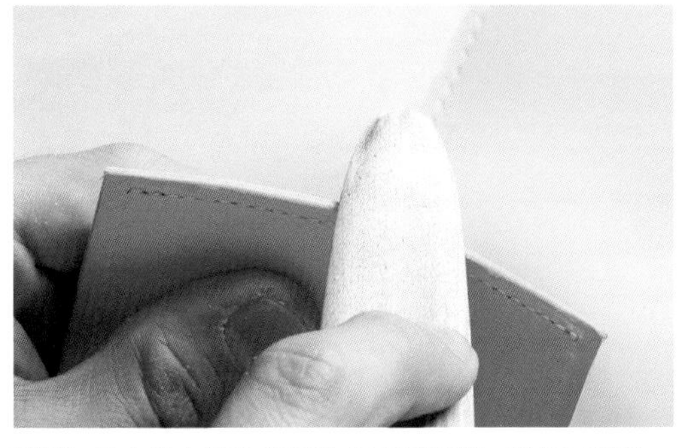

4 用木质上胶片在毛边上来回摩擦，这样可以进一步打磨毛边。

5 最后，用干净的纱布擦拭，直到毛边呈现光泽。

6 这是打磨好的毛边。只要不影响到缝线，你就可以反复打磨到自己满意为止。

10 完成托特包的制作

掌握了皮包制作的基本技巧后，让我们现学现用，完成托特包的制作吧。虽说制作过程中有一些复杂的工序，但它们不会超出基础技法的范畴，因此看似复杂的托特包其实并不那么难做。

制作提手

1 先给提手两端将与袋身缝合的部分打孔，包括三角和直线两部分。将边线器的宽度调节到 3 mm，先画出三角部分的基准线。注意避免基准线交叉。

2 在三角部分画好基准线后，顺势画出两侧直线部分的基准线。

3 取出打好孔的提手纸型，放在提手外层皮革上并与之对齐。用菱锥穿透纸型，在皮革上印出缝孔的标记。

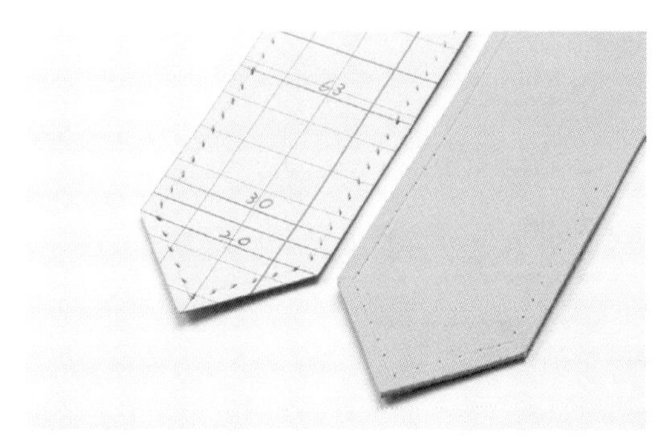

4 因为这一部分要与袋身缝合，所以要确保标记的位置与纸型上的丝毫不差。

5 做好标记后便可以打孔了。三角部分的打孔距离很短，用两孔菱錾打孔更方便。打孔时以印好的标记为参照进行微调，使三角部位两条斜边上的缝孔数量一致。打到直线部分时再换用普通的多孔菱錾即可。

6 提手缝合部分的缝孔全部打好后，在直线部分尾端的缝孔处分别做缝合终止标记。

7 在位于提手中间、之后将弯折的部分以同样的方法打孔。取出提手纸型放在皮革上，依照纸型上的缝孔位置印出标记，并打出缝孔。

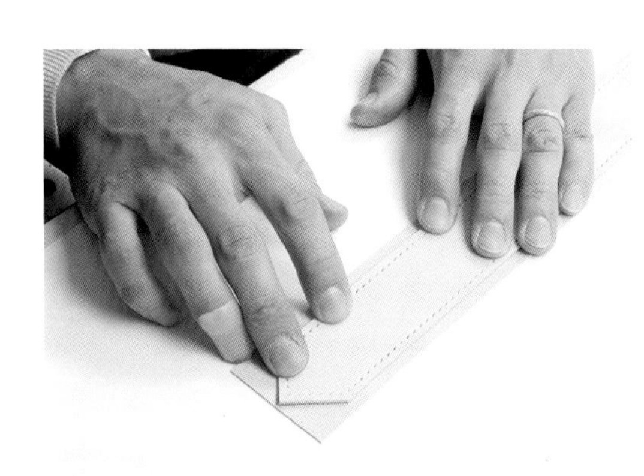

8 接下来黏合提手的外层和内层。先将内外两层皮革毛面相对，放在一起。

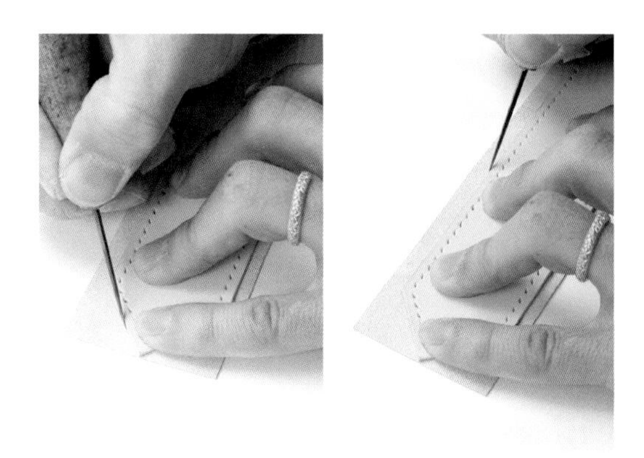

9 紧按外层皮革以免歪斜，沿着它的边缘用菱锥或圆锥在内层皮革上画出轮廓。

10 在外层皮革的缝孔外侧和内层皮革的轮廓内侧分别涂抹宽约 3 mm 的白乳胶。这时只涂抹需与袋身缝合的部分。

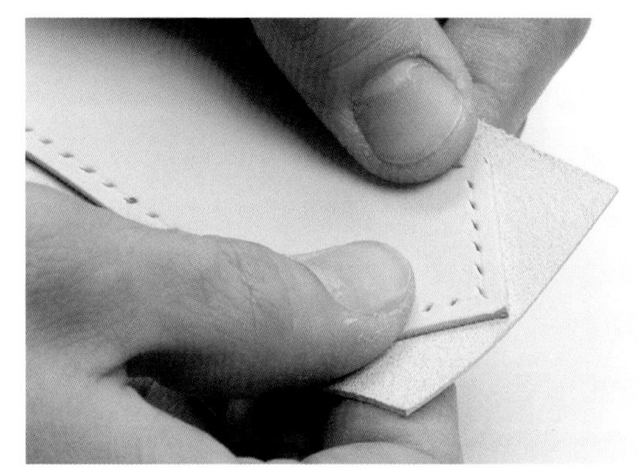

11 将外层皮革三角部分的顶点和两边与内层皮革所画的轮廓线对齐，从顶点往两边按压，将内外两层皮革粘牢。

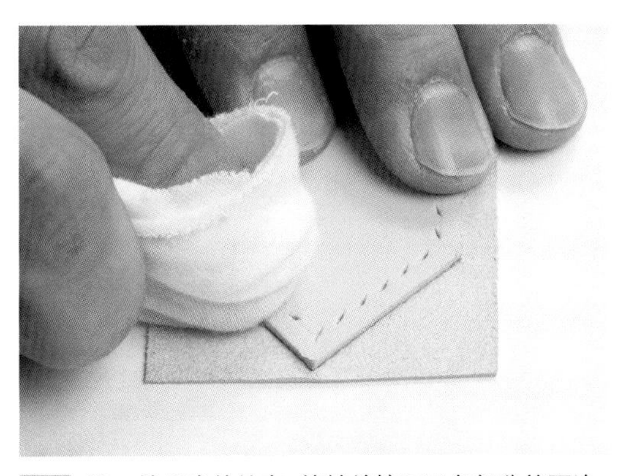

12 取一块干净的纱布，擦拭并按压三角部分的两边。

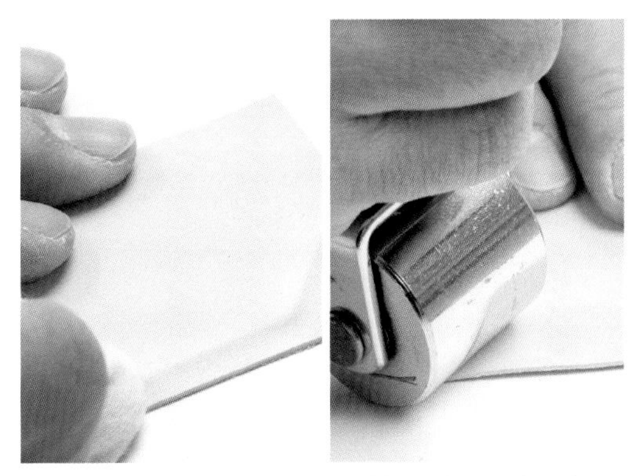

13 将皮革翻面，再次用纱布按压。若使用皮革滚轮，就只从内层皮革这一面按压，以免弄脏提手表面。

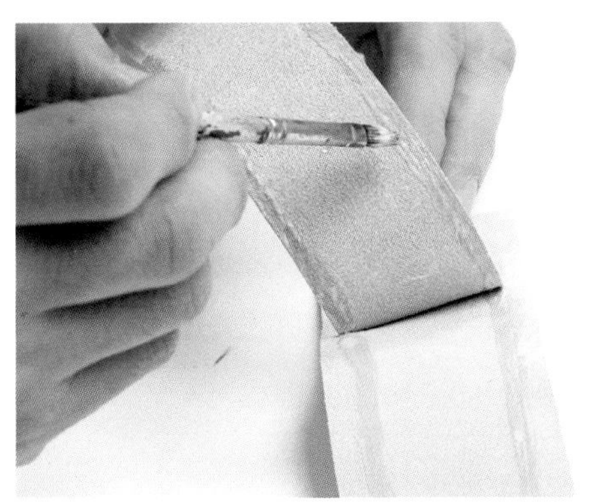

14 接下来黏合提手中间弯折部分的内外层皮革。与黏合缝合部分一样，先在弯折部分的两侧涂抹宽约 3 mm 的白乳胶。

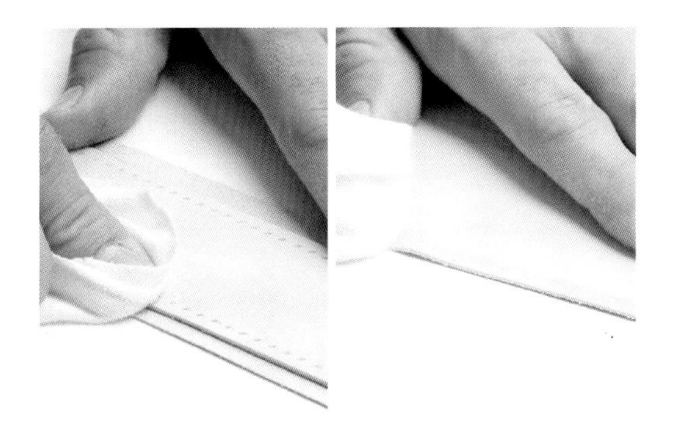

15 黏合时注意使外层皮革对准内层皮革的轮廓线。为了黏合牢固，用纱布按压内外两面。

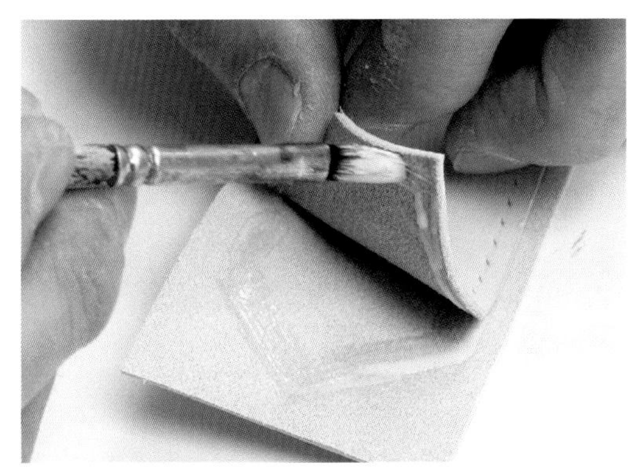

16 最后，将提手另一端的缝合部分也涂上白乳胶，将内外两层粘牢。

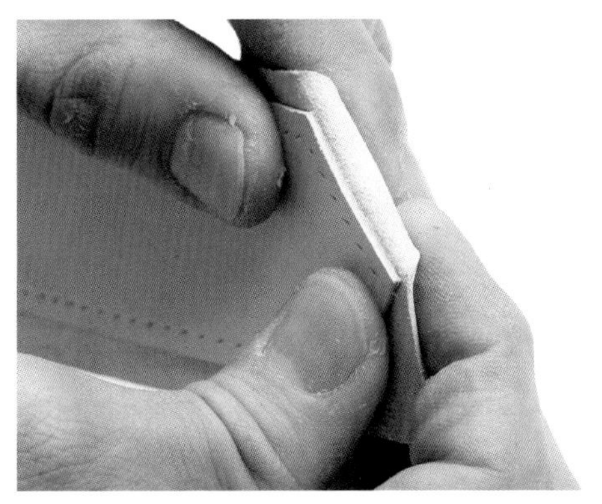

17 提手全部黏合好后静置 10~15 分钟以晾干白乳胶。试着将内层皮革向外翻，如果两层皮革没有分开，就说明已经晾干了。

18 透过外层皮革的缝孔在内层皮革上打孔。先用两孔菱錾在两端的三角部分打孔，不必完全打透内层皮革，刀刃差不多能从皮革中穿出即可。

19 接着换用多孔菱錾，用同样的方式打出其余的缝孔。注意用力适度，避免将缝孔打得过大。

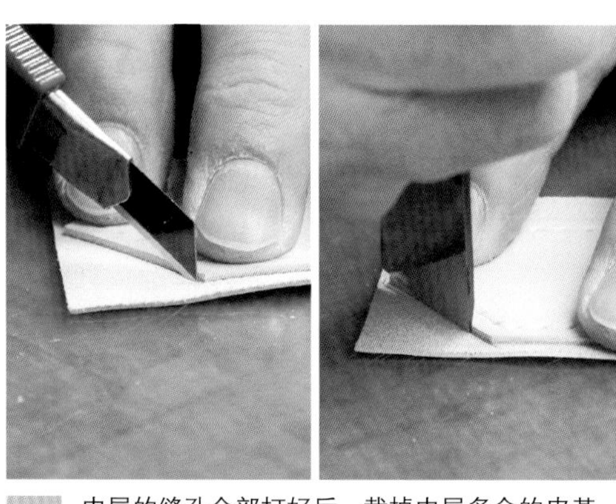

20 内层的缝孔全部打好后，裁掉内层多余的皮革。沿着外层提手边缘，从三角部分开始裁切。

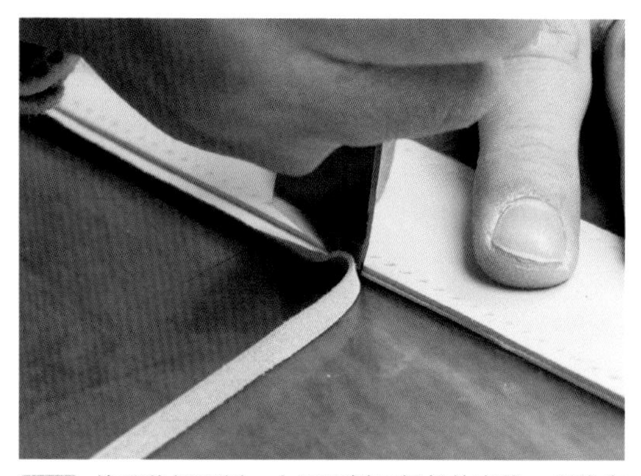

21 接着裁切两侧。由于两侧是很长的直线，用裁皮刀更方便。

22 和步骤 6（第 48 页）一样，在内层提手上也做出缝合终止标记。

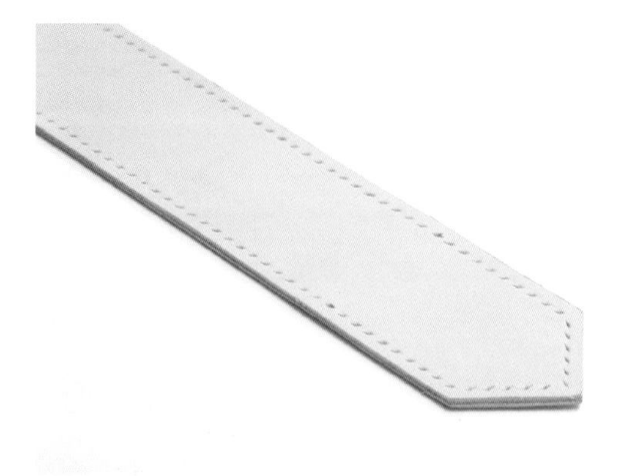

23 这就是黏合好内外层并打好孔的提手。接下来是让人兴奋的环节——黏合并缝合提手的弯折部分，使其便于掌握。

24 首先要将弯折部分向内黏合起来。为此，先把弯折部分的两侧向内对折，捏出折痕。

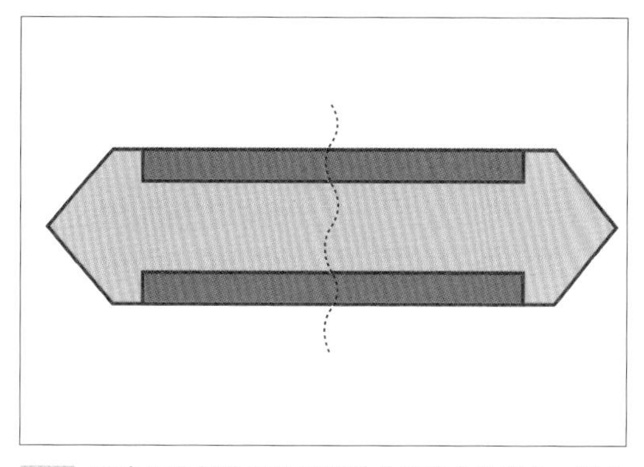

25 图中深色部分即为需要黏合及缝合的部分。深色部分的两端即事先做的缝合终止标记，共有4个。黏合前确认标记的位置。

26 在弯折部分的两边，即标记之间的部分涂抹白乳胶。为了让把手保持自然的弧度，不用将白乳胶涂抹在整个弯折部分，只涂抹在缝孔外侧即可。

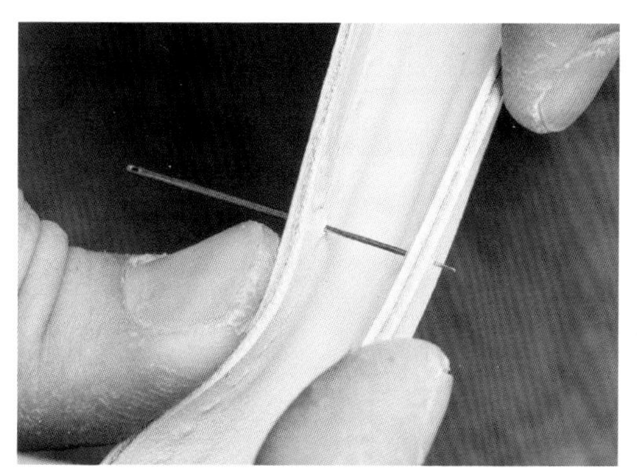

27 为保证两条侧边上的缝孔对齐，在提手一端标有缝合终止标记的两个缝孔里插入皮革专用缝针。

CHECK!

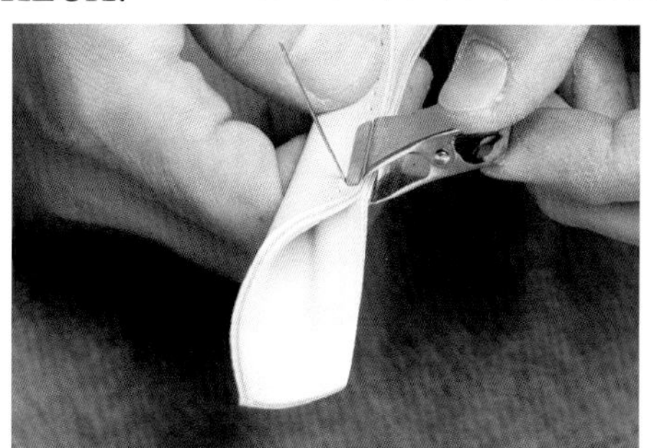

28 从缝针穿过的缝孔开始向提手中央黏合。由于两条侧边很容易分开，黏合后立即用夹子固定。

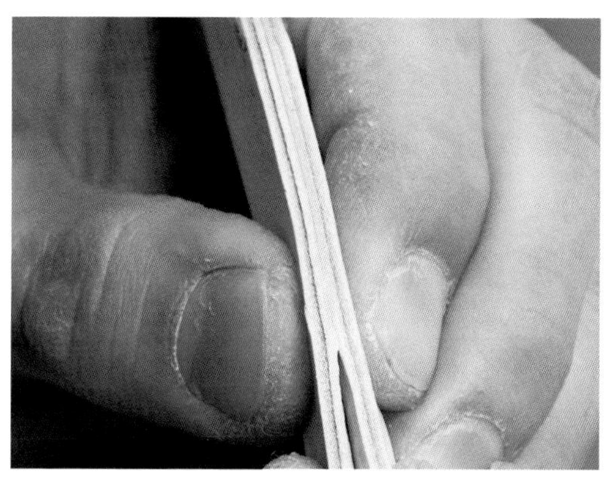

29 黏合时注意时刻查看两条侧边上的缝孔是否对齐。向中央黏合约 15 cm，留下中央部分不黏合。

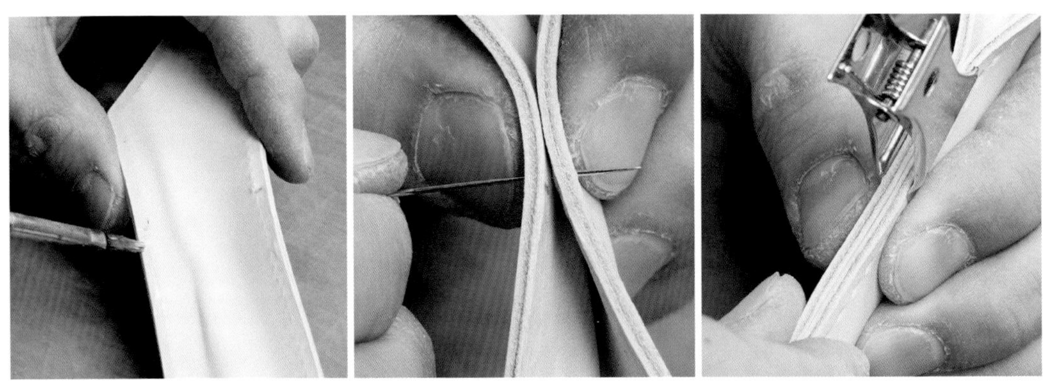

30 一端的侧边黏合至指定位置后，再从另一端向中央黏合。与之前的步骤相同，先从缝合终止标记向中央涂抹白乳胶，将缝针穿过做过记号的缝孔，从这个缝孔开始向中央黏合约 15 cm，并用夹子固定。

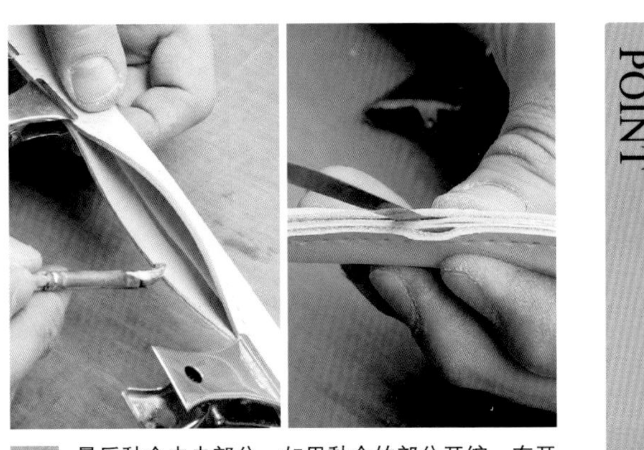

31 最后黏合中央部分。如果黏合的部分开绽，在开绽的缝隙里补上白乳胶就行。

POINT

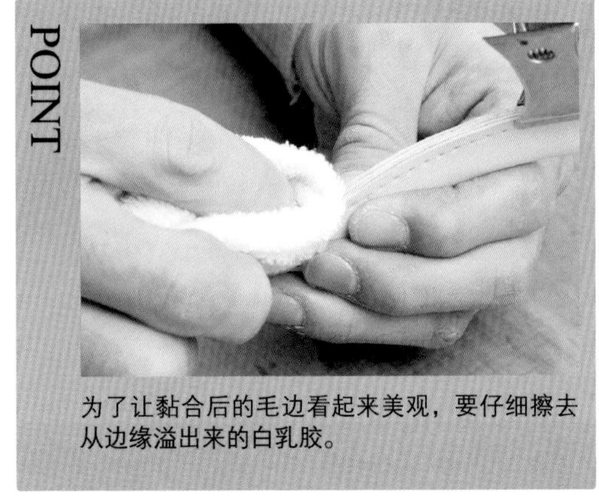

为了让黏合后的毛边看起来美观，要仔细擦去从边缘溢出来的白乳胶。

32 由于皮革弹性较大，刚刚黏合的皮革很容易分开，所以在白乳胶完全晾干前要用夹子夹住提手边缘。

33 静置 10~15 分钟就可以取下夹子了。接下来缝合粘好的侧边。

34 为了使与袋身缝合的部位不易绷开，先从做过标记的缝孔的后两个缝孔开始回缝两针，再用平缝法缝合。

35 从有标记的缝孔开始往中央数，将针穿过第二个缝孔，接着往前一个缝孔缝第一针。

36 由于皮革有一定的厚度，为了确保缝线不绷开，一定要将针脚拉紧。

37 缝完第一针后，将针穿过有标记的缝孔，再缝一针。这个缝孔在之后缝合提手与袋身时也会用到。

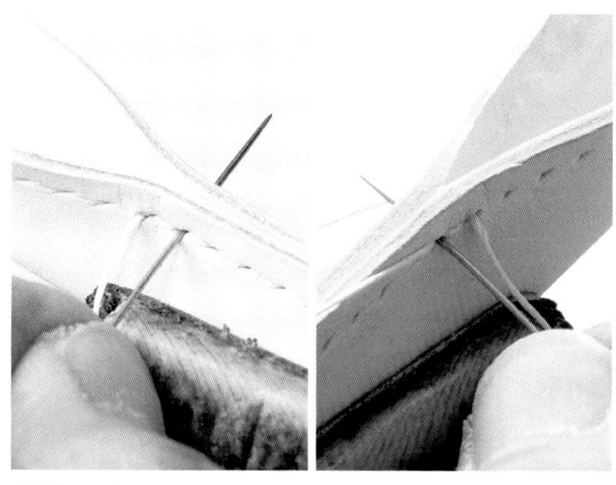

38 在有标记的缝孔完成第二针后，便可以开始用平缝法朝着另一端依次缝合了，一直缝到这条边另一端有标记的缝孔处。

39 图中是缝针回到最初入针的位置，即完成两针回缝针后的样子。

40 朝着另一端一个缝孔接一个缝孔地缝下去。这里使用的缝线是中等粗细的麻线。

41 这是缝到另一端有标记的缝孔时的样子。与开始缝合时一样，为防止针脚绷开，这里也要回缝。

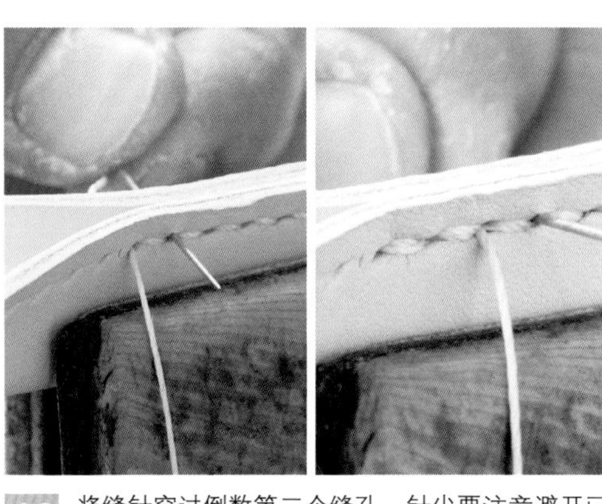

42 将缝针穿过倒数第二个缝孔，针尖要注意避开已有的缝线。如果想多回缝几针，就如右图所示，重复同样的步骤即可。

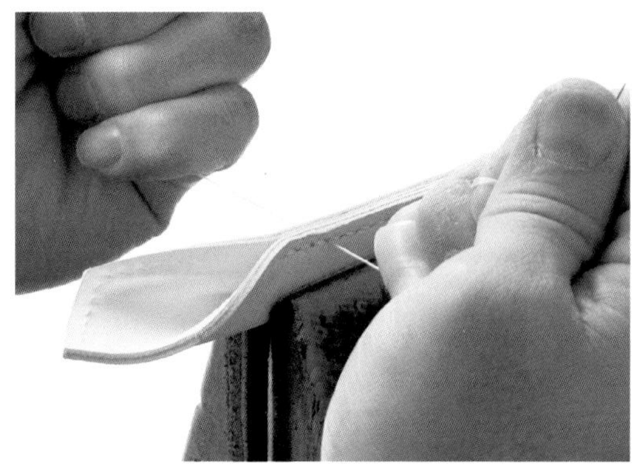

43 这一端总共回缝了 3 针。缝好后紧拉缝线，使针脚平整。

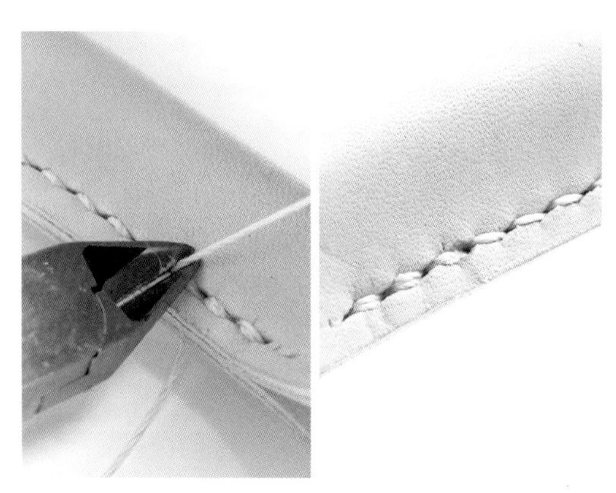

44 为了让针脚对称，将两侧的线分别紧贴针脚剪断，再涂上白乳胶。

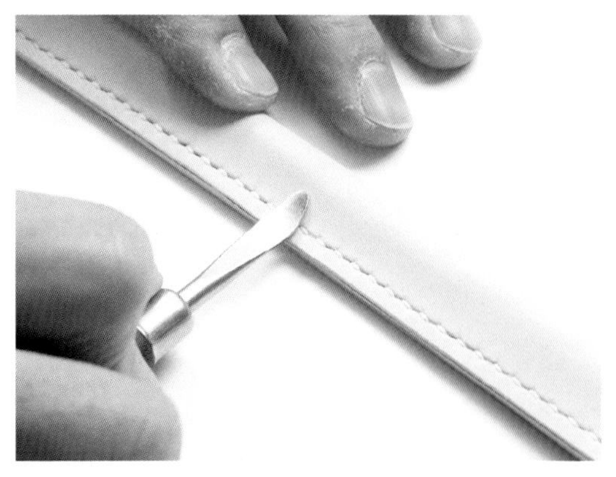

45 最后轻轻按压针脚，让所有的针脚都整齐均匀。

46 接下来便要打磨毛边了。毛边的质感直接影响手握时的触感，所以一定要仔细打磨。

47 先用手触摸毛边，找出内外层皮革有落差和凹凸不平的地方。

48 在明显不平的地方，用裁皮刀削去凸起的部分。

POINT

注意，要让裁皮刀的刀刃背面贴在毛边上。刀刃没有放平的话就会切进毛边里，反而削出新的不平之处。

49 接着用三角研磨器打磨，让毛边更加平整。注意不要磨得过多，以免损伤针脚。

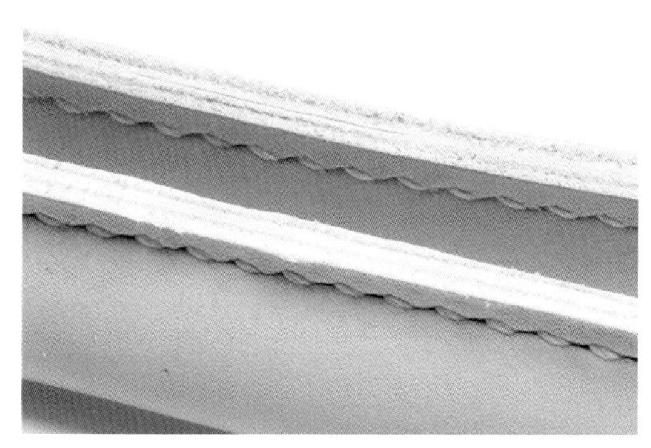

50 图中前面的是打磨过的毛边，后面的是没有打磨的。要将毛边打磨到可以清楚地看到各层皮革。

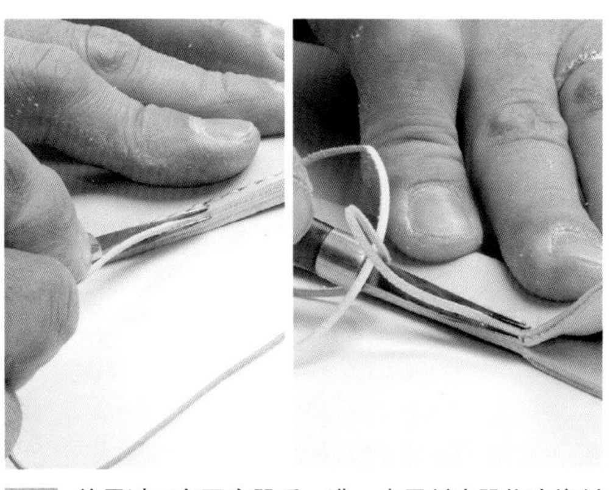

51 使用过三角研磨器后，进一步用削边器将边缘削得圆润一些。注意，使用削边器时要均匀用力。

52 图中前面的毛边未经削边器处理，棱角分明；后面的毛边则是处理过的，明显圆润许多。

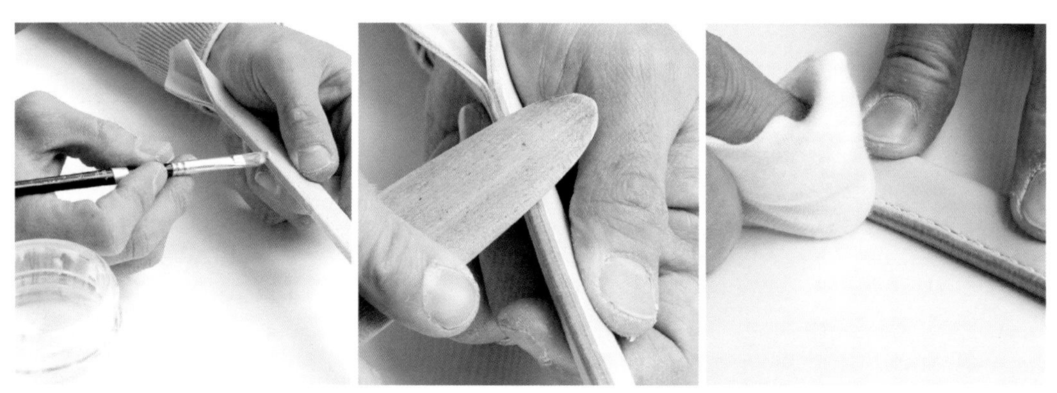

53 在圆润的毛边上涂抹床面处理剂，待其被充分吸收后，用木质上胶片和纱布打磨，使毛边更加光滑。尤其是经过削边的弧面部分，经过反复涂抹床面处理剂和打磨，会呈现十分圆润的效果。

54 用手指触碰毛边时，如果感觉光滑而柔软，毛边的打磨就达到了理想状态。这需要十足的耐心。

55 这是打磨前后的对比图。哪里经过打磨不言自明，可见是否打磨边缘的差异有多明显。

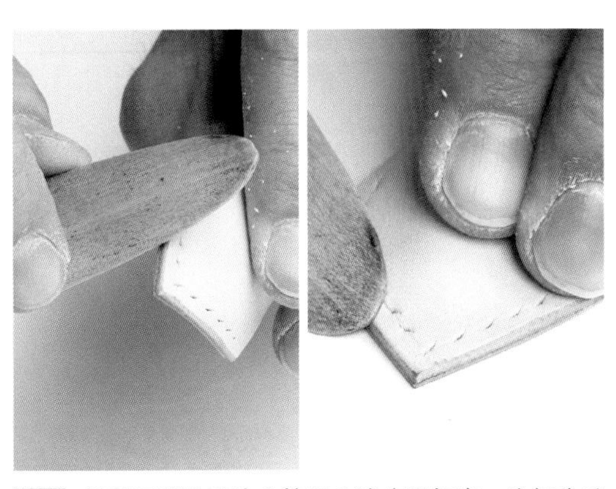

56 提手两端的毛边也按照上述步骤打磨。这部分毛边比较薄，轻轻打磨即可。

57 这是提手两端打磨前（图左）和打磨后（图右）的对比图，它们的差异也很明显。因为提手两端与袋身缝合后就不能再打磨了，所以要一步到位。

完成后的提手

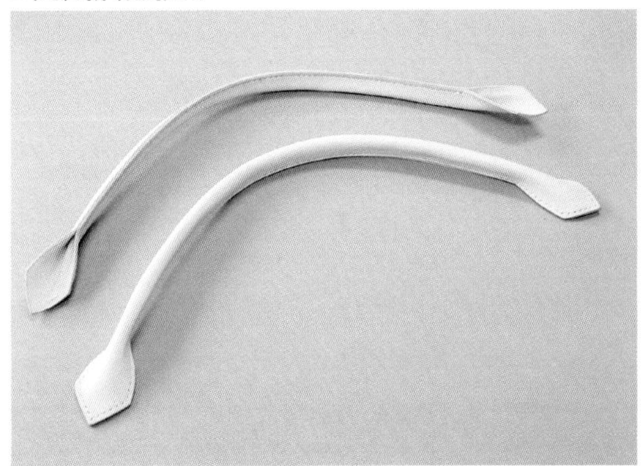

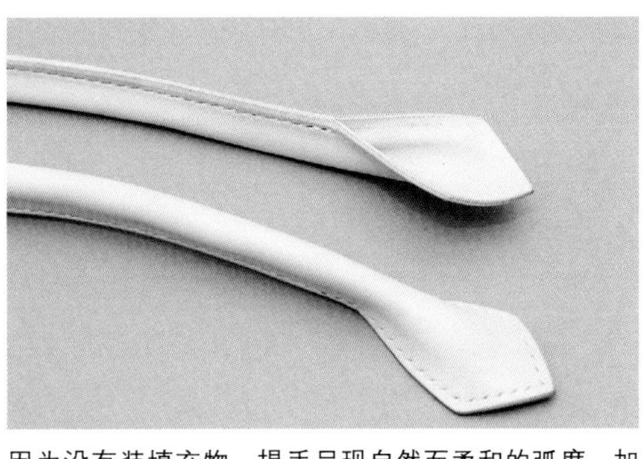

因为没有装填充物，提手呈现自然而柔和的弧度。加之手提处十分柔软，使用者会越用越顺手。

POINT

如果喜欢硬朗的提手，可以在黏合提手中央部分前装入填充物。除了市场上销售的专用填充物，还可以用皮绳等作为填充物。黏合时注意根据填充物的粗细调整提手的宽度和厚度。

■提手的缝合

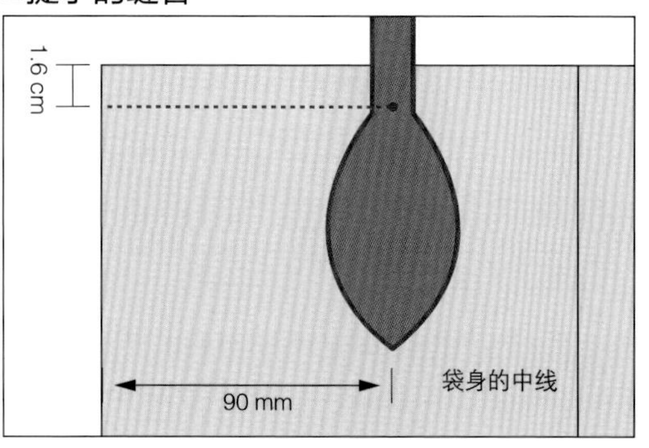

1 在袋身纸型上确定提手缝合部分的位置。先确定三角部分的尖端与袋身侧边的距离并做好标记。

2 接着，确定提手上的缝合终止标记与袋身上边缘的距离并做好标记。

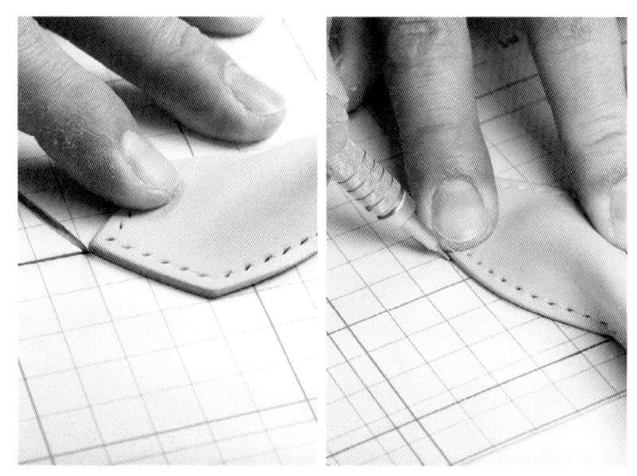

3 根据做好的标记将提手放在纸型上，描出轮廓。

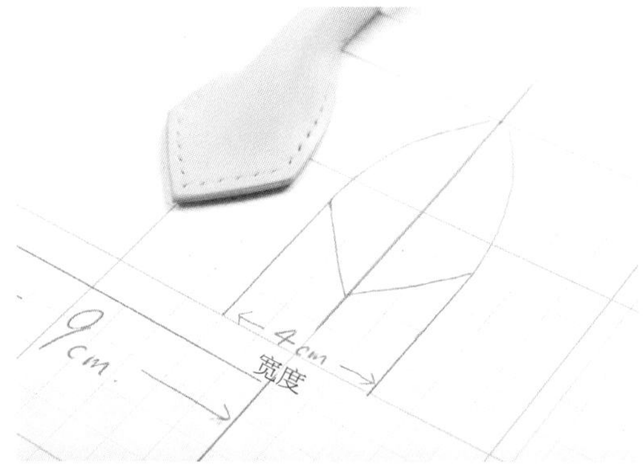

4 这样，提手缝合部分的位置就标记好了。

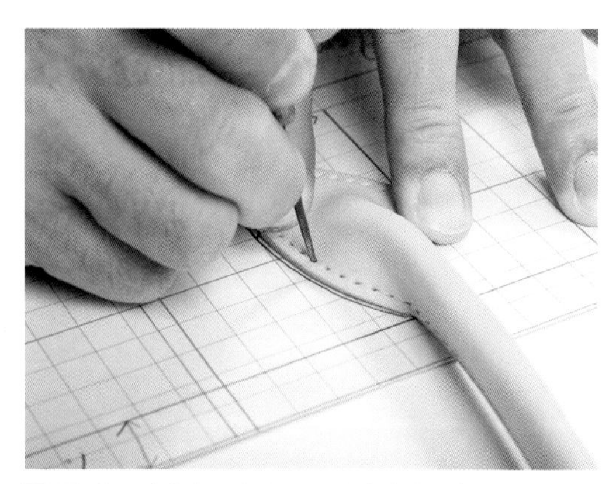

5 接下来将提手与纸型上的轮廓线对齐，用菱锥刺入提手上的缝孔，在纸型上做标记。

6 按照标记用菱錾在纸型上打孔。为了缝合时袋身与提手的缝孔对齐，打孔一定要准确。

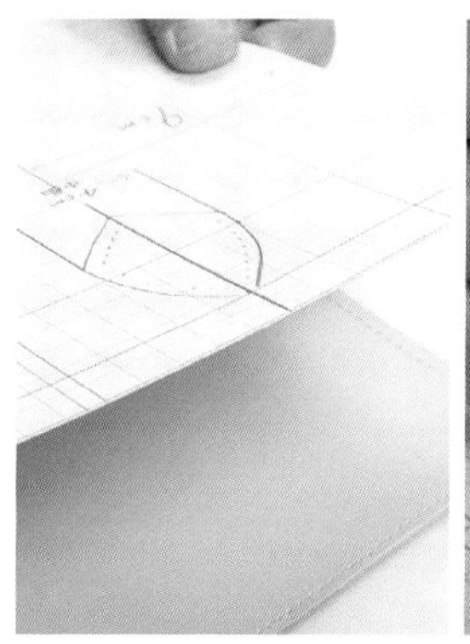

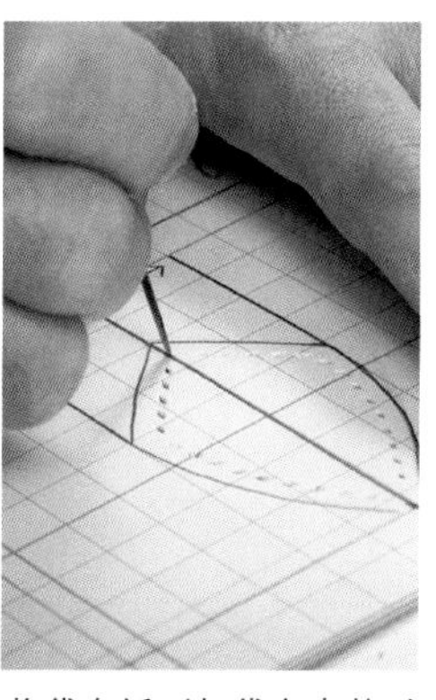

7 在纸型上打好缝孔后，将袋身纸型与袋身皮革对齐。用菱锥刺入纸型上的缝孔，在皮革表面标记出缝孔的位置。此时无须太用力，留下标记即可。

8 拿开纸型，再次用菱锥刺刚刚做的标记，使其更清晰。

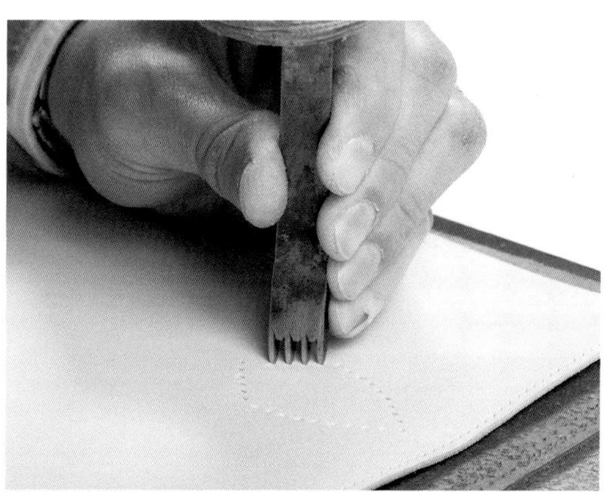

9 标好打孔位置后，按照标记用菱錾打出缝孔。打孔时可以微调以使缝孔均匀。

10 提手一端所需的缝孔打好后，只需将纸型翻面放在袋身皮革上，就可以确定提手另一端的准确位置了。重复步骤 7~9，在皮革上打出缝孔。

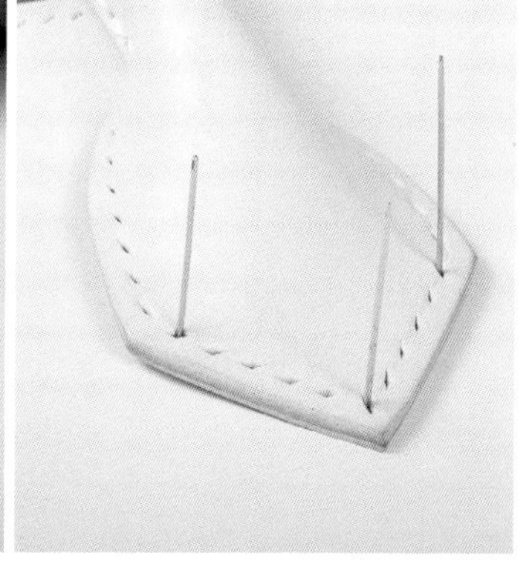

11 下面开始黏合提手与袋身，只黏合提手的三角部分即可。为了确定黏合时涂胶的区域，先要将这两部分皮革固定在一起。准备 3 根针，将两部分皮革上的缝孔对齐，将针插在提手三角部分的 3 个顶点。最好在皮革下垫海绵，使 3 根针插得更牢固。

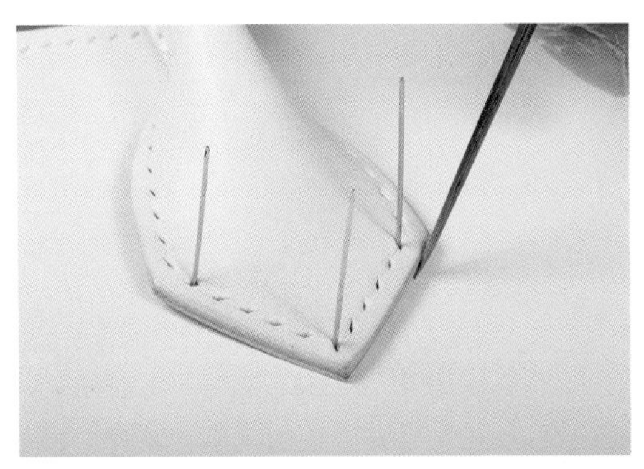

12 确定缝孔没有错开后，用菱锥或圆锥沿着提手三角部分的轮廓画出浅浅的痕迹，可以辨认就行了。此轮廓内即为涂胶的区域。

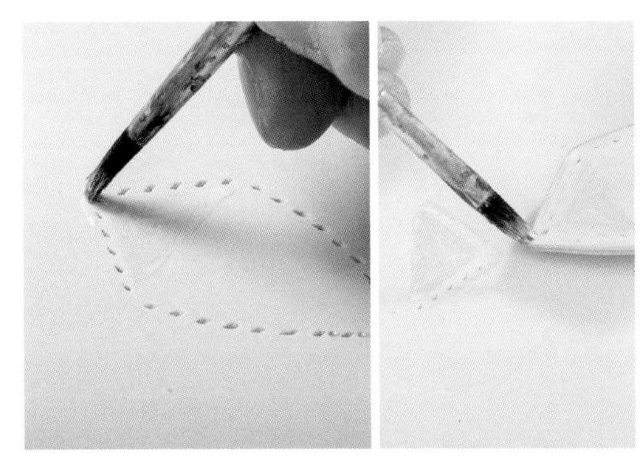

13 将提手拿开，在袋身表面的整个三角部分（轮廓内）以及提手的整个三角部分分别涂抹薄薄的一层白乳胶。注意避开它们的缝孔。

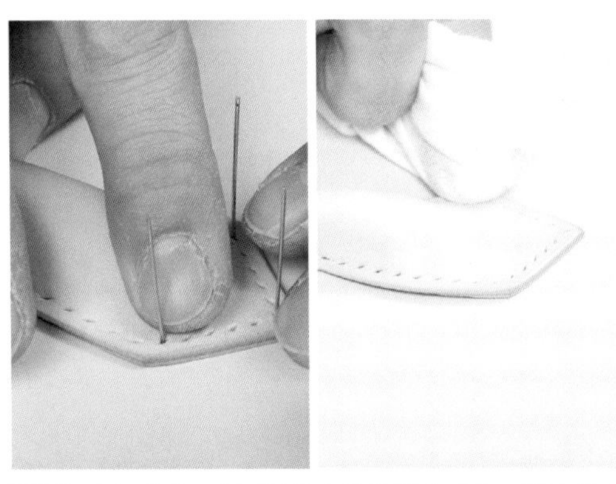

14 涂好胶后，将两部分皮革的缝孔对齐，再次将3根针插在三角形的顶点以固定。然后开始按压，使两部分紧密地黏合。

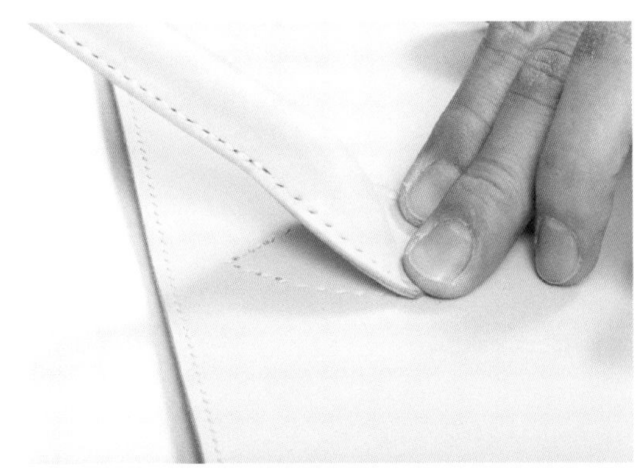

15 为防止稍后缝制时皮革开绽，要耐心等待白乳胶彻底变干，直至拉扯也无法将两部分拉开。

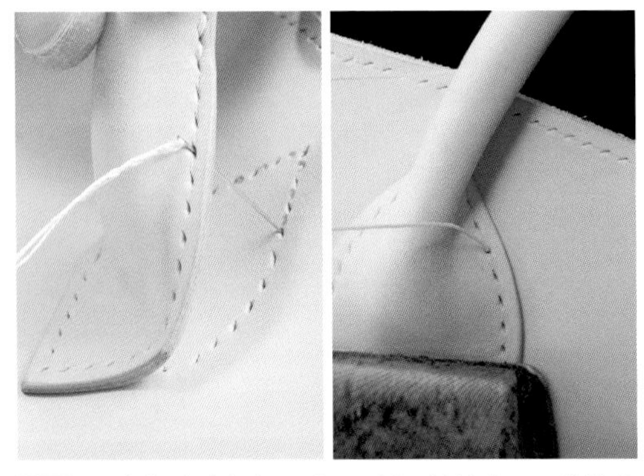

16 三角部分黏合牢固后，可以开始缝合了。从缝合终止标记开始，在两条直边各回缝3针。也就是说，任选一条直边，有缝合终止标记的缝孔算最后一个缝孔，将缝针穿过倒数第四个缝孔。

17 缝针穿过倒数第四个缝孔后，先将皮革两侧的线调整至等长，然后将其中一侧（图中为皮革表面）的针依次穿过两层皮革的倒数第三个缝孔。

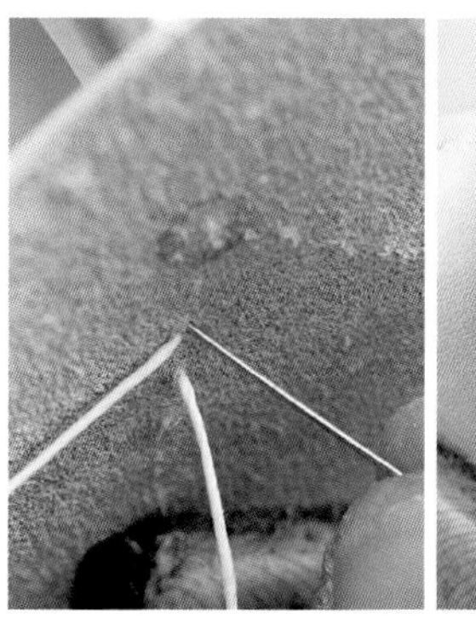

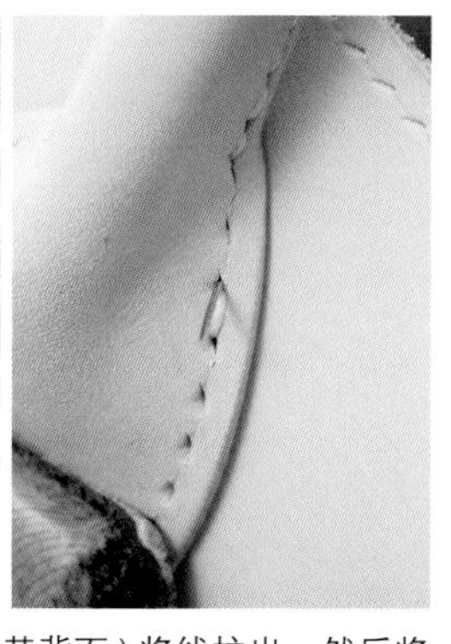

18 从另一侧（图中为皮革背面）将线拉出。然后将之前已经在这一侧的针同样依次穿过两层皮革的倒数第三个缝孔，并从表面拉出。

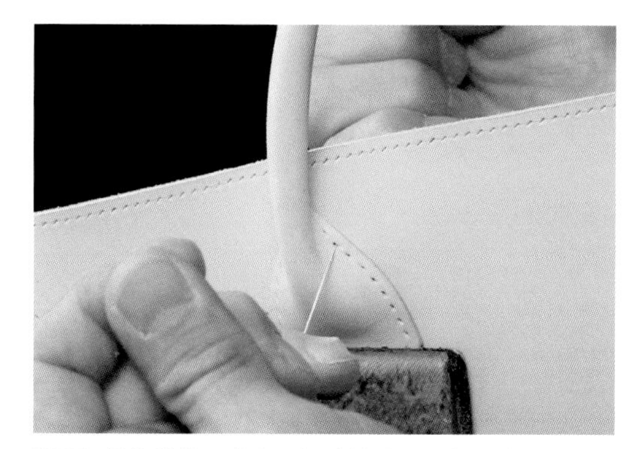

19 轻拉缝线，确定两根缝线均可自由活动后，拉紧两侧的线，第一个针脚就缝好了。

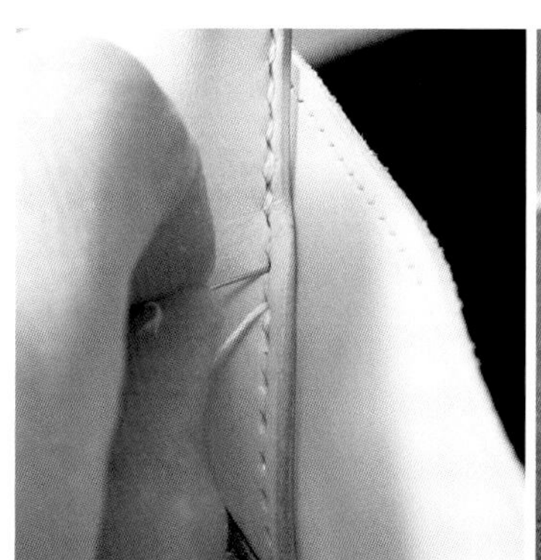

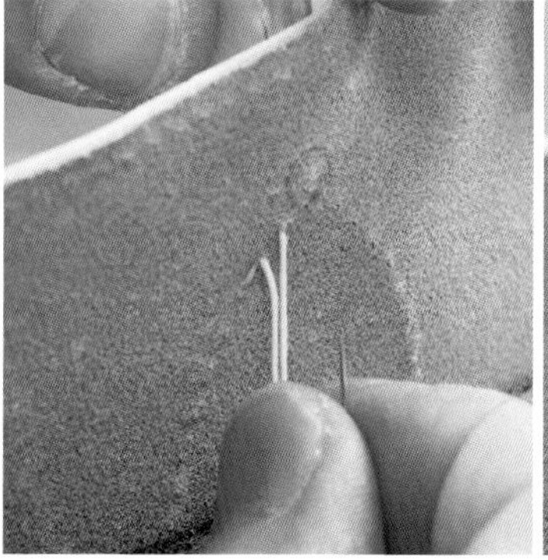

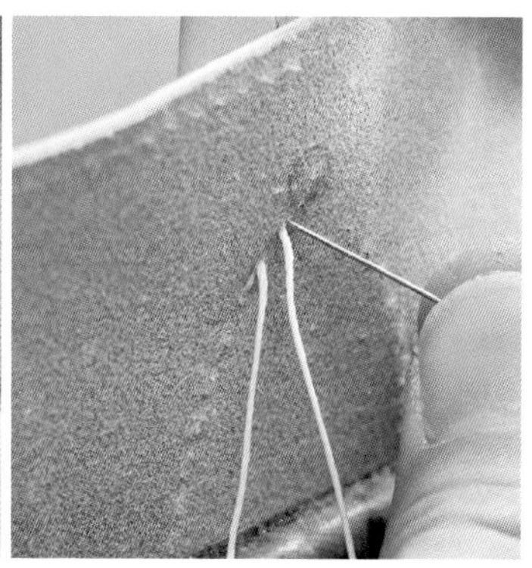

20 和缝第一针时一样，朝着袋身上端将一侧（图中为皮革表面）的针穿过下一个缝孔（即倒数第二个缝孔），然后从另一侧（图中为皮革背面）拉线，再将这一侧的针穿到正面，并拉紧第二个针脚。袋身背面的缝孔不太容易看清，为避免穿错缝孔，将袋身最上端的缝孔用笔圈起来。

POINT

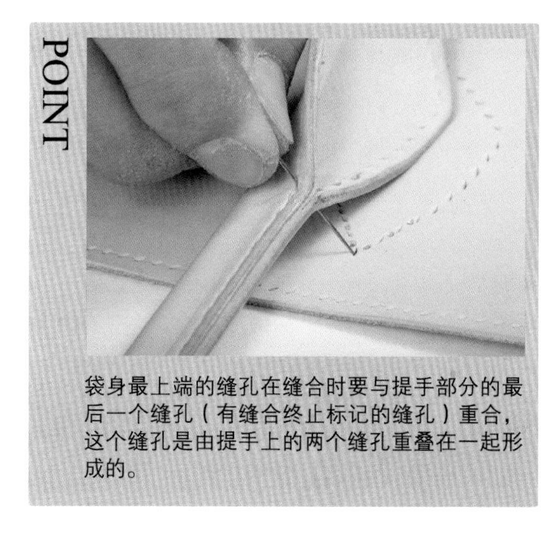

袋身最上端的缝孔在缝合时要与提手部分的最后一个缝孔（有缝合终止标记的缝孔）重合，这个缝孔是由提手上的两个缝孔重叠在一起形成的。

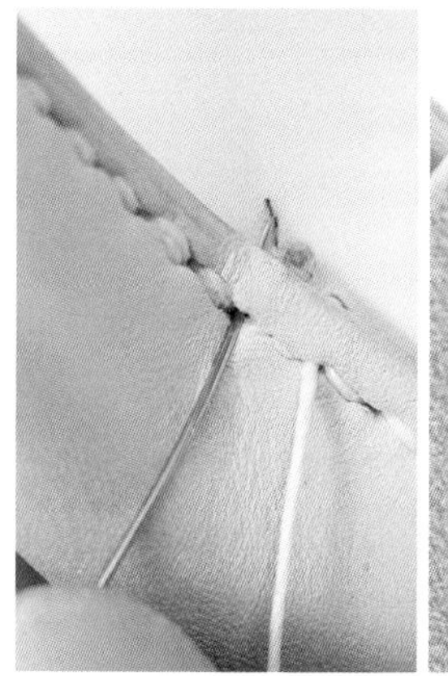

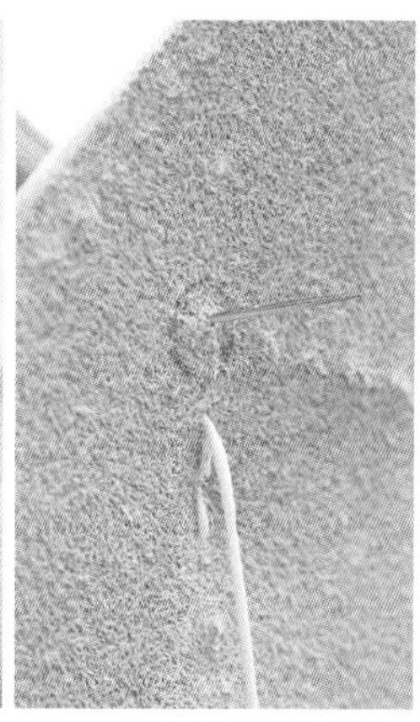

21 缝完第二针后，将正面的针依次穿过提手上有标记的缝孔（左图）和袋身最上端的缝孔（右图）。

22 从皮革背面轻轻地将线拉出。如图所示，此时背面应该有两根线。

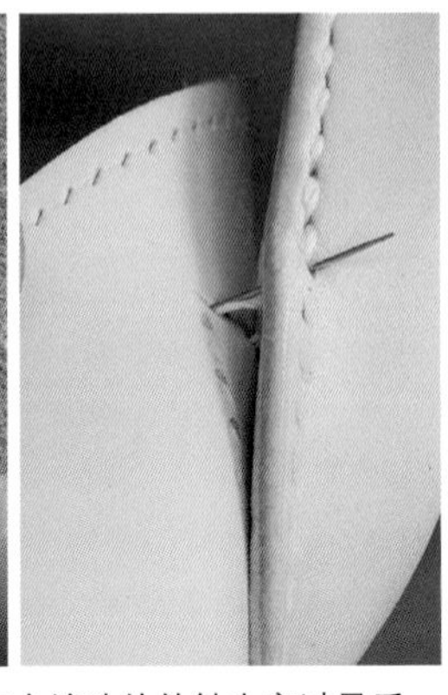

23 接下来，将倒数第二个缝孔处的针也穿过最后一个缝孔，即依次穿过袋身最上端的缝孔（左图）和提手上有标记的缝孔（右图）。

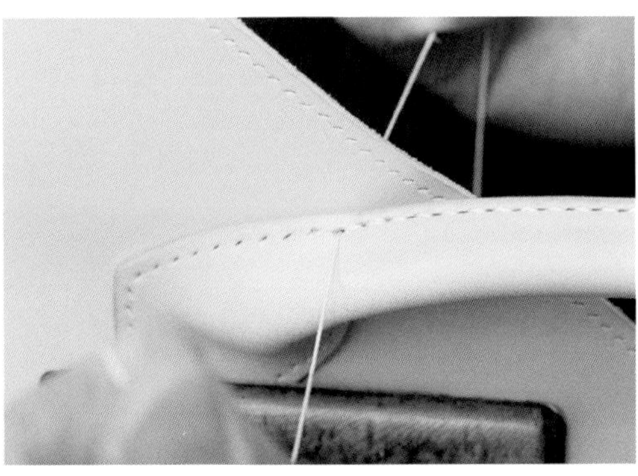

24 确定针没有刺入缝线后，拉两侧的线，将这个针脚拉紧。

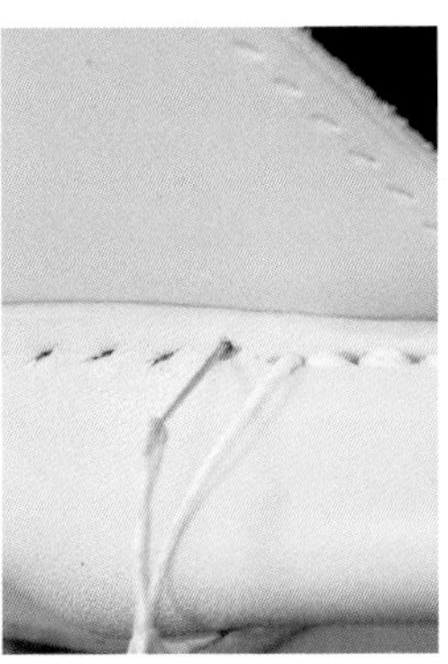
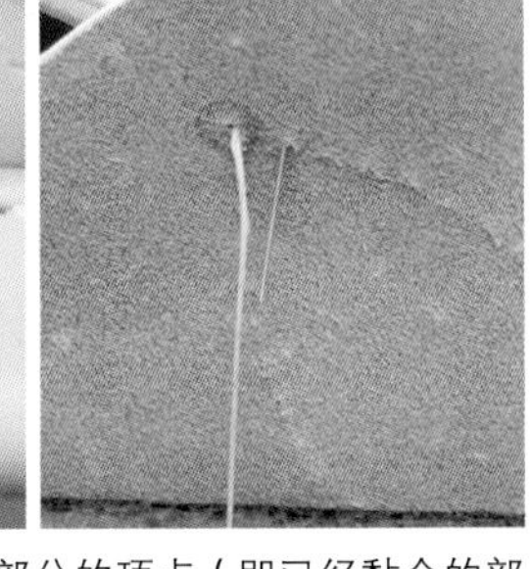

25 接下来，朝着三角部分的顶点（即已经黏合的部分），将正面的针依次穿过三角部分另一边的下一个缝孔和袋身上对应的缝孔。

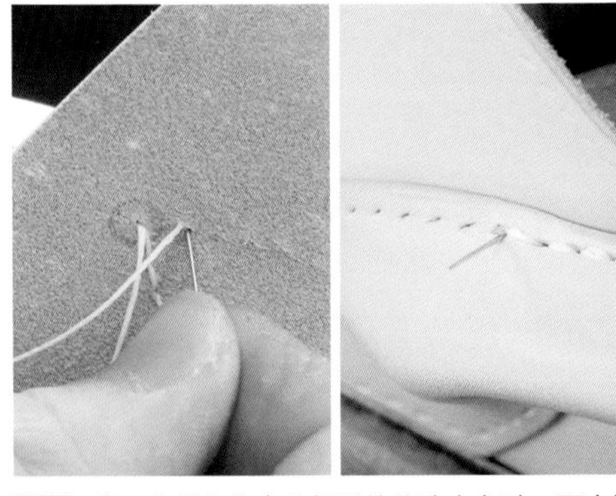

26 背面的针也依次从相同的缝孔中穿过。再次提醒大家，每次将针刺入缝孔后都要查看针是否避开了缝线。

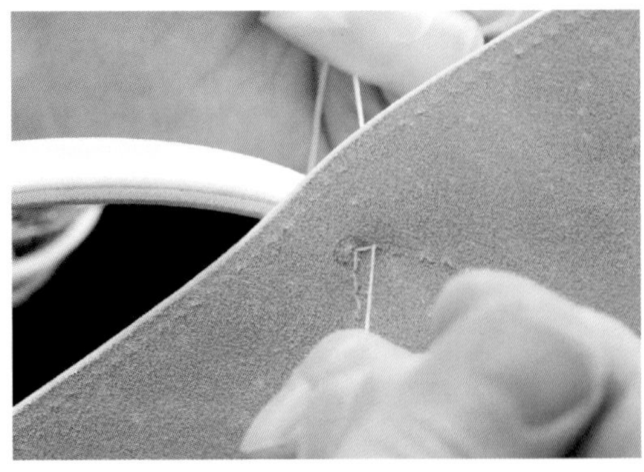

27 拉两侧的线，将针脚拉紧，这样三角部分的另一边也有了第一个针脚。

28 从这个针脚开始，用相同的方法往回缝 4 针。回缝到一开始入针的针脚后，用平缝法依次缝下去，经过三角部分的顶点，一直缝到三角部分另一边的第一个针脚。

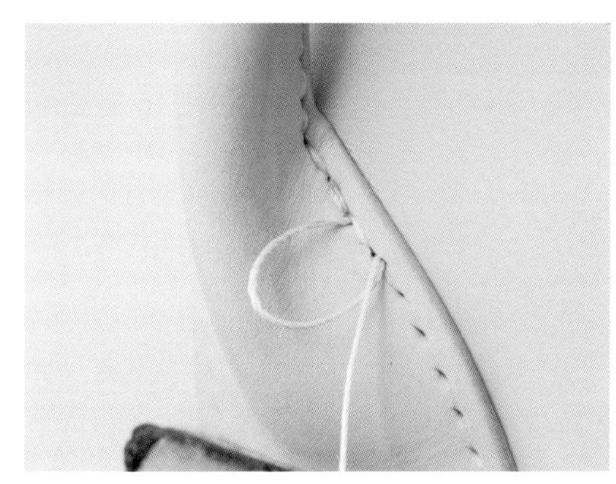

29 这是三角部分一条边的 3 针回缝针完成的样子。另一条边现在只有一针回缝针，剩下的两针回缝针之后从其第一个针脚开始缝。

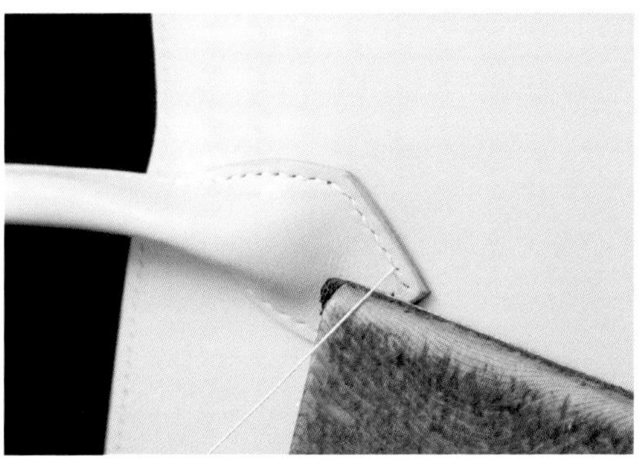

30 因为袋身比较大，所以比较难缝。每次拉紧针脚前一定要确认是否找对了缝孔。

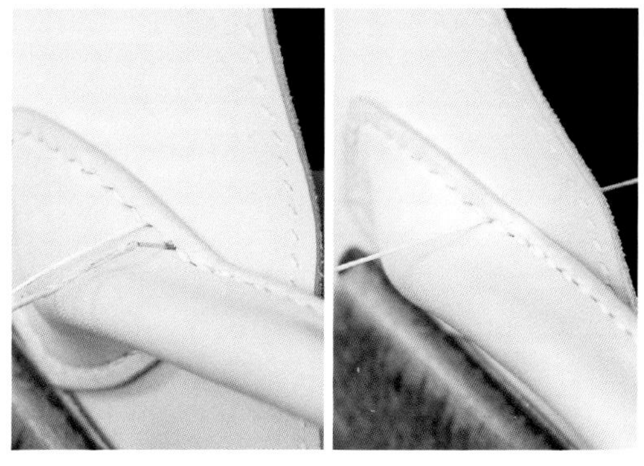

31 缝到刚才提到的第一个针脚后（左图），回缝两针（右图）。这样三角部分的两边都回缝了 3 针。

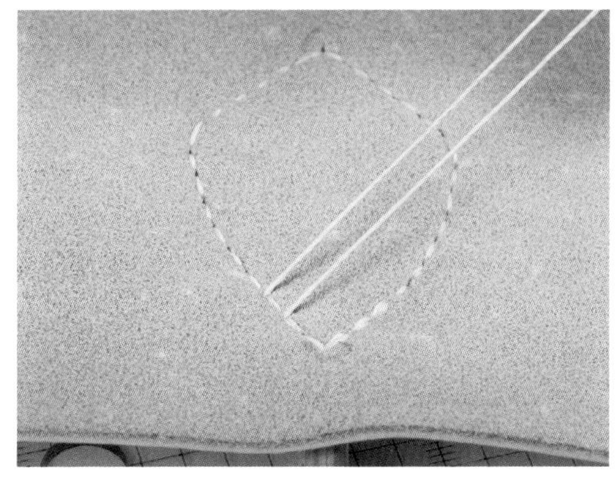

32 最后，皮革正面的缝针依次穿过提手和袋身，从背面穿出。如图所示，拉紧缝线并收尾。

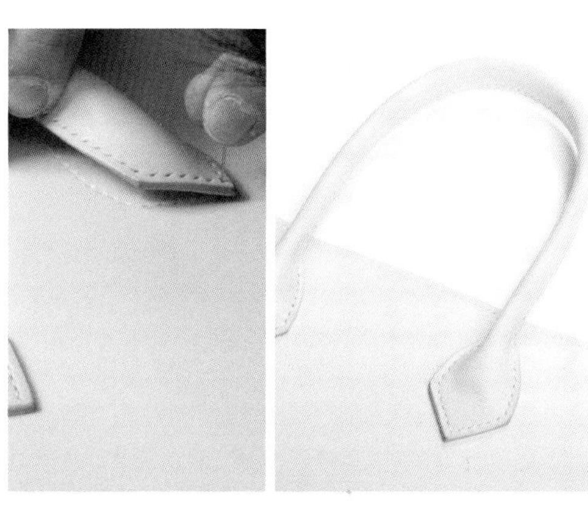

33 提手的另一端也按照相同的方法缝合。别忘了将另一个提手也缝好。

内袋的制作和缝合

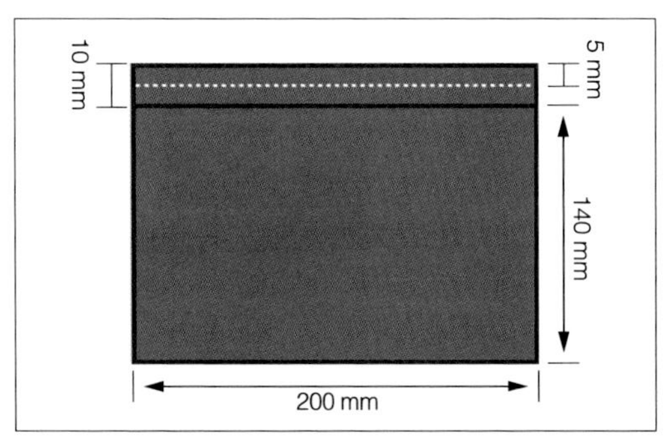

1 为了提高内袋袋口的强度，可以将内袋皮革的上边缘朝内折 5 mm 并粘好，这样袋口就变成双层的了。

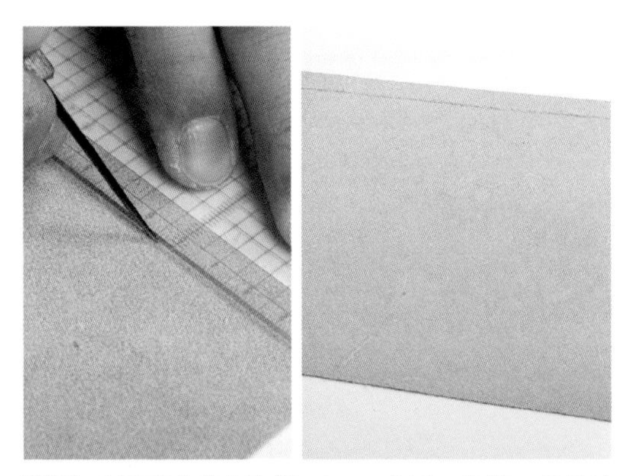

2 在距离皮革上边缘 10 mm 处画一条线，然后从这条线开始，将厚 1.2 mm 的皮革用削皮机均匀地削到厚 0.8 mm。

3 普通家庭一般不会购置削皮机，所以这道工序有必要请店家帮忙完成。

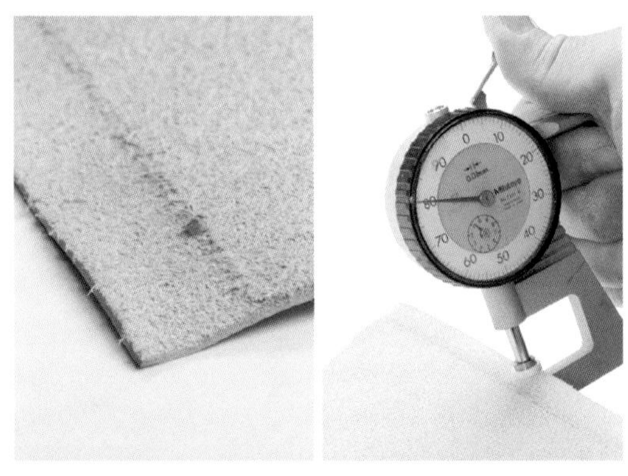

4 这就是用削皮机将厚 1.2 mm 的毛边削到厚 0.8 mm 的效果。

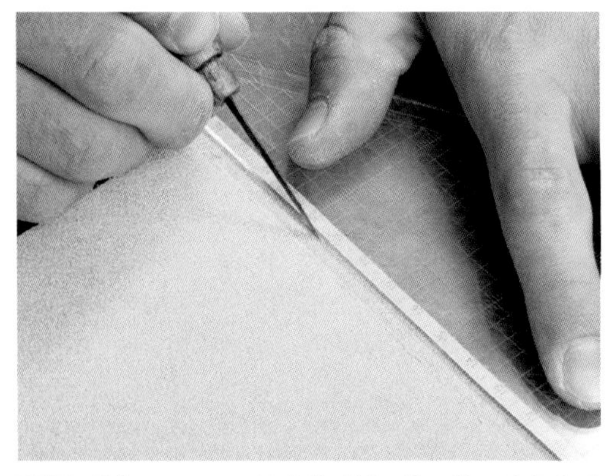

5 若将厚 0.8 mm 的皮革对折，袋口的厚度将变成 1.6 mm，与内袋其他部分的厚度不一致，因此这个部分有必要继续削薄。先在距离皮革上边缘 5 mm 处画一条线，将袋口部分均分成两部分。

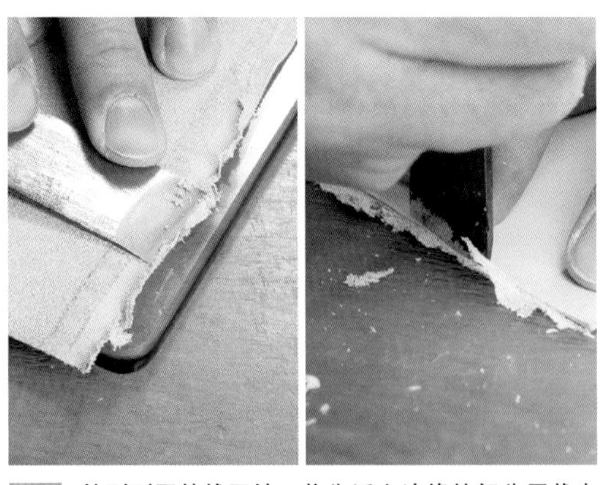

6 从刚刚画的线开始，将靠近上边缘的部分用裁皮刀手工削到厚 0.4 mm。这时，迷你刨子可能不太好用。

7 这是将袋口的一半手工削到厚 0.4 mm 的效果。将这部分折过来与厚 0.8 mm 的部分黏合，袋口的厚度就变成 1.2 mm，与内袋其他部分的厚度一致了。虽然厚度一样，但是袋口的强度却大幅提升。不过，这是皮具匠人的专业技巧，初学者可以省略这道工序。

8 为了便于折叠，用刻刀轻轻地沿袋口部分的中线（距离上边缘 5 mm 处）划过以加深折叠线。

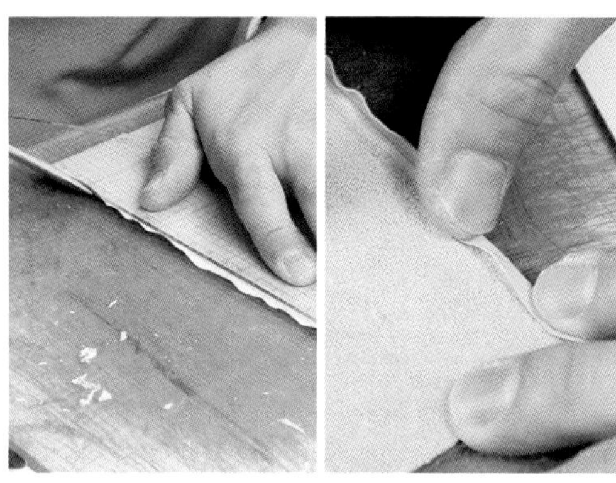

9 将直尺对齐折叠线，用木质上胶片等工具将厚 0.4 mm 的部分往上折。然后用手按压，直到按出比较清晰的折痕。

10 在需要黏合的部分涂抹白乳胶。因为是皮革的背面相互接触，所以这个部分比较容易黏合。

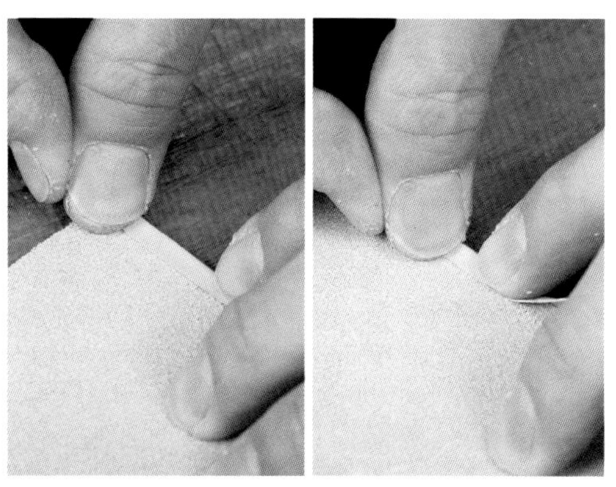

11 翻折起厚 0.4 mm 的部分，然后紧按以使两部分黏合。先从两端开始黏合，然后一边调整偏斜的地方一边朝中央黏合。

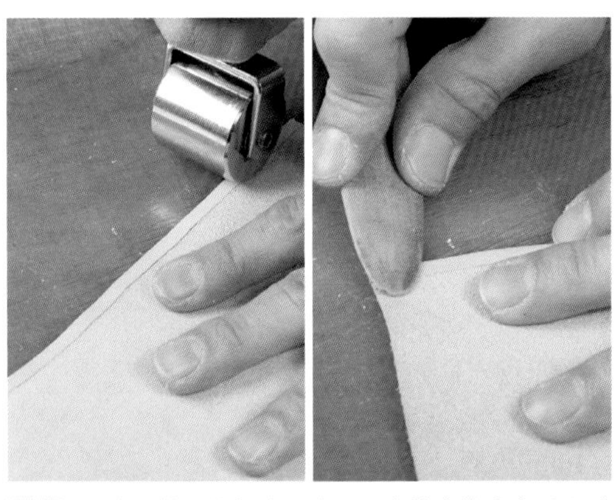

12 为防止粘好的部分开绽，用皮革滚轮或木质上胶片等进一步按压。

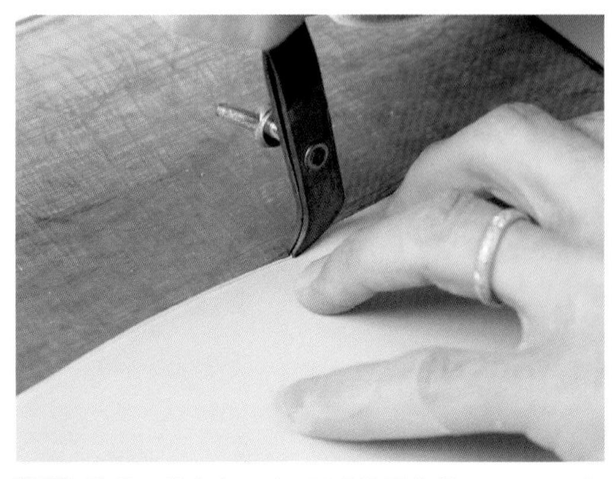

13 等袋口黏合牢固后，用边线器在袋口正面画一条基准线。图中边线器的宽度为 2 mm。

14 在粗略裁切过的内袋皮革上放相应的纸型，将袋口与纸型的一条边对齐，画出轮廓。

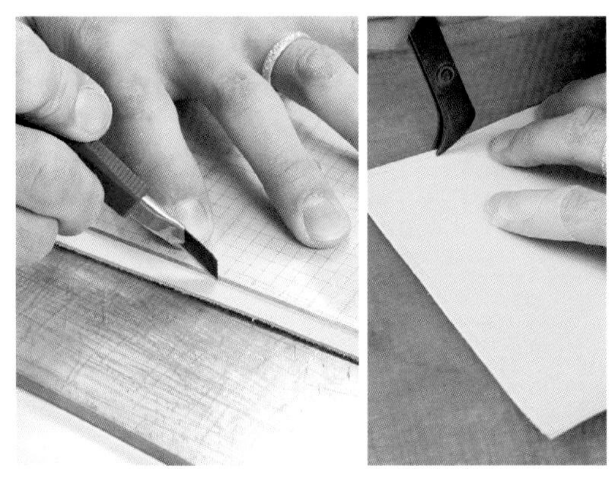

15 沿轮廓线裁出内袋，并在袋口所在那一边以外的其他 3 条边上依次画出宽 3 mm 的基准线。

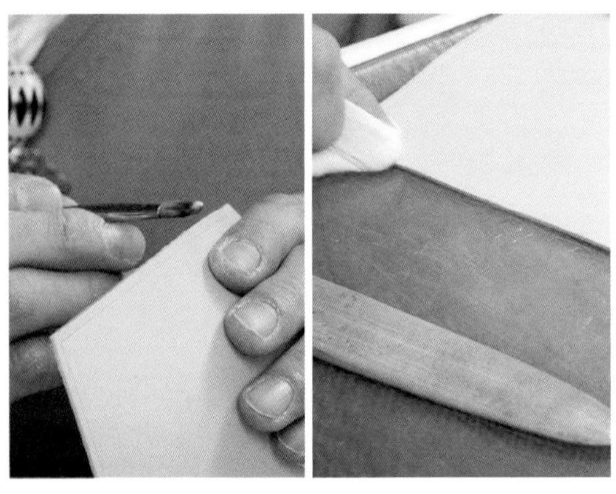

16 因为内袋和内层袋身缝合后就不能磨边了，所以要先打磨内袋的 3 条毛边。

17 毛边打磨好后，沿基准线打出缝孔（和边皮的上边缘一样，用间距小的菱錾打孔）。

18 为了将内袋的缝合位置标记在内层袋身上，将内袋纸型放在袋身纸型上，用圆锥在袋身纸型上标出内袋侧边的两个起点(位于内袋袋口两端的点)。

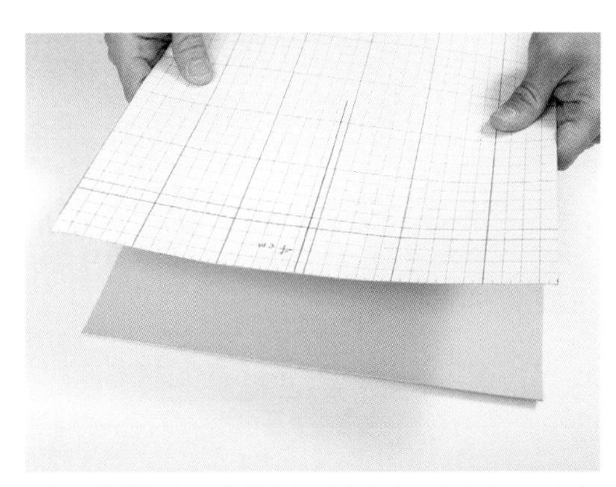

19 将做好标记的袋身纸型放在内层袋身表面，仔细对齐。

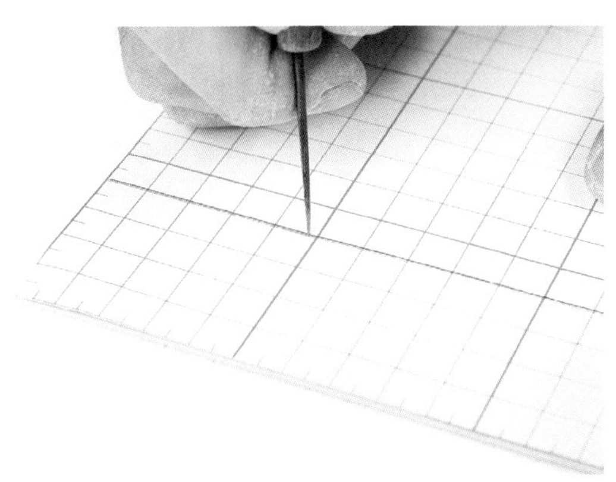

20 依据纸型，在内层袋身上用圆锥标出内袋侧边的两个起点。

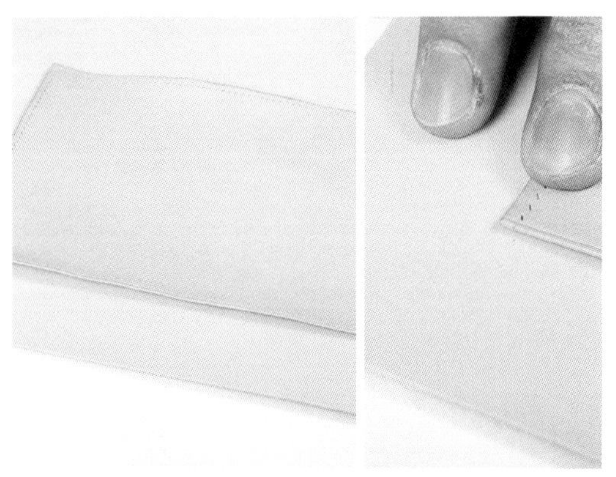

21 将内袋放在内层袋身上，使内袋袋口两端的点与内层袋身上的记号对齐。

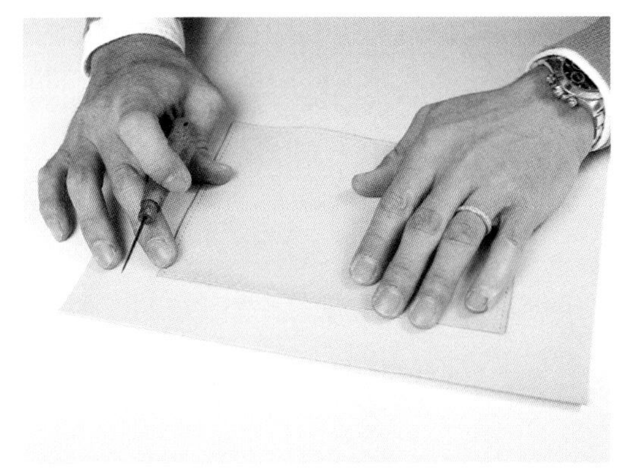

22 为了准确地描出内袋的轮廓，调整内袋的位置以便与记号对齐。

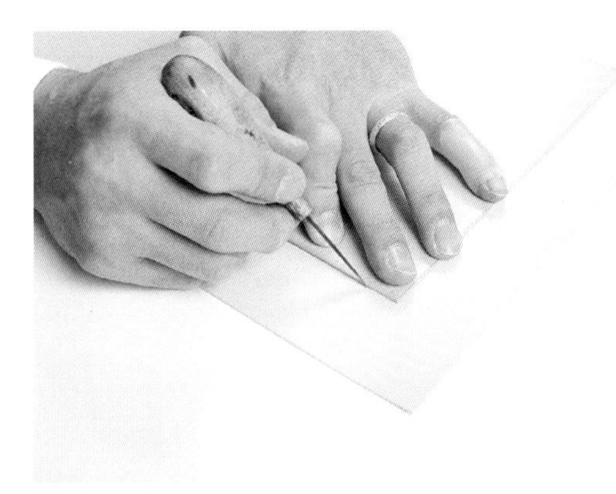

23 按紧内袋以免歪斜，在内层袋身上画出袋口以外 3 条边的轮廓。

24 在内袋（背面）缝孔的外侧以及内层袋身（正面）轮廓线内侧宽 3 mm 的区域涂抹白乳胶。

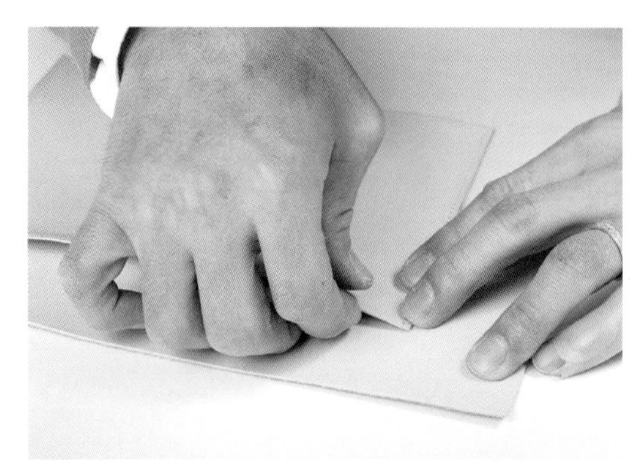

25 开始黏合内袋。将内袋袋口两端与内层袋身上相应的标记对齐，然后依次按压其他 3 条边，使其与内层袋身黏合。

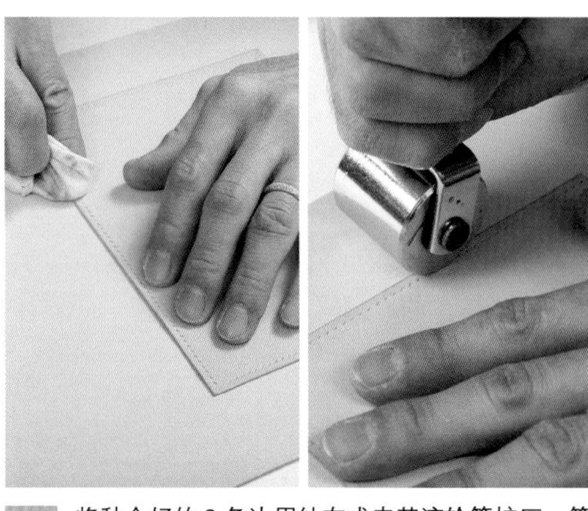

26 将黏合好的 3 条边用纱布或皮革滚轮等按压，等白乳胶完全晾干。

27 接着，依照内袋上的缝孔，用菱錾在内层袋身上打缝孔。

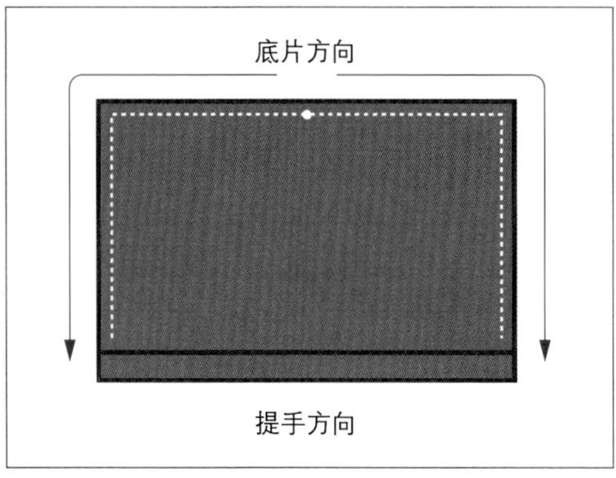

28 接下来进行缝合。由于缝合距离很长，从内袋底边中点开始，朝两边分头缝合。

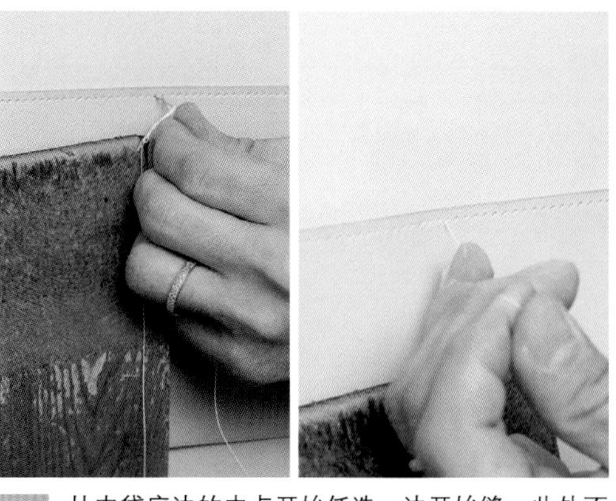

29 从内袋底边的中点开始任选一边开始缝。此处不需要回缝，用平缝法一直缝到内袋袋口即可。

CHECK!

30 为提高袋口转角的强度，缝至两侧顶端时回缝两针。

31 回缝好后，将剩下的线穿到背面，剪断后涂上白乳胶作为收尾。

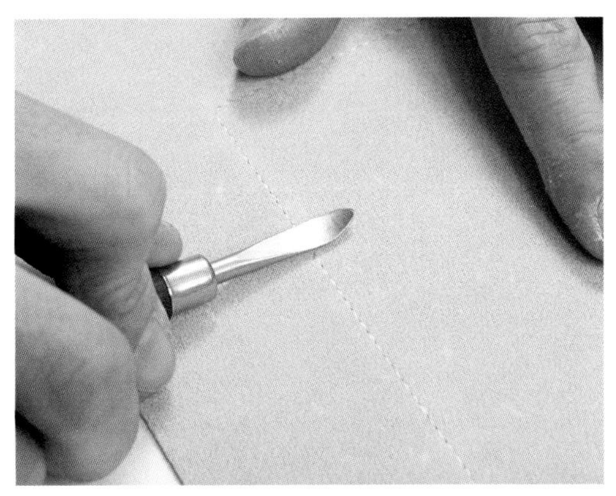

32 最后，将内层袋身背面和正面的针脚按压平整。

33 这是缝合在内层袋身上的内袋。你可以根据自身的喜好，在一片或两片袋身上缝内袋，也可以自由变换内袋的大小和位置。

POINT

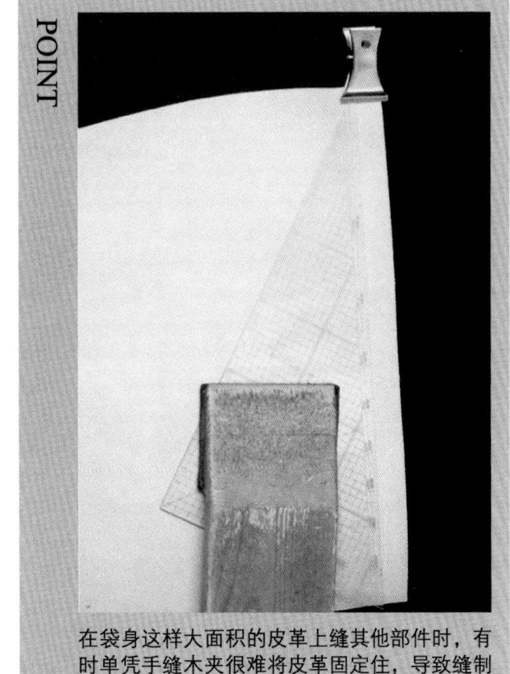

在袋身这样大面积的皮革上缝其他部件时，有时单凭手缝木夹很难将皮革固定住，导致缝制时还要花功夫将皮革重新扶好。遇到这种情况时，可以利用手边现有的物品辅助手缝木夹固定皮革。夹子虽然没办法夹住一大片皮革，但夹住几个关键点也能保持皮革稳固，这样就能顺利缝制了。

黏合内外层袋身

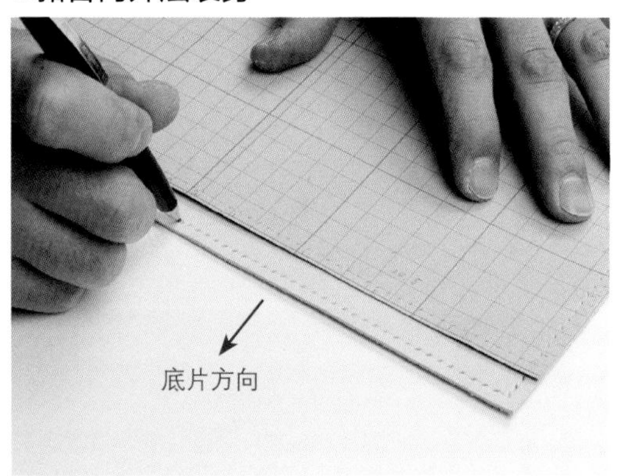

1 黏合内外层袋身时，在袋身底边的中心缝孔上做记号。

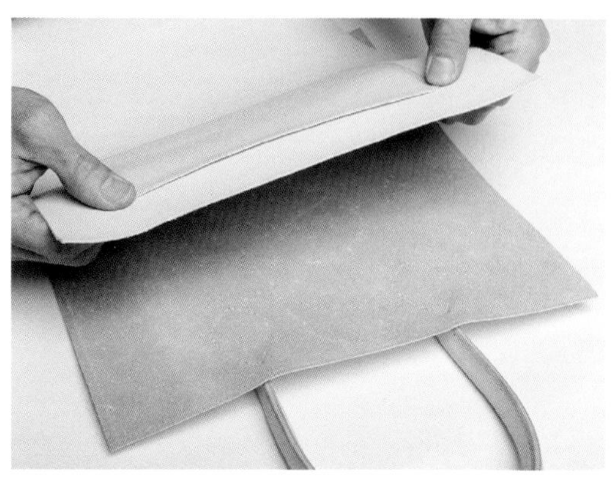

2 确定好袋身的朝向，将内层袋身和外层袋身的背面黏合起来。

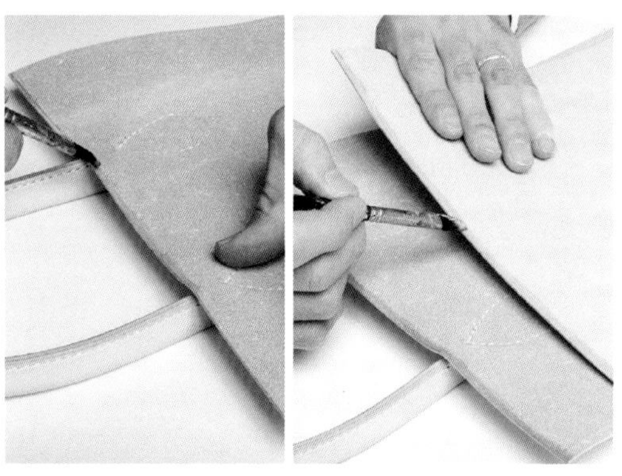

3 首先，黏合内外层袋身的上边缘。避开缝孔，在其上边缘分别涂抹宽约 5 mm 的白乳胶。

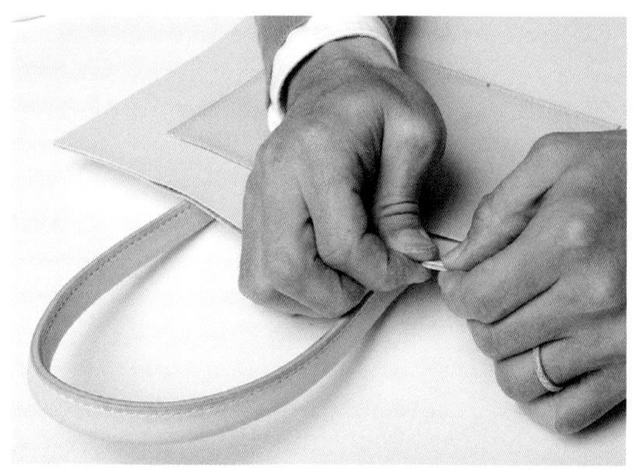

4 将上边缘的两端对齐，然后朝中央黏合。

POINT

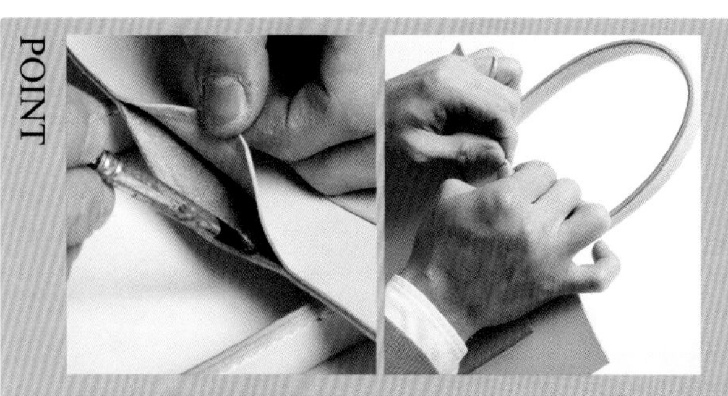

在黏合过程中，白乳胶干了的话就再涂上白乳胶黏合。因为白乳胶是水溶性的，所以从某种程度上来说反复涂抹没有问题。

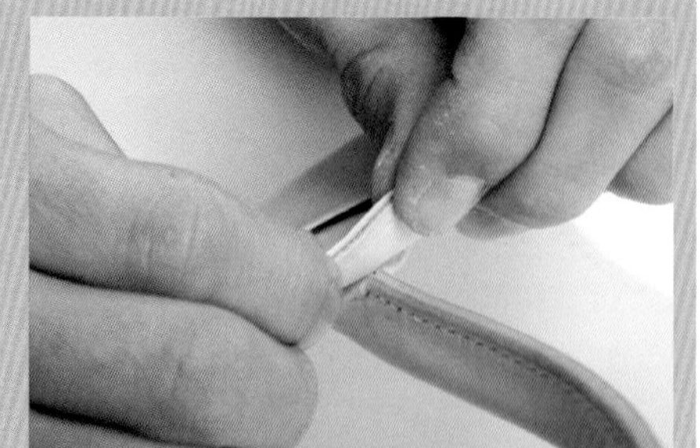

因为缝有提手的部分容易向外翻，所以黏合时要把这个部分的皮革向内轻压以使其黏合紧密。

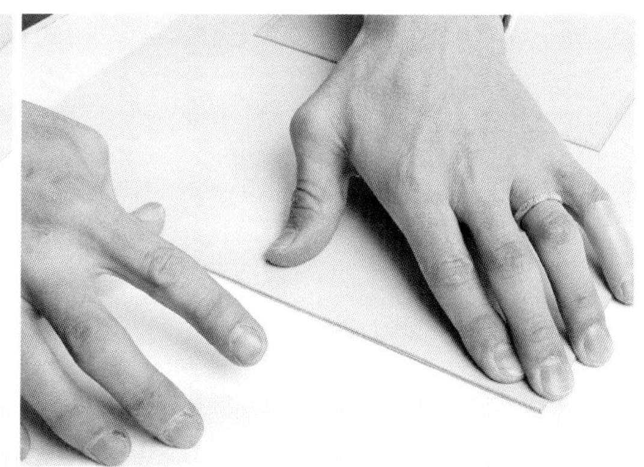

5 将上边缘黏合好后，接下来用同样的方法黏合底边。

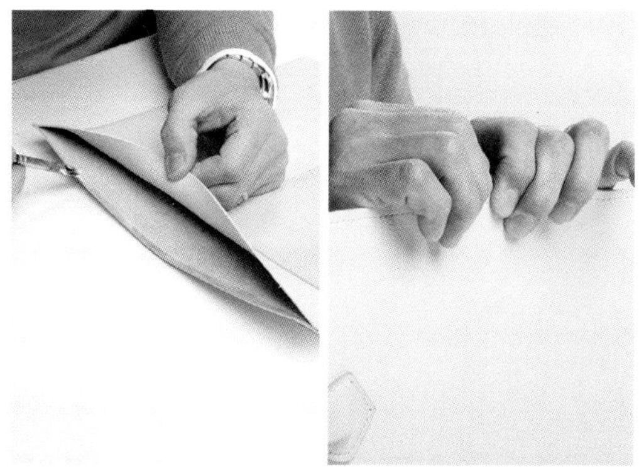

6 最后黏合袋身两侧。因为需要黏合的距离很长，所以最好分2~3次涂抹白乳胶，一段一段地黏合。

7 这是外层袋身与内层袋身黏合好的样子。由于白乳胶没有涂抹在整个袋身上，所以袋身还保留了皮革原有的柔软度。

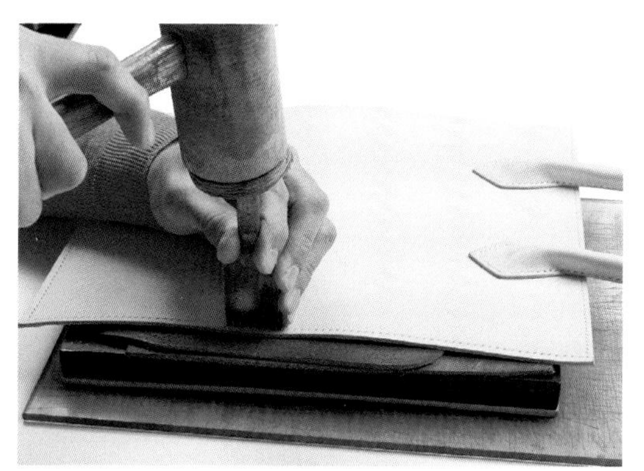

8 用菱錾通过外层袋身上已有的缝孔，在内层袋身的 4 条边上打出缝孔。

9 为装饰性缝线打孔时，为了避开提手，需换用两孔菱錾。

10 开始缝合。从袋身上边缘的一端开始缝装饰性缝线。先回缝一针再平缝，缝到提手时注意避开它。

11 缝到另一端时也要回缝一针。此处缝装饰性缝线使用的是细麻线。

12 缝完装饰性缝线后，对上边缘进行打磨。

13 用三角研磨器将毛边磨平，再用削边器轻轻将棱角修圆润。小心不要削到提手。

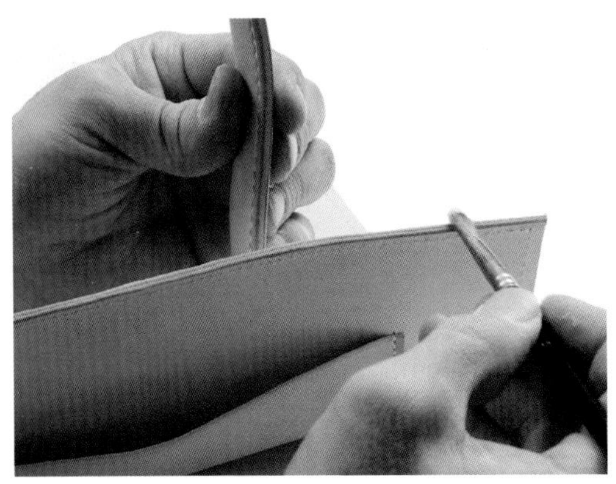

14 在磨平的毛边上涂抹床面处理剂，削过的棱角上也要涂。注意不要涂到针脚上。

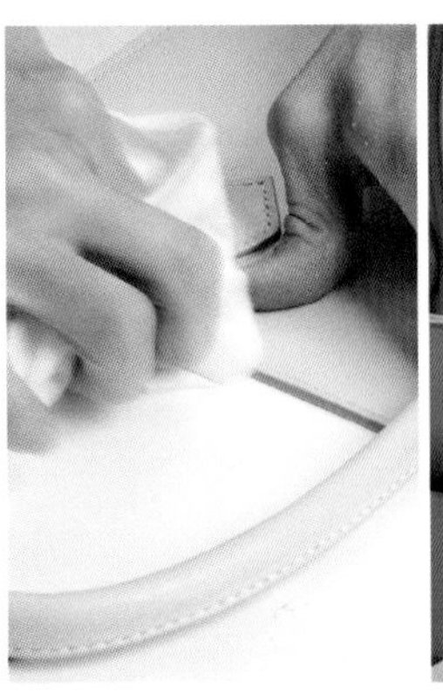

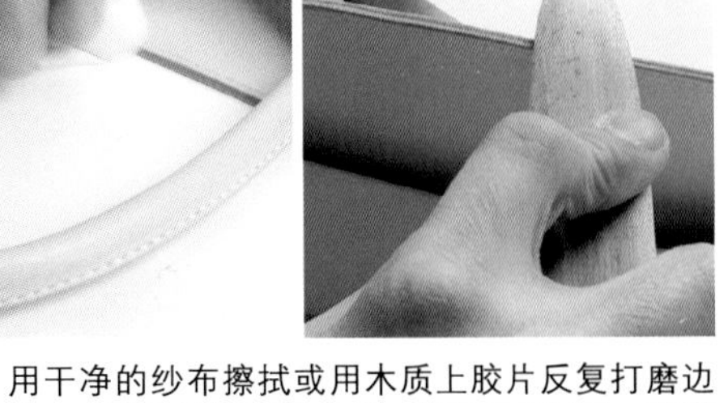

15 用干净的纱布擦拭或用木质上胶片反复打磨边缘，直到达到满意的效果。用纱布擦拭时，将袋身平放在桌上比较顺手。

POINT

提手缝合处因为有提手挡着，所以比较难打磨。但这个部位很显眼，不能马虎处理。可以不断调整方向以避开提手。

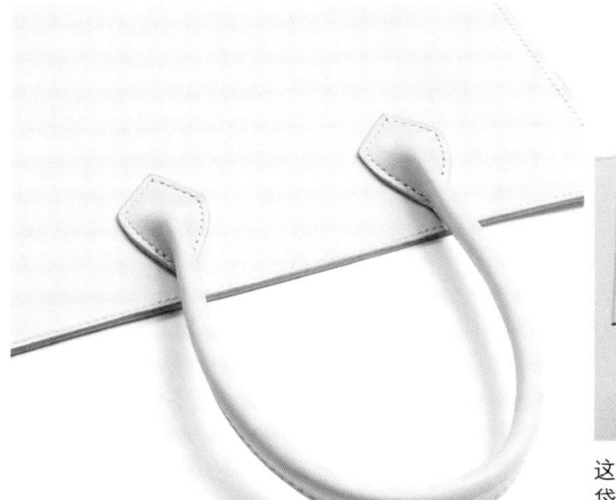

这是 4 条边都打磨好的袋身。用同样的方法处理另一片袋身。之后便可以开始缝合袋身与边皮了。

POINT

别看只是小小的内袋，只要在缝合方法上花些功夫，成品就会大不相同。图为用缝合边皮的方法缝合的内袋，这种方法在增大容量方面十分有效。

缝合袋身和边皮

托特包在缝合前分为两片袋身和一整片边皮这三大部分。缝合时，先缝合一片袋身和边皮，再缝合剩下的部分。虽说要缝合的各部分面积都很大，工作量也会相应增加，不过缝合本身并不困难。

黏合的顺序

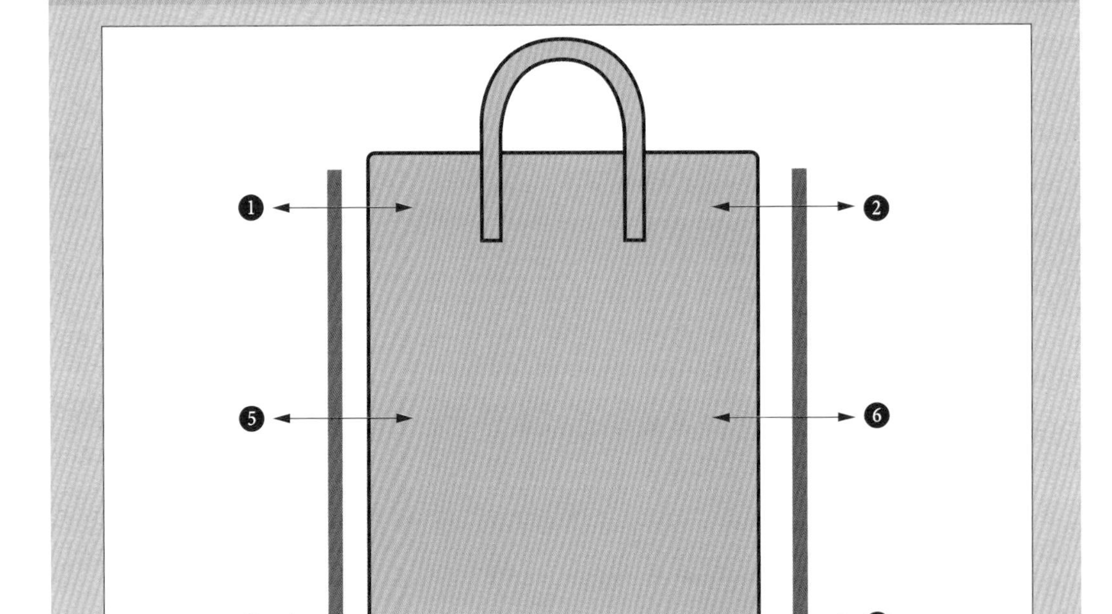

与之前一样，缝合袋身和边皮前要黏合需要缝合的部分，待白乳胶变干后进行缝合。不过，由于袋身和整片边皮都比较大，黏合起来比较花时间。为提高效率，最好先确定最优的黏合顺序——先黏合侧片与袋身，再黏合底片与袋身；侧片从两端往中央黏合，底片则从中央往两端黏合。按照顺序并规范操作，一定能又快又好地黏合。黏合时，仍要注意把白乳胶的涂抹范围控制在缝孔外侧，还要注意将各部位的缝孔准确对齐，这样便于之后的缝合。

1 按上页所说的顺序，先黏合边皮（侧片）和任意一片袋身，从袋口那一端开始黏合。在两片皮革的边缘均匀地涂抹白乳胶。

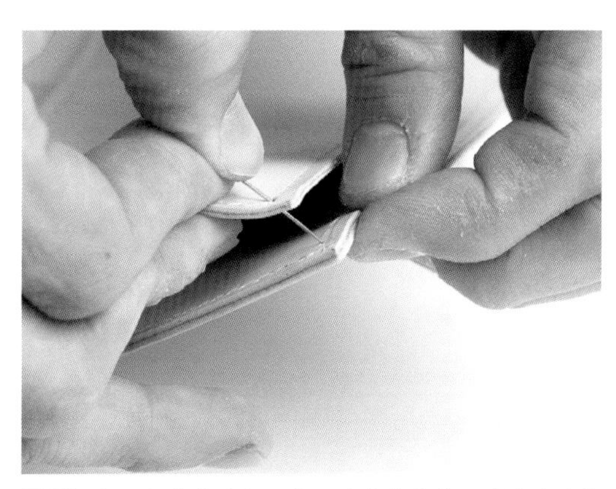

2 为了让缝孔对齐，在两片皮革的第一个缝孔（袋身上缝了装饰性缝线的缝孔）穿一根针。

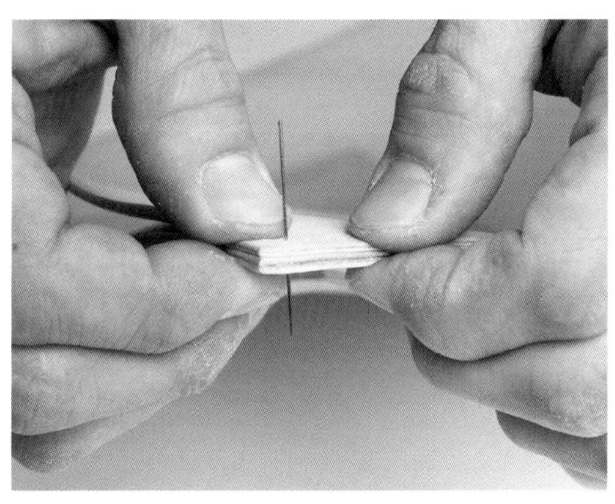

3 使缝针保持笔直，这样其他缝孔也能跟着对齐。对齐两片皮革的边角，按压以使其黏合。

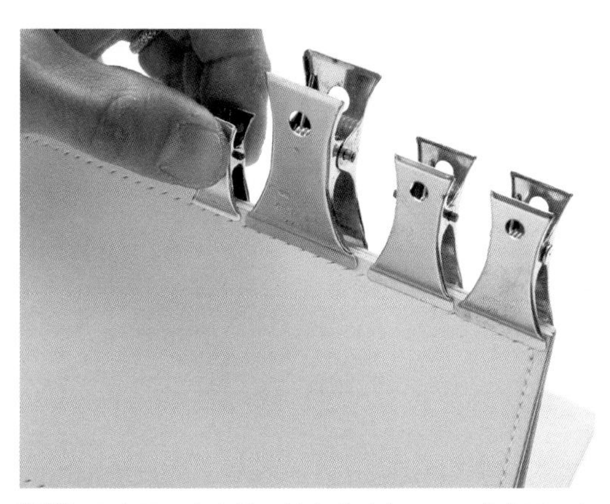

4 用夹子固定皮革，等白乳胶变干。图中夹子固定的部分即为刚才黏合的部分。

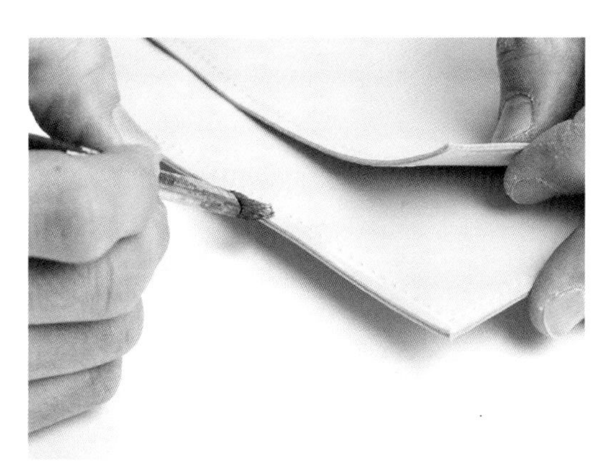

5 接下来黏合袋身另一侧的袋口部分。和刚才一样，先在需要黏合的部分涂抹白乳胶。

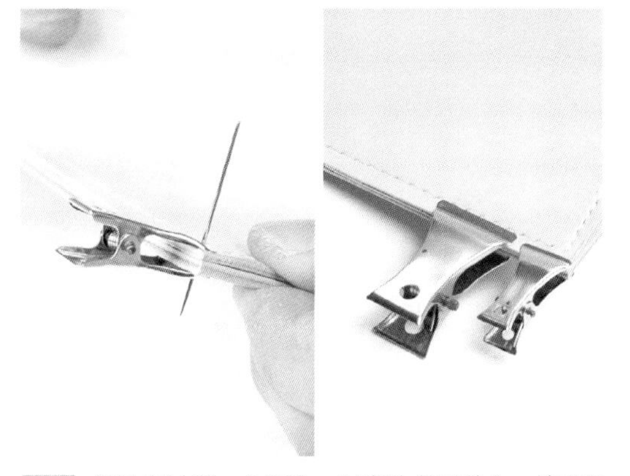

6 将针穿过第一个缝孔，对齐边角后黏合，并用夹子固定，等白乳胶变干。

7 接下来黏合边皮（侧片）与袋身底部的两端。为了对齐缝孔，将边皮纸型放在边皮上，标记出转角前一个缝孔的位置。

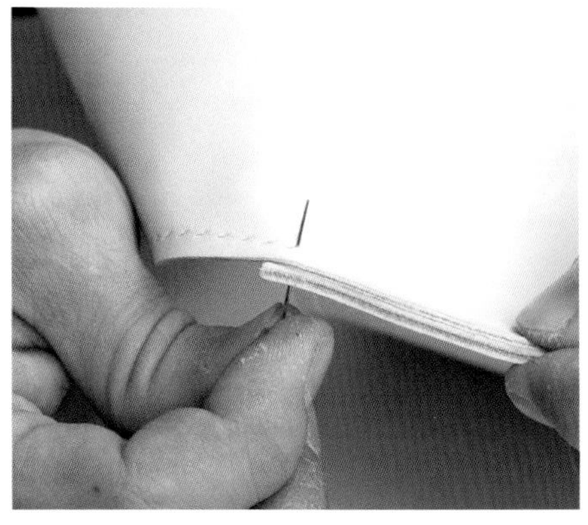

8 先在这个缝孔里笔直地穿一根针，对齐后黏合、固定和晾干。

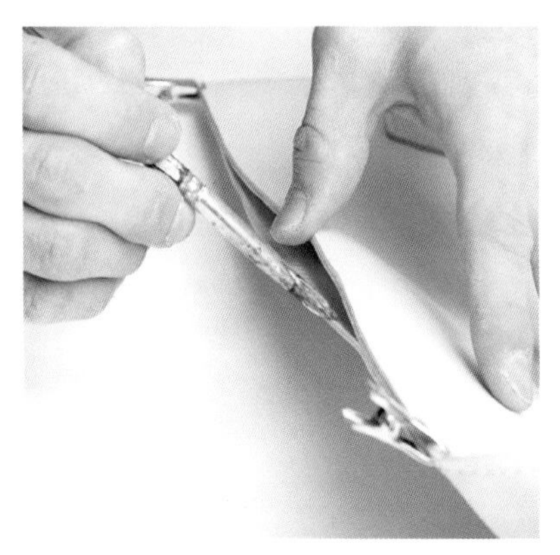

9 这样，侧片与袋身的上下两端都黏合好了，接下来朝中间黏合。

10 中间也有很多缝孔，为了让两片皮革上的缝孔对齐，最好用针来固定。黏合时也要不断查看袋身和边皮的缝孔以及边缘是否对齐。

11 按照同样的顺序，黏合另一侧的中间部分。此时，除了袋身的底部与底片尚未黏合，袋身的两侧与侧片已经黏合好了。

12 黏合底部的时候也一样，在有标记的中心缝孔穿一根针。

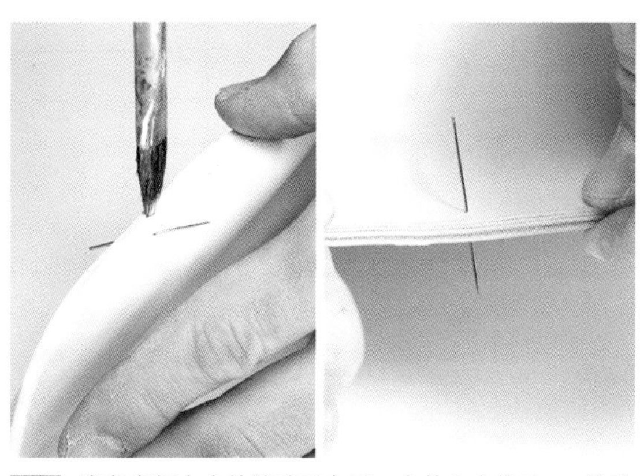

13 确定底部中央的缝孔对齐后，在其左右约 5 cm 的范围内涂抹白乳胶并黏合。

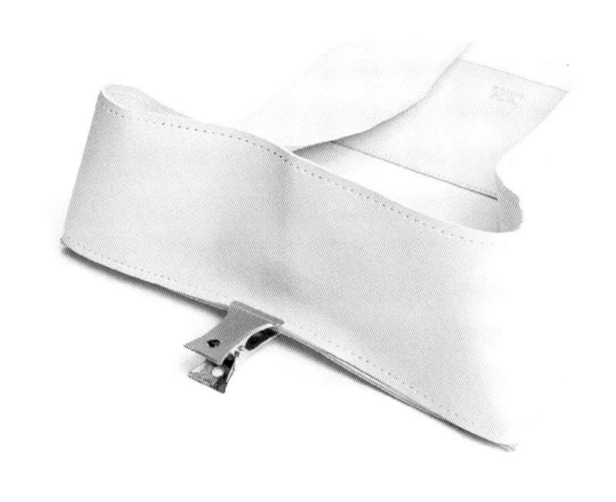

14 为了避免黏合好的部分歪斜，同样用夹子固定。接下来黏合底部中间到转角之间的部分。

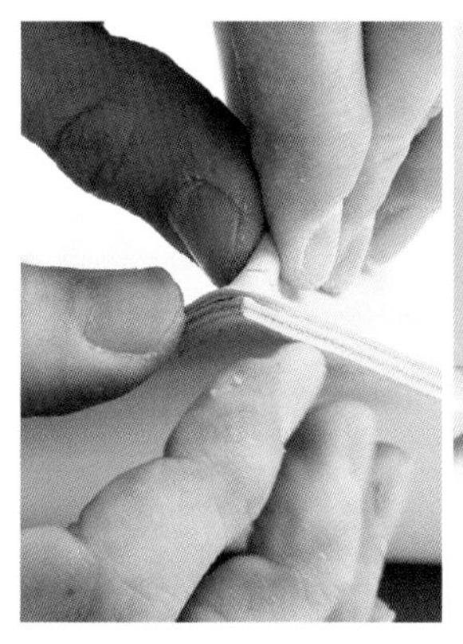

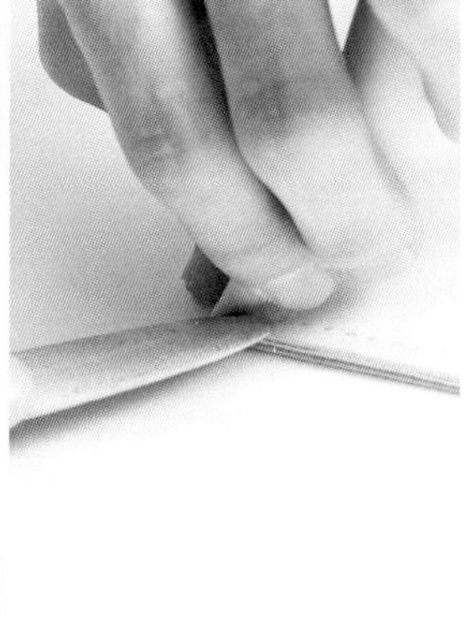

15 为了准确对齐转角，将边皮的转角捏一下，使折痕清晰一些。用木质上胶片会更得心应手。

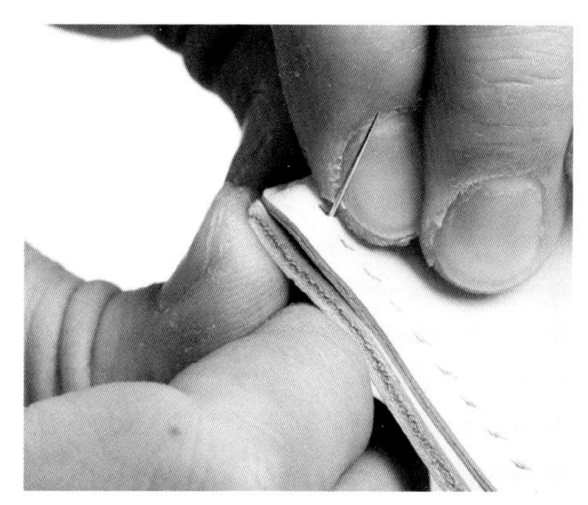

16 对齐转角的缝孔后，将针穿过转角的前一个缝孔进行固定。

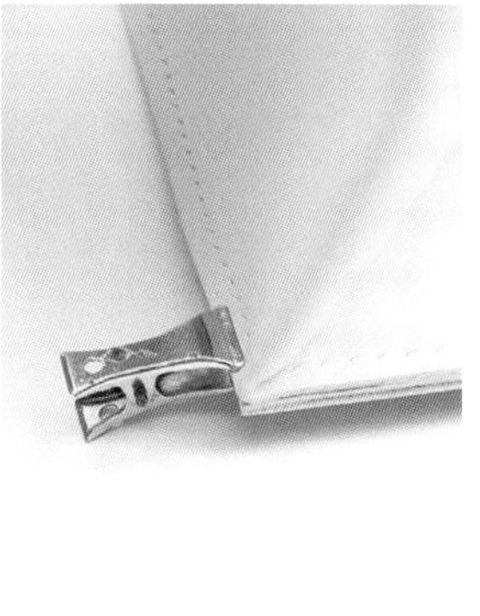

17 从转角开始，朝中间涂抹 5 cm 的白乳胶，确认缝孔对齐后黏合。

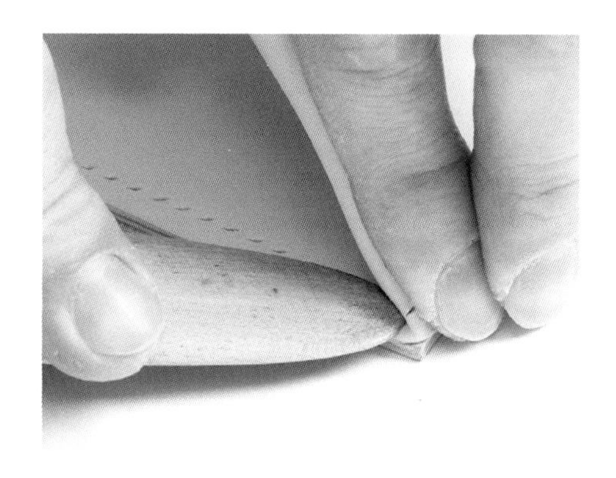

18 等白乳胶稍微干一些后，用木质上胶片再次按压转角，让折痕更清晰。

CHECK!

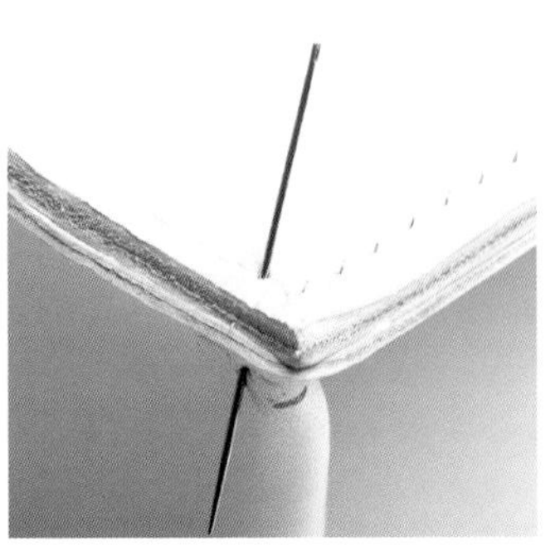

19 转角的缝孔是否对齐对接下来袋身和边皮的缝合十分重要，个中缘由你在具体操作时就能体会了。转角缝孔的状态如图所示，现在要做的是查看它旁边的两个缝孔是否准确对齐。

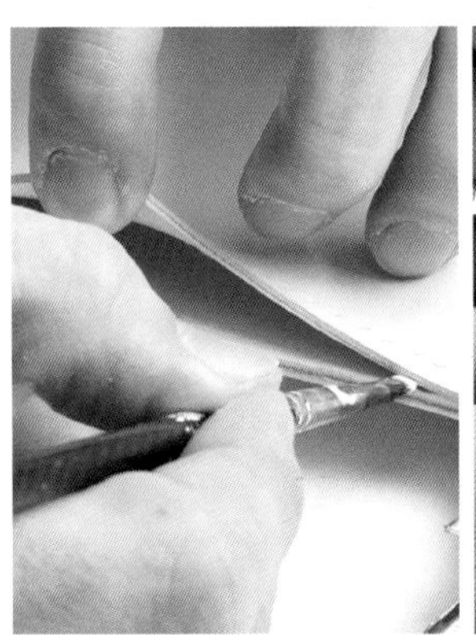
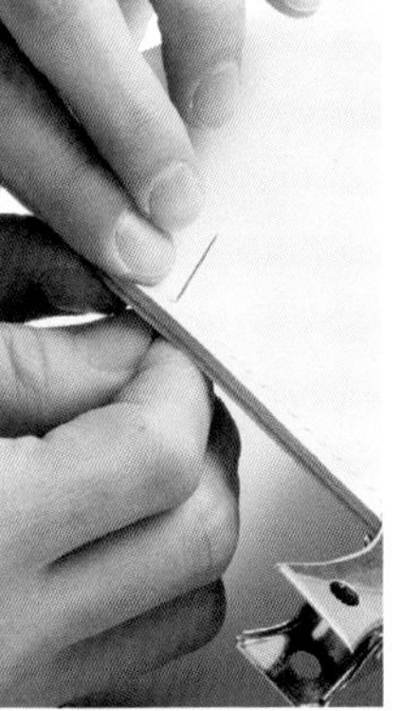

20 继续朝中央黏合剩下的部分。在底边约 1/4 处将缝针穿过缝孔以便对齐其他缝孔，然后进行黏合。

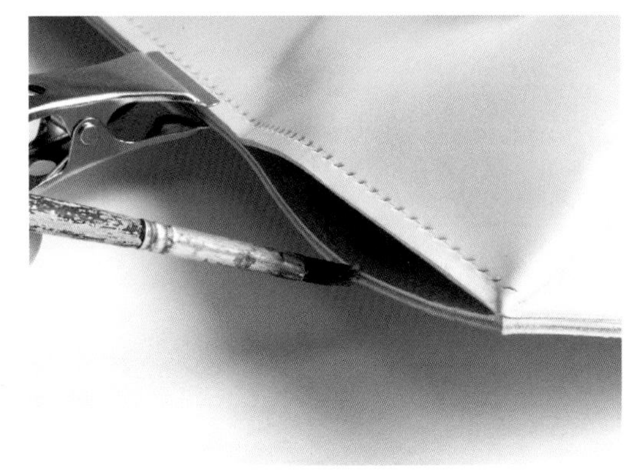

21 另一端也一样，从转角向中央黏合并用夹子固定，等待白乳胶晾干。

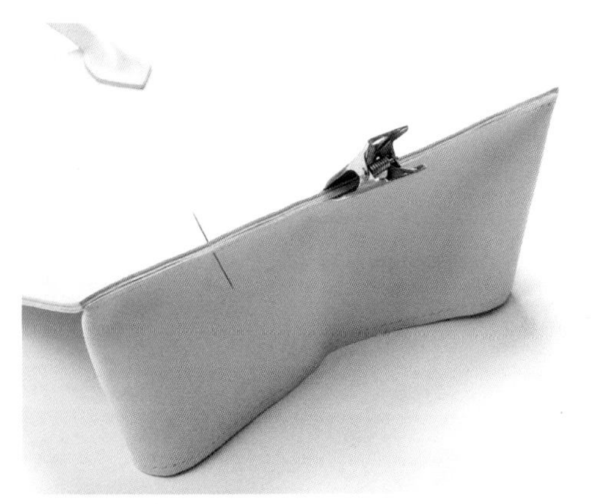

22 底部全部黏合好后，一片袋身和边皮的黏合工作就完成了。接下来便可以开始缝合了。

23

袋身和边皮的缝合范围很大，用一根线很难一次缝完。因此，最好以底边中点为分界，将缝合范围一分为二，按照红线所示的L形分开缝合。

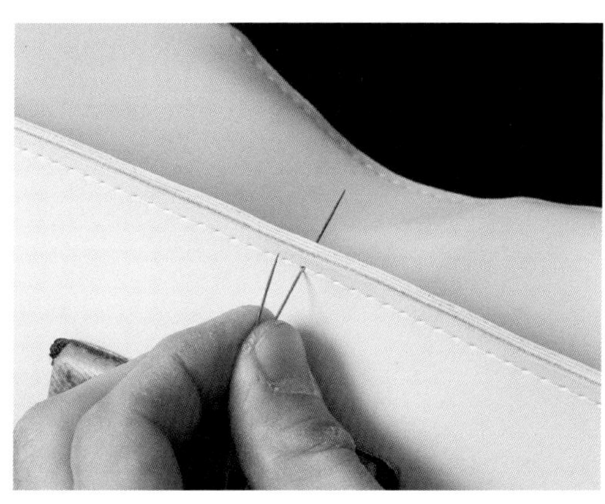

24 从有标记的底边中心缝孔穿针，任选一个方向开始缝合。

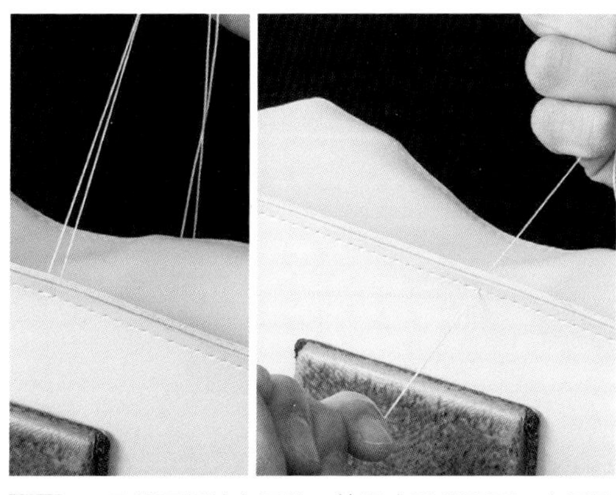

25 一开始不用特意回缝，按顺序平缝即可。右图是缝好并拉紧第一个针脚的样子。

26 从第一个针脚开始继续平缝，直到转角的前一个缝孔。

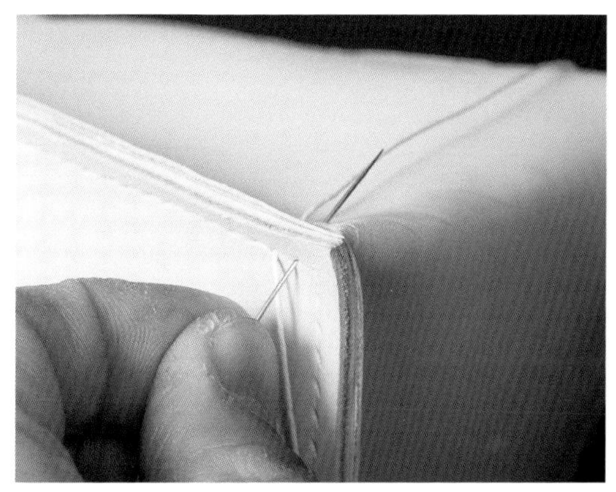

27 图中为缝针穿过转角前一个缝孔的样子。和之前一样，先将左侧的缝针穿过缝孔。

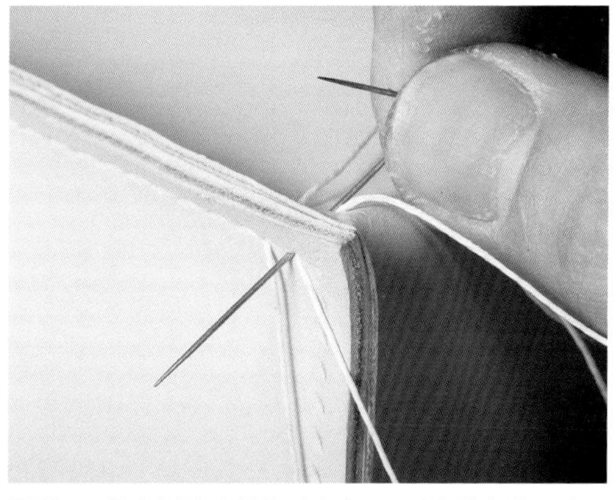

28 再将右侧的缝针穿过缝孔。为避免转角的两端不平整，一定要确认好对应的缝孔再入针。

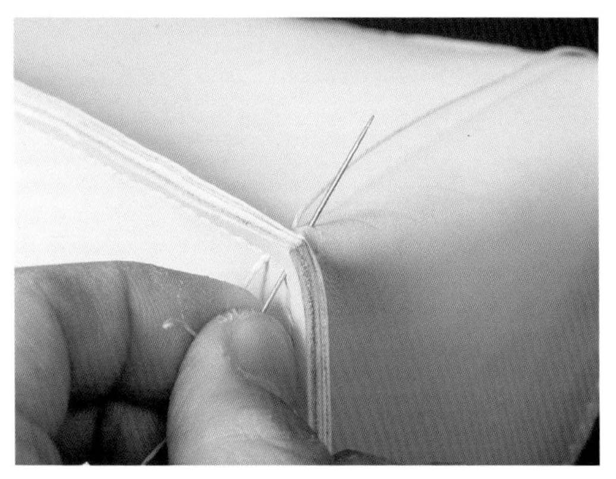

29 转角缝孔的缝法比较复杂。先将左侧的缝针依次插入袋身和边皮的转角缝孔，再从右侧穿出。

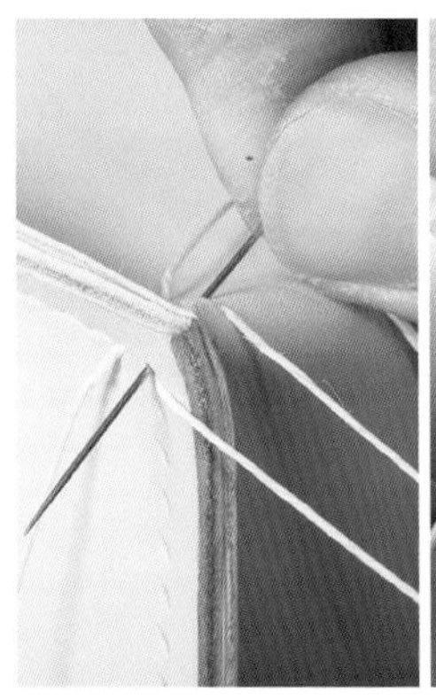
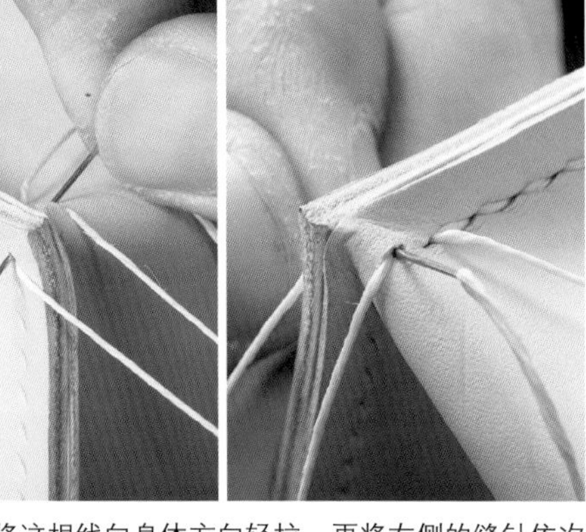

30 将这根线向身体方向轻拉。再将右侧的缝针依次插入边皮和袋身的转角缝孔（不得刺入从左侧穿过来的缝线），从左侧穿出。

31 确认缝针没有插入缝线后，拉两侧的线，将针脚拉紧。

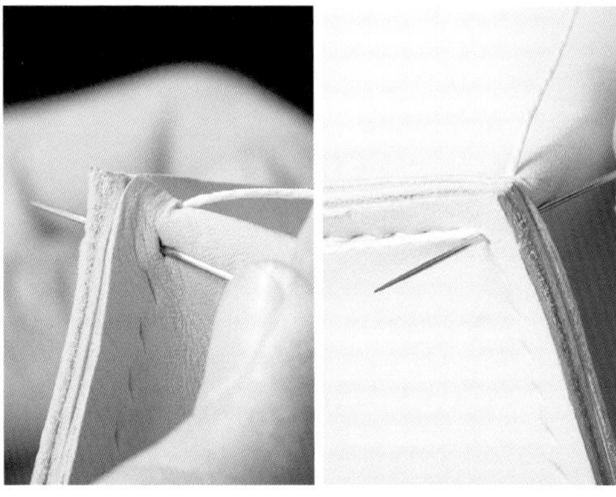

32 接下来，将右侧的针插入转角另一边的缝孔，从袋身上相应的缝孔穿出。注意，不要将针插入刚刚穿过的缝线。

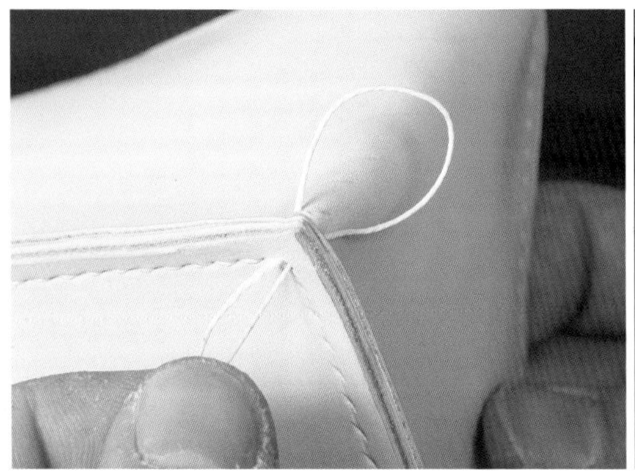

33 拉由右侧穿出的缝线，这样就会形成左图中那样的线圈，将缝线拉紧就会形成右图中那样的针脚。

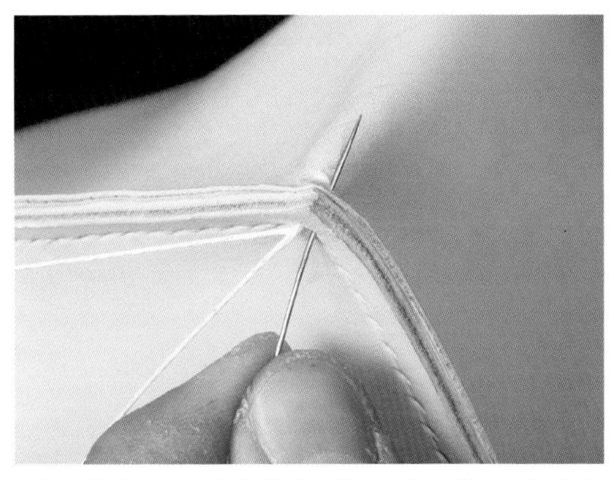

34 这时，将左侧的针插入袋身的转角缝孔（不得刺入从右侧穿过来的缝线），然后从边皮的转角缝孔穿出。

35 拉左右两侧的线，将针脚拉紧，转角的缝合就完成了。

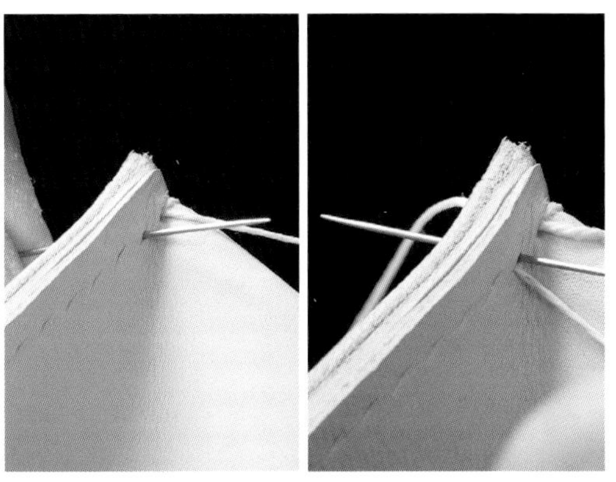

36 接下来，就按照“左侧的缝针穿到右侧，接着右侧的缝针穿到左侧”的方法，一直用基本的平缝法缝到袋口。

37 这是平缝到袋口的样子。为了提高袋口的强度，要做一些特殊处理。

38 将左侧的缝针绕到右侧，经由缝线和缝孔的间隙，从缝孔的中心穿过。

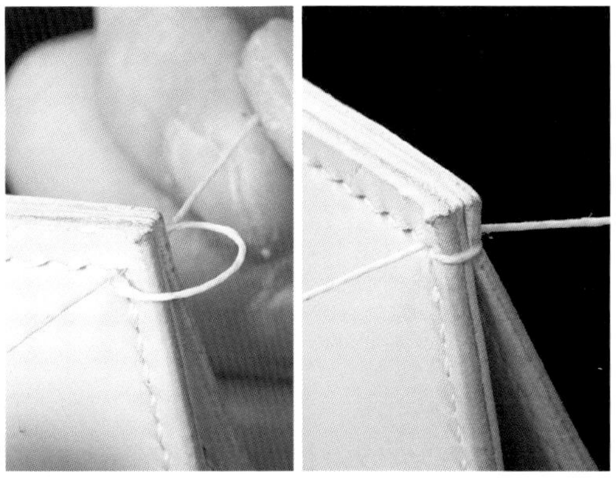

39 拉由右侧穿出的缝线（左图），然后将左右两侧的缝线拉紧（右图）。

CHECK!

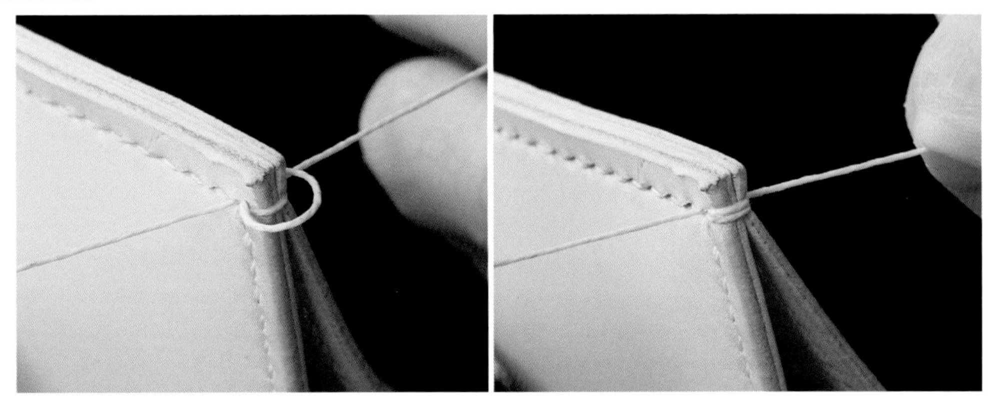

40 再次将左侧的针从右侧穿出（左图），这样转角就有了两个针脚。将针脚稍微错开（右图），这样看起来更美观。

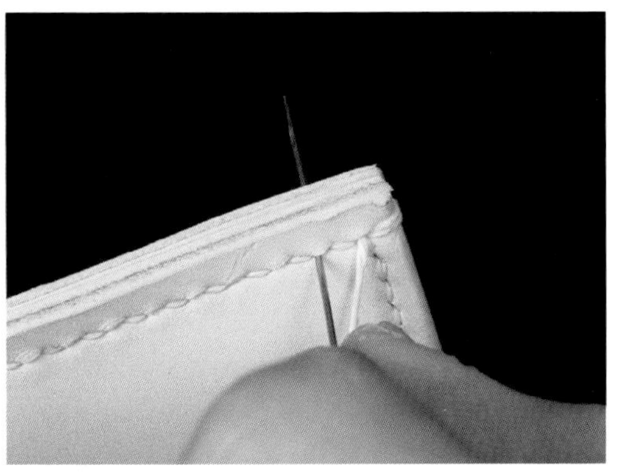

41 最后回缝一针。按照之前回缝的方法，将左侧的针穿过前一个针脚的缝孔。

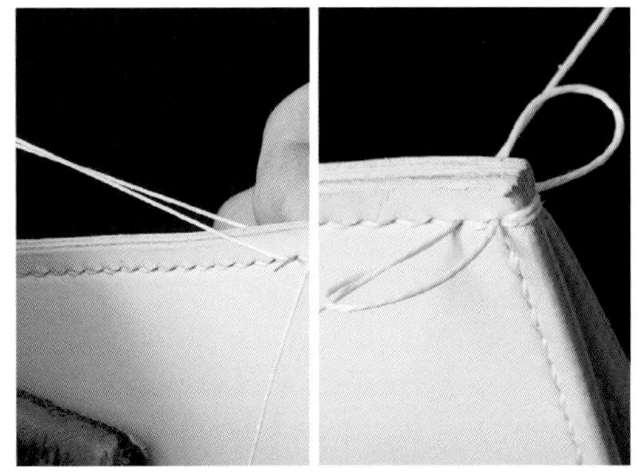

42 经由缝线和缝孔的间隙，将右侧的缝针穿过同一个缝孔。拉两侧的缝线，拉紧针脚。

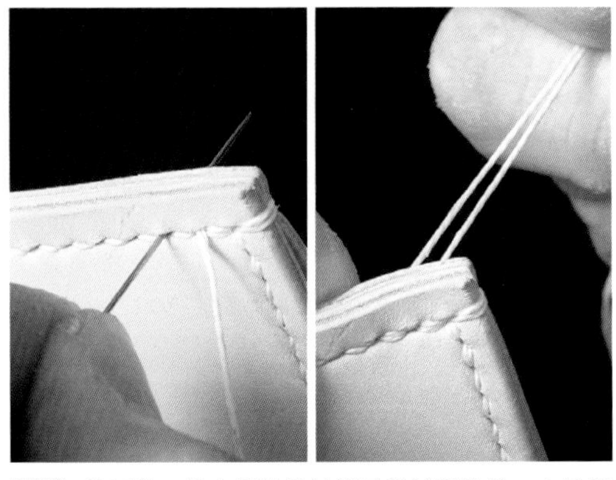

43 收尾前，将左侧的缝针从回缝针脚的前一个针脚穿到右侧。

44 在右侧（即边皮所在一侧）剪断两根缝线，涂抹白乳胶以固定针脚，一边的 L 形就缝好了。

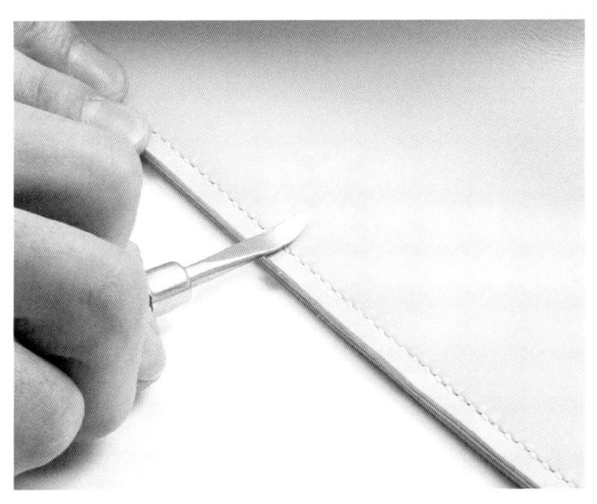

45 和之前一样，轻轻地从表面按压针脚，使其平整美观。

46 再次回到底边中点，开始缝合另一边。依然从之前的第一个缝孔开始缝合，注意不要将缝针插入之前的缝线。

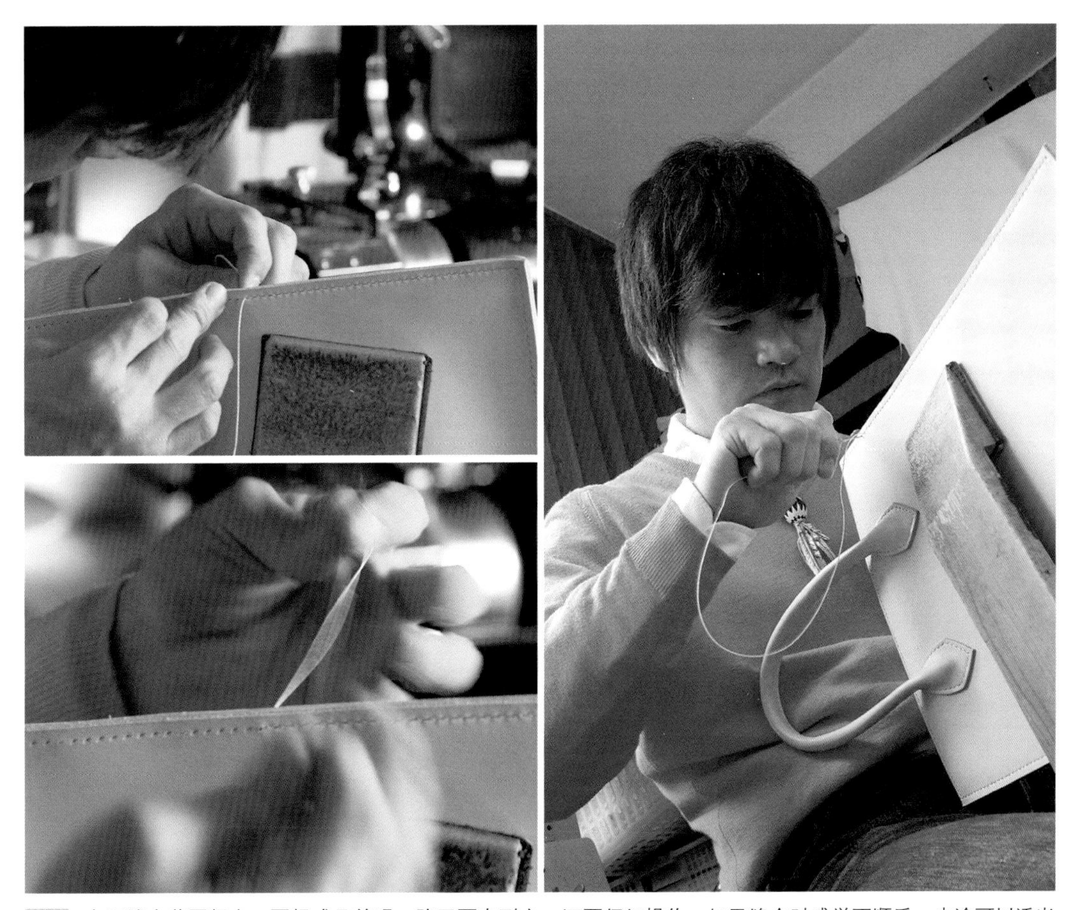

47 由于缝合范围很大，要想成品美观，除了要有耐心，还要仔细操作。如果缝合时感觉不顺手，中途可以适当休息一下。

48 缝好另一边后，袋身的一面就缝合完成了。另一面也用相同的方法处理。

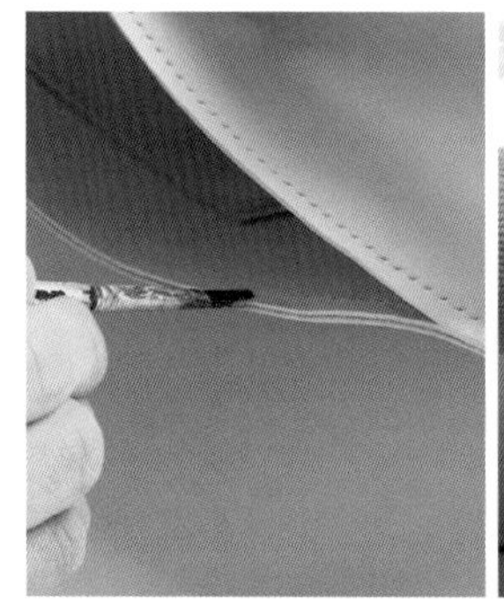

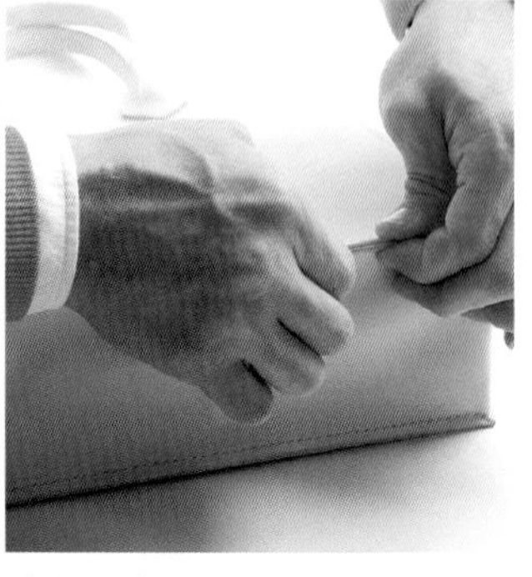

49 另一面的黏合和缝合顺序与之前的完全相同。缝好的那一面可以令皮革更稳定，更容易缝合，但要注意不要弄脏它的表面。

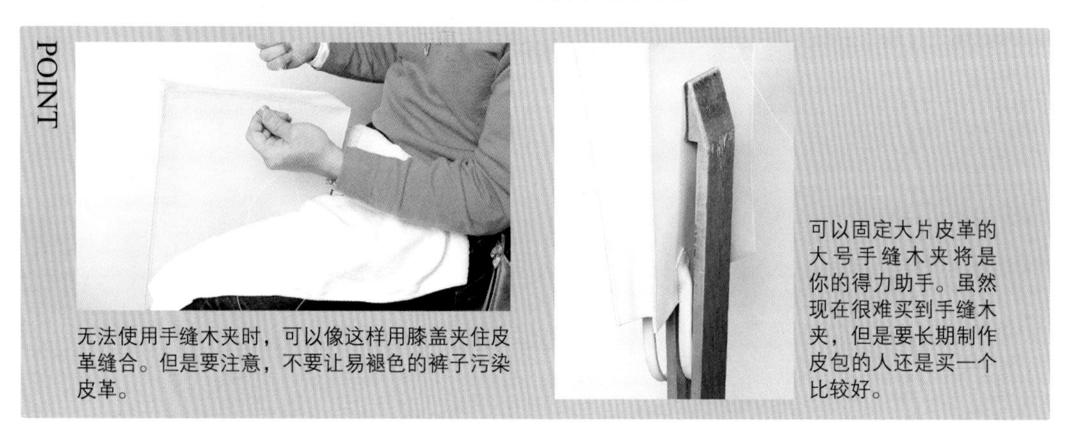

POINT

无法使用手缝木夹时，可以像这样用膝盖夹住皮革缝合。但是要注意，不要让易褪色的裤子污染皮革。

可以固定大片皮革的大号手缝木夹将是你的得力助手。虽然现在很难买到手缝木夹，但是要长期制作皮包的人还是买一个比较好。

完工前的打磨

CHECK!

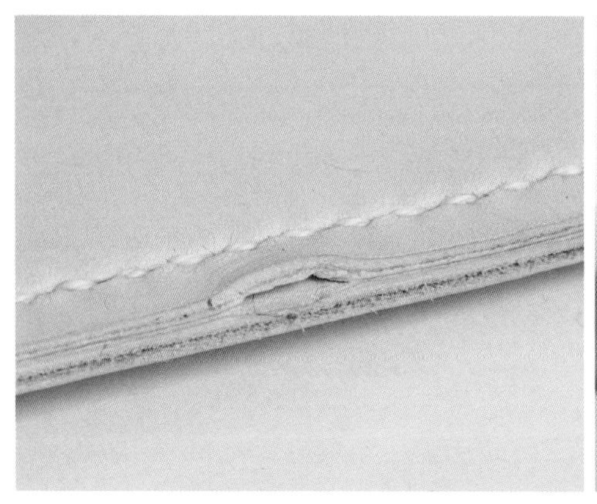

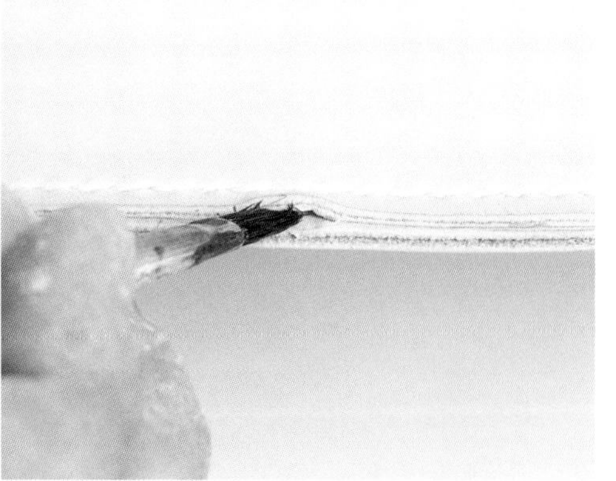

1 开始打磨前确认所有的毛边都黏合好了。如果有裂开的地方，就涂上白乳胶以使其完全黏合。

2 这是打磨前的毛边。虽然每一层皮革都可以看清楚，但看起来凹凸不平，不太美观。

3 按照之前介绍的方法，先用裁皮刀削平凹凸不平的地方。

4 接着用三角研磨器将毛边磨平整。因为针脚距毛边有 5 mm 的距离，所以你可以放心大胆地打磨毛边。

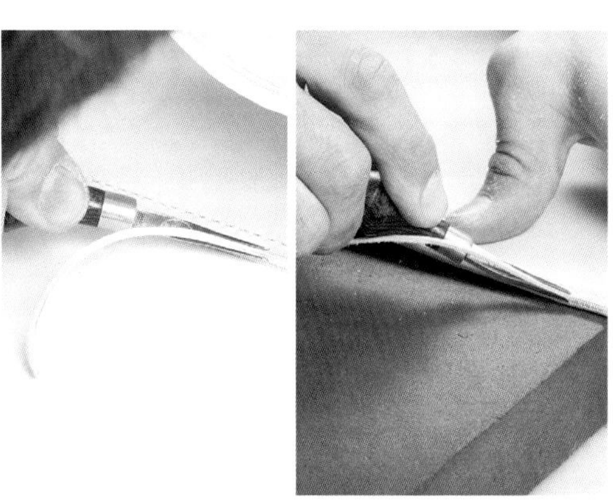

5 用削边器削去经三角研磨器打磨后变得锐利的边缘。只要不影响针脚，你可以根据自己的喜好确定削边的幅度。

6 将床面处理剂涂在毛边上，然后用干净的纱布和木质上胶片仔细打磨。因为毛边有一定的厚度，和针脚也有一定的距离，所以你可以放心地仔细打磨毛边。为了使经削边器削过的边缘更美观，也要在上面涂抹床面处理剂，打磨到清晰地呈现层次（右图为理想状态）。

完成后的托特包

虽然我们运用的全都是基本技法，但是做出的成品却令人眼前一亮。只要认真细致，操作起来并不难。选择你喜欢的皮革，尝试一下吧。

从提手到边皮，再到和各部分黏合在一起的内层皮革，它们都来自一整张质量上乘的植鞣革。因为各部分的中间并未完全黏合，加上边皮是一片完整的皮革，所以这款托特包整体保留了皮革原有的柔软质感，这也是它的特色之一。它的袋身能够容纳 A4 大小的物品，厚度为 10 cm，加上里面的两个内袋，所以从容量来说它也是很不错的。

SPECIAL THANKS

特别鸣谢——泷本圭二

以高超的技艺支撑大胆的创意

负责制作本章中这款漂亮托特包的，是在东京都自由之丘地区开设了塔基斯皮革工房的泷本圭二先生。从自学小件皮具的制作至今，泷本先生从不墨守成规，制作时会加入自己的创意。比如对常见的钱夹进行优化，在结实耐用的前提下最大限度地控制其整体厚度，并且在马蹄形零钱包的内层增添有趣的变化。他的每件作品都散发着手工艺品特有的、极致考究的光芒。

另外，泷本先生对皮革材质的选择也颇有心得。他最常用的是从欧洲进口的植鞣革，偶尔也用蜥蜴皮或魟鱼皮之类特殊材料做装饰，或者大胆地使用烫金的皮革等等。随着品味的提升和眼界的开阔，他的技艺愈发完善和熟练。

塔基斯皮革工房（TURKEY'S HAND MADE LEATHER WORKS）
东京都世田谷区奥泽 6-33-9 内海大厦 4 层
电话传真：03-5706-0266
网址：http://www.turkeys.co.jp
网址：http://store.shopping.yahoo.co.jp/turkeys

泷本圭二

因为喜欢皮具，想做出独一无二的皮具而入行。完全自学，始终以创作理想中的作品为目标，并不刻意追求技术的全面性。也正因从不墨守成规，创作了许多很有创意的作品。为人温柔敦厚。

① 这是为客人量身打造的托特包，其表层袋身使用的是从意大利进口的皱皮。本章制作的托特包如果改变材料和缝制方法，也可以做成这种样式。
② 表面使用了蜥蜴皮、既简约又有气场的钱夹。其内侧有隔层，纽扣上使用了魟鱼皮，整体十分考究。
③ 开合方式绝妙的马蹄形零钱包，只有手工制作才能体现其设计。由于十分受欢迎，现在有多种材质和颜色可供客人选择。
④ 用色彩鲜亮的蜥蜴皮制作的卡包。
⑤ 制作美式风格的钱夹也是泷本的绝活。为使其尽可能地轻便，他对皮革进行了最大限度的削薄处理。
⑥ 用科尔多瓦皮革制作的长钱夹和用植鞣革制作的小钱夹。这两种是欧式风格的代表性作品。
⑦ 用以天然染料染色的皮革制作的手感柔和的钱包。它可以从两面打开，拥有超大容量。

CARD CASE

名片夹 制作有袋盖的小皮包

名片夹可以看作有袋盖的迷你皮包。只要放大尺寸，你就可以做出各种各样的大皮包了。

小名片夹有大作为

名片夹是十分实用的皮具，无论自己使用还是作为礼物都很合适。当然，我们在这里介绍它，不仅仅因为它的实用性，还因为它的做法很有代表性——虽然不算皮包，但它的结构和有袋盖的皮包的基本结构完全相同。也就是说，只要掌握了名片夹的制作方法，你就可以将其运用于公文包、手包、背包等多种类型的皮包的制作中。甚至可以说，正因为小巧，它的某些部件的缝制更考验技术。因此，如果你成功地制作出名片夹，之后制作大皮包时就可能会感觉很轻松。

依照下页纸型裁切下的各部件所需的皮革。最上方的是一对磁扣，用来控制名片夹的开合。

纸型

图中最大的四边形为袋身纸型，上面的圆点代表缝孔位置。名片夹的长宽比例（长边与折叠后的短边的比例）为 20：12，你可以根据内袋的大小进行微调。

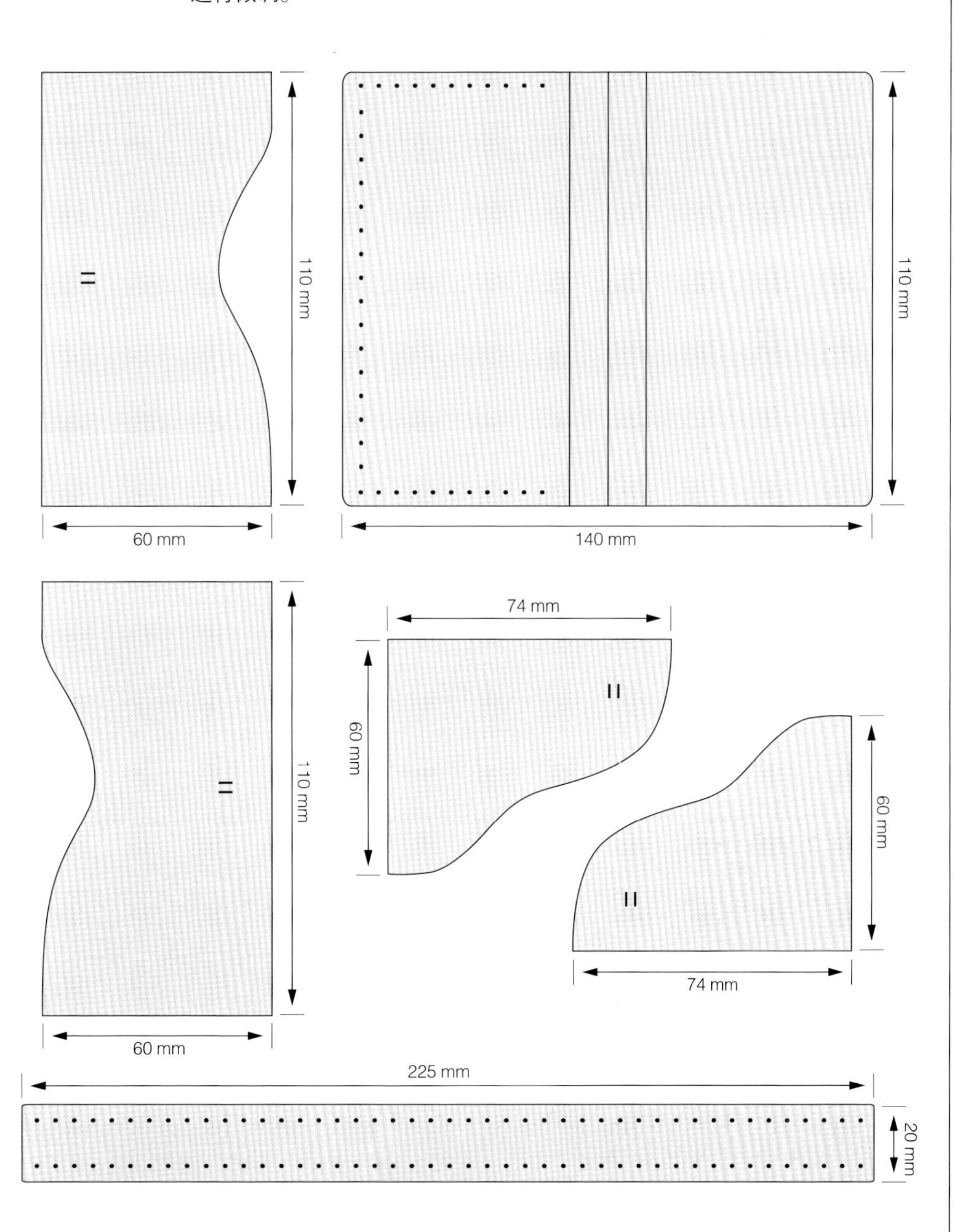

1 各部件的制作

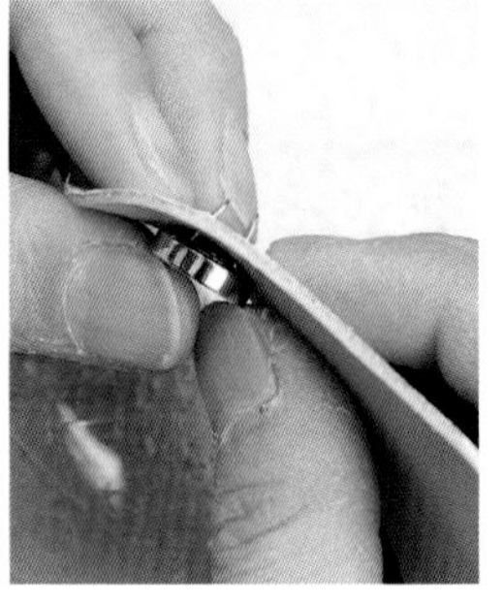

1 先制作夹扣层。在一片夹扣层皮革上用平錾打出两道细长的安装孔，将磁扣（母扣，有磁性）的插脚插进去。

POINT

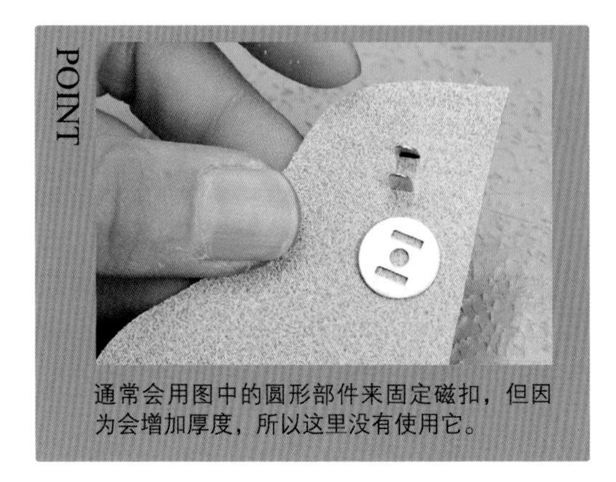

通常会用图中的圆形部件来固定磁扣，但因为会增加厚度，所以这里没有使用它。

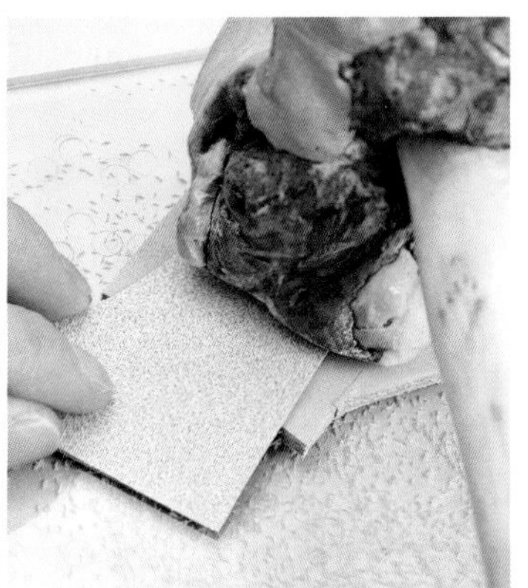

2 用硬物将磁扣的插脚向下折，轻轻用木锤敲平。注意，不折便敲打或者敲得太用力都会将插脚敲断。

3 在另一片夹扣层皮革的背面涂抹白乳胶，并用碎皮抹匀。如果白乳胶涂得太多并且不均匀，就会导致皮革的厚度增加。

CHECK!

4 将两片夹扣层皮革背面相对黏合。白乳胶就算涂得很薄也还是会溢出来，一定要将溢出的白乳胶擦干净。

CHECK!

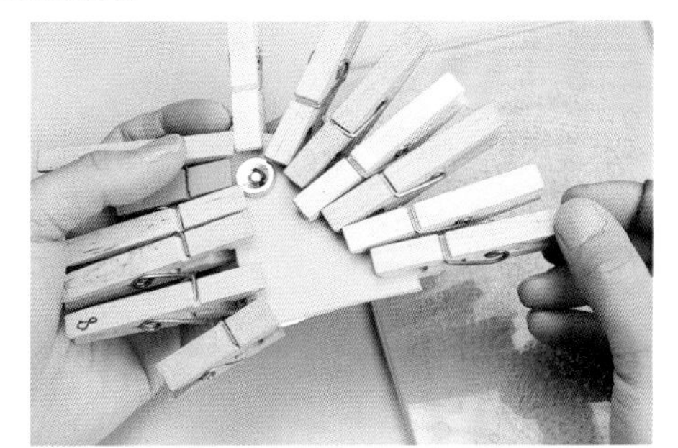

5 将黏合好的夹扣层用夹子固定。注意不要用咬合力太大的夹子，否则会弄伤皮革。

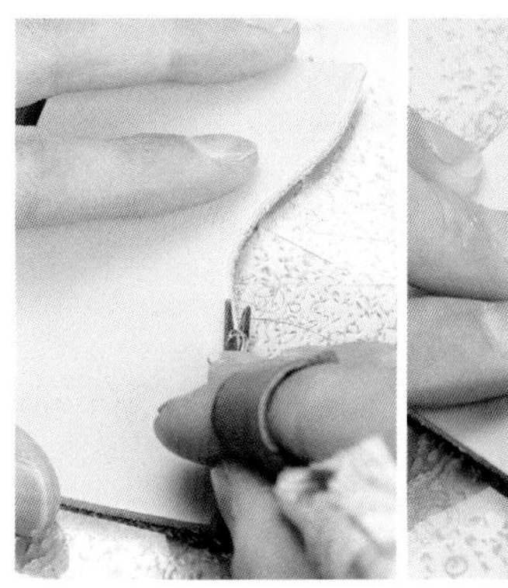

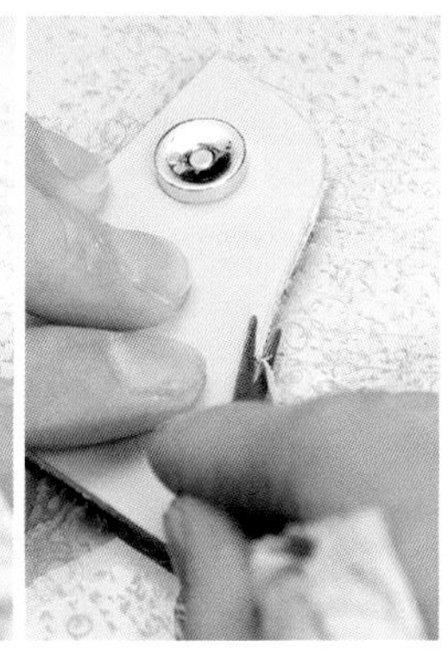

6 在与袋身黏合前，将夹扣层和内袋的毛边打磨好。先用削边器削去锐利的棱角。

7 再用细砂纸仔仔细细地来回打磨毛边，使边缘变得平滑。

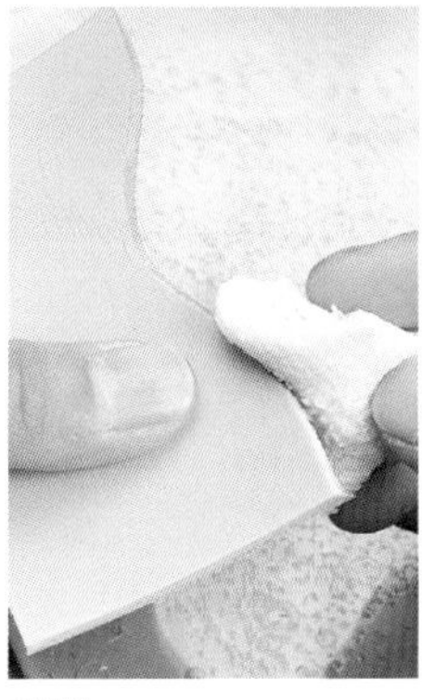

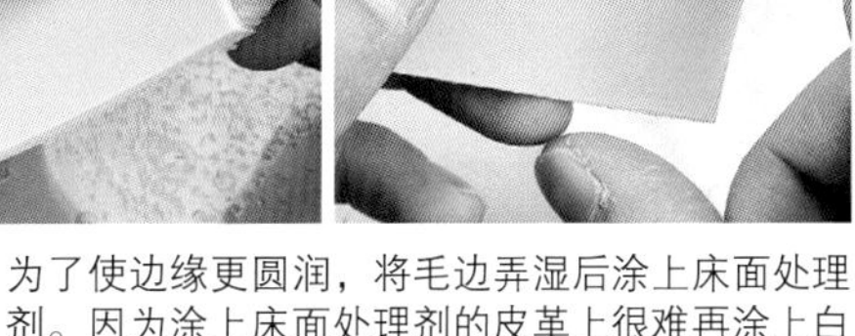

8 为了使边缘更圆润，将毛边弄湿后涂上床面处理剂。因为涂上床面处理剂的皮革上很难再涂上白乳胶，所以不要将床面处理剂涂到皮革正面。

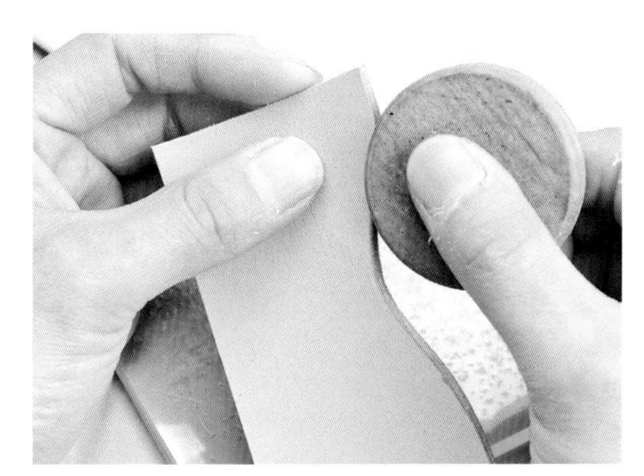

9 用磨边圆饼进一步将边缘打磨光滑。随着不断打磨，边缘的颜色会逐渐变深。

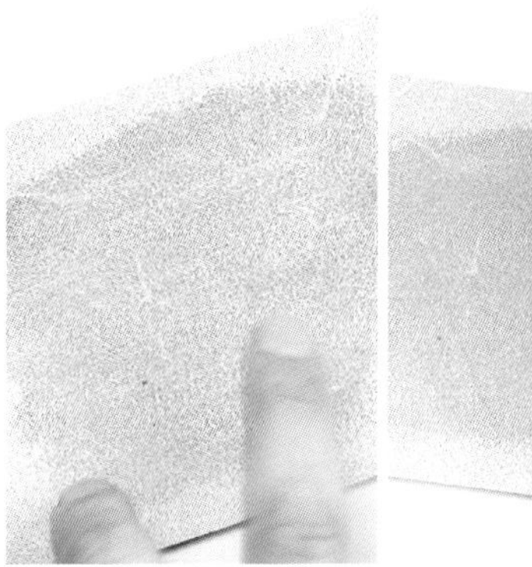

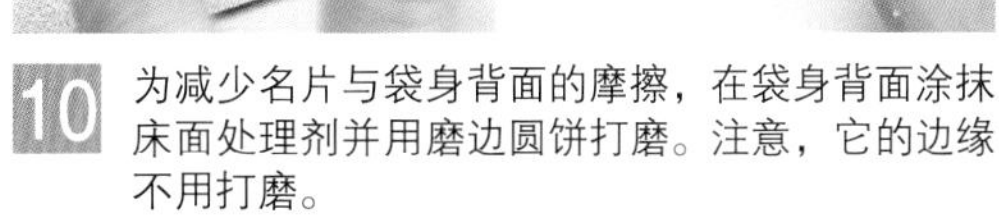

10 为减少名片与袋身背面的摩擦，在袋身背面涂抹床面处理剂并用磨边圆饼打磨。注意，它的边缘不用打磨。

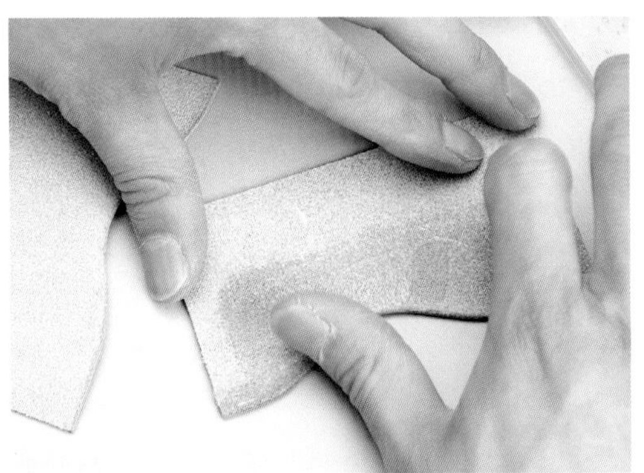

11 内袋背面也用同样的方法打磨。注意，边缘不用打磨。

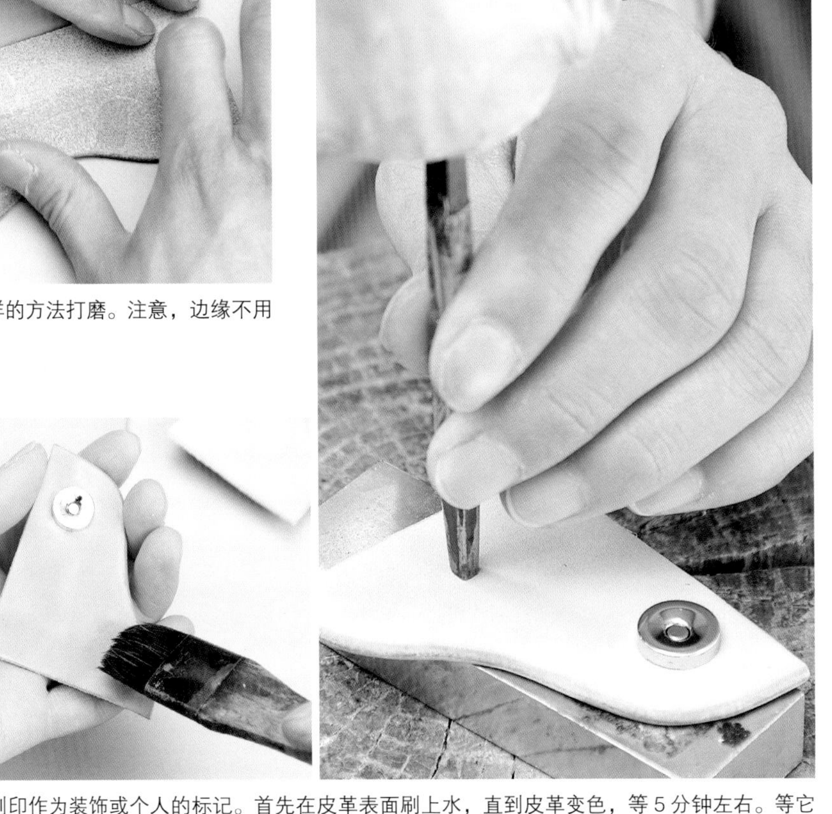

12 在夹扣层上打上刻印作为装饰或个人的标记。首先在皮革表面刷上水，直到皮革变色，等 5 分钟左右。等它变干并且变回原来的颜色，用木锤敲出刻印。皮革湿的时候很容易被划伤，所以要小心。如果不小心划伤了皮革，可以重新将它弄湿，再用玻璃板摩擦，这样可以去掉一些小划痕。

13 缝合两片夹扣层前画出基准线。这里使用的画线工具不是间距规，而是制作者改造过的菱錾。

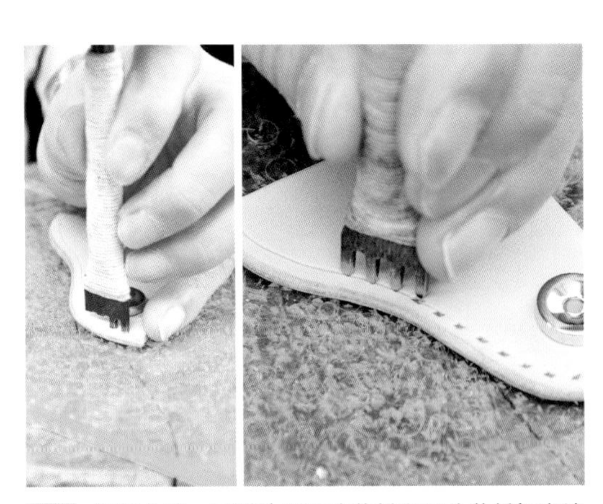

14 沿着曲线，灵活地用两孔菱錾和四孔菱錾打出缝孔。缝孔的起点和终点不用过于精准。

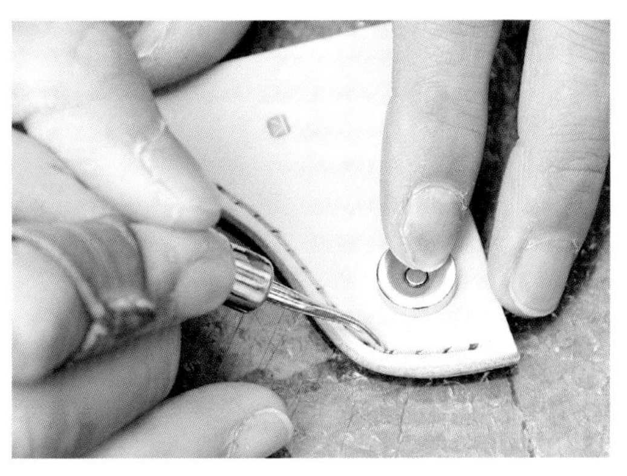

15 用较小的刮刀在缝孔之间按压出凹槽，这样做比直接削出凹槽更容易提高皮具的耐用程度。

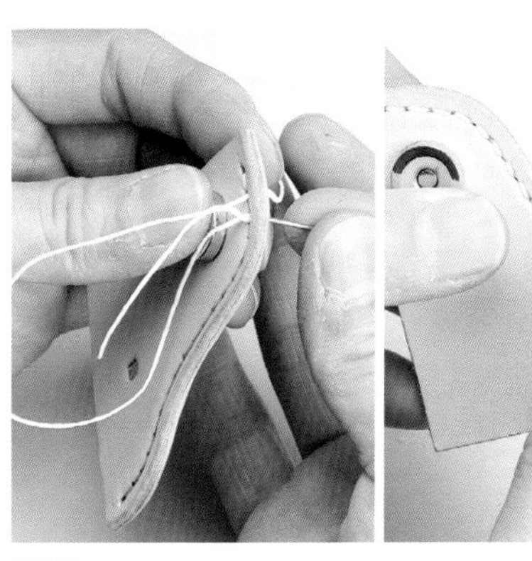

16 用尼龙线缝合。由于部件较小，用手拿着缝比较快。若配合使用指套，就更方便了。

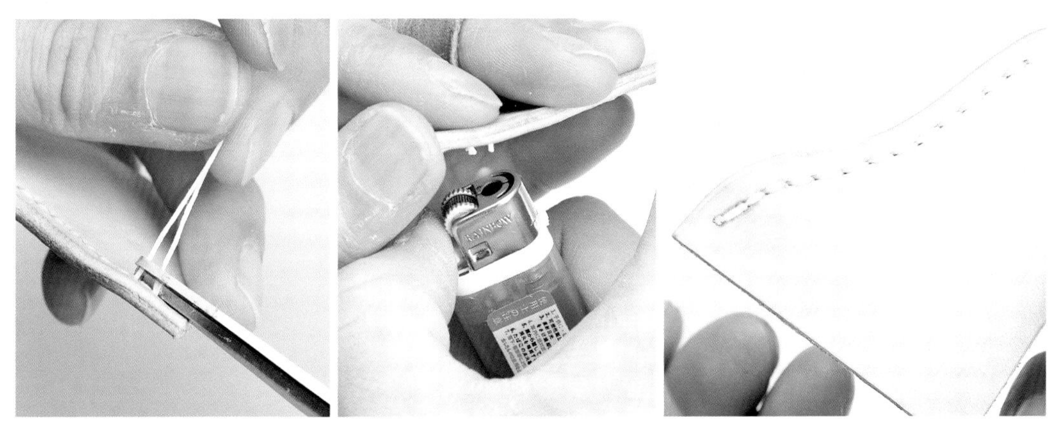

17 缝到尾端时，回缝 3 针。完成后断线，用打火机烧熔线头以收尾。用指甲按压线头可防止脱线。

18 用砂纸打磨内层夹扣层的直边，然后放在内袋上并对齐，用圆锥在上面标记出夹扣层顶端的位置。

CHECK!

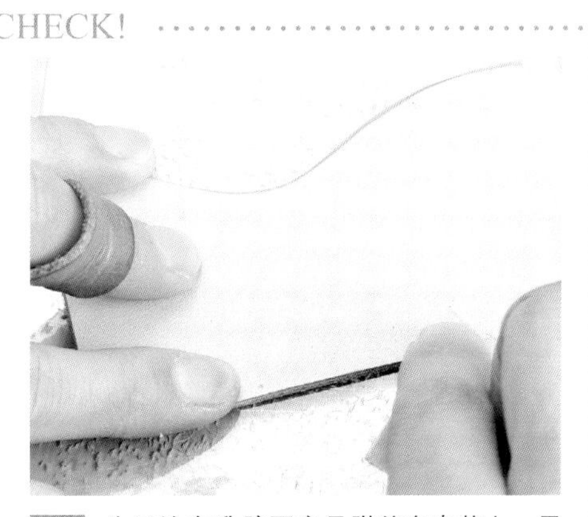

19 为了让白乳胶更容易附着在皮革上，用砂纸将标记右侧的内袋边缘打磨粗糙。

20 在打磨过的夹扣层和内袋边缘涂抹白乳胶。注意不要涂得过宽。

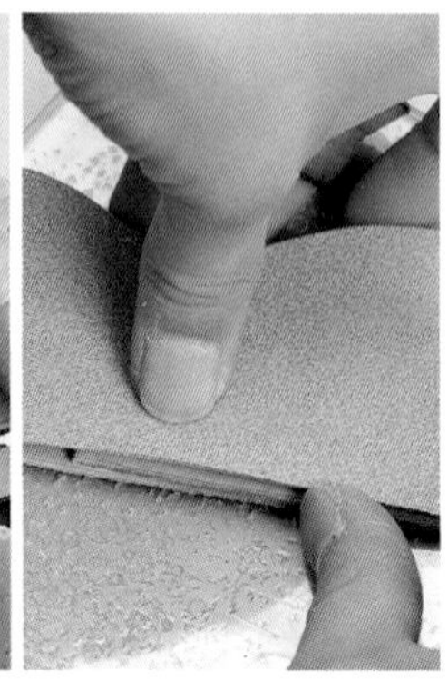

21 黏合内袋和夹扣层。然后在夹扣层上放另一片内袋皮革，确认对齐后用手按压磁扣。这样，另一片内袋皮革上就留下了磁扣的痕迹。

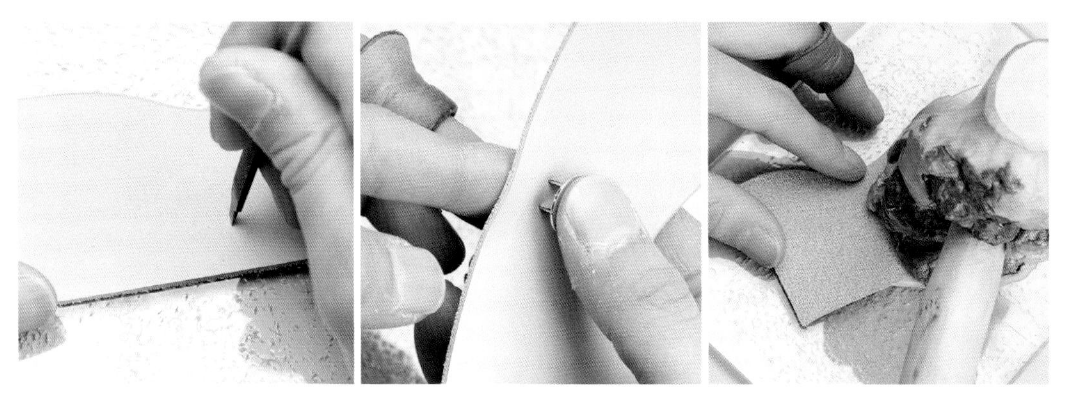

22 以这个痕迹为参照，用平錾打出磁扣（公扣）所需的安装孔。接着用平錾手柄之类的硬物将磁扣的插脚向下折，并用木锤敲打。要分几次轻轻敲打，否则插脚很容易断裂。

2 整体组装

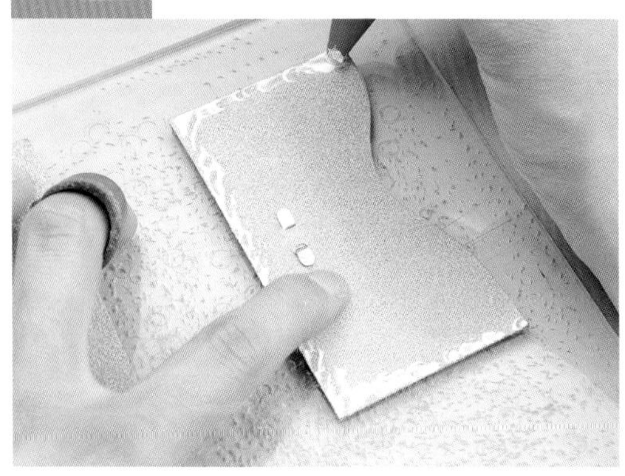

23 在没有夹扣层的内袋的背面边缘涂抹白乳胶。和皮革表面不同，背面皮革不需要磨粗糙。

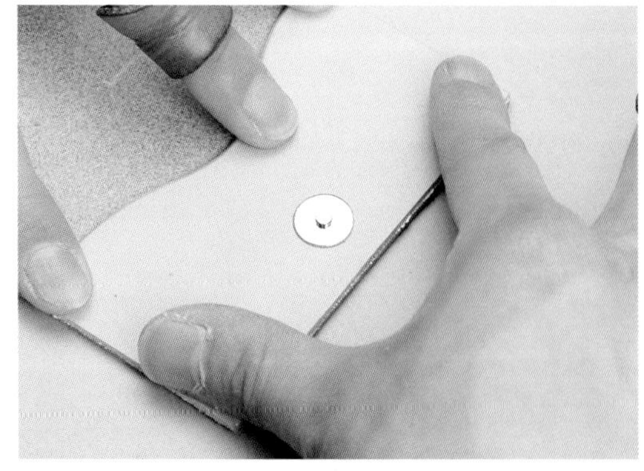

24 将内袋与袋身的边角对齐后黏合。擦掉溢出来的白乳胶。

25 黏合有夹扣层的内袋与袋身前，在夹扣层和内袋的直边上画出基准线。

CHECK!

26 沿基准线打出缝孔。夹扣层的短边上打了 12 个缝孔，内袋的短边上也要打同样数量的缝孔。

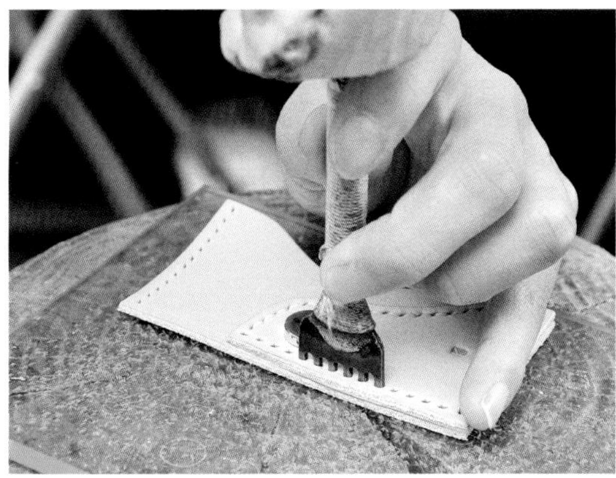

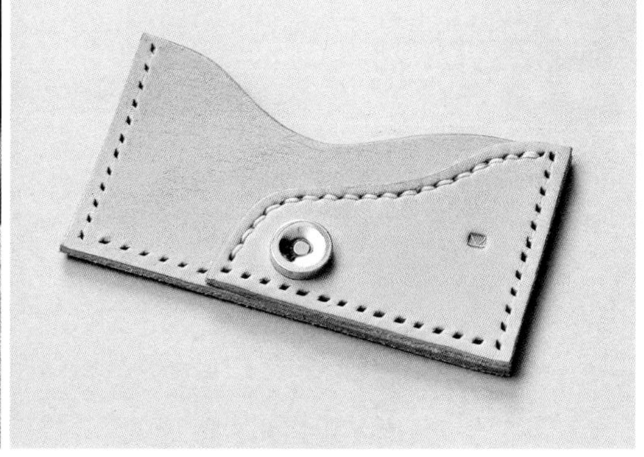

27 在夹扣层和内袋的长边上打出缝孔。若不算两端转角的两个缝孔，内袋的长边上应该可以打出 20 个缝孔。

28 接下来，在袋身边缘画出基准线，然后从与没有夹扣层的内袋黏合的那一侧开始，在表面打出缝孔。

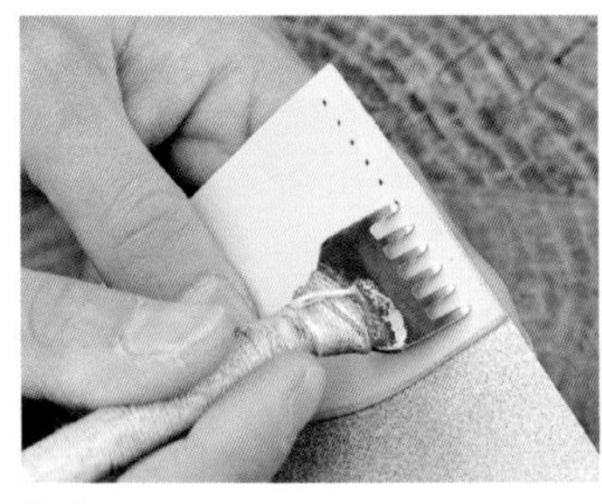

29 为避免袋身的缝孔未与内袋的缝孔对齐，根据内袋的缝孔位置打孔。另外，从袋身长边的两端分别朝中间打孔，中间无须缝合部分的缝孔可以根据实际情况调节间距。

30 在给与有夹扣层的内袋黏合的那一侧打缝孔时，一边查看缝孔位置是否与内袋上已有的缝孔对齐，一边打孔。

31 为了清楚地标示内袋的缝合位置，用圆锥在袋身上相应的地方做标记。

32 在袋身中央打孔时，找一片与内袋一样厚的皮革垫在袋身下面（摆放位置如图所示），就能打出精准而美观的缝孔了。

33 在打过缝孔的地方，沿基准线用刮刀在缝孔之间按压出凹槽。

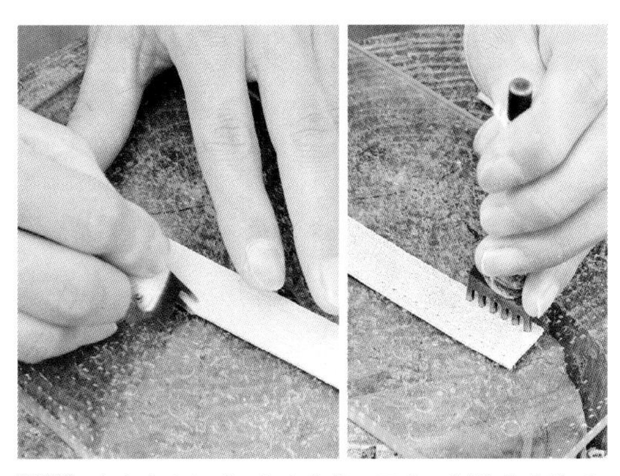

34 在边皮上打孔。在边皮背面画出两侧的基准线后，分别打出 12 个缝孔。选择在背面打孔是为了使这些缝孔与内袋及袋身上缝孔的朝向保持一致。

35 在第十二个缝孔处用银笔等工具做标记，表示边皮将在这个地方转弯。

POINT

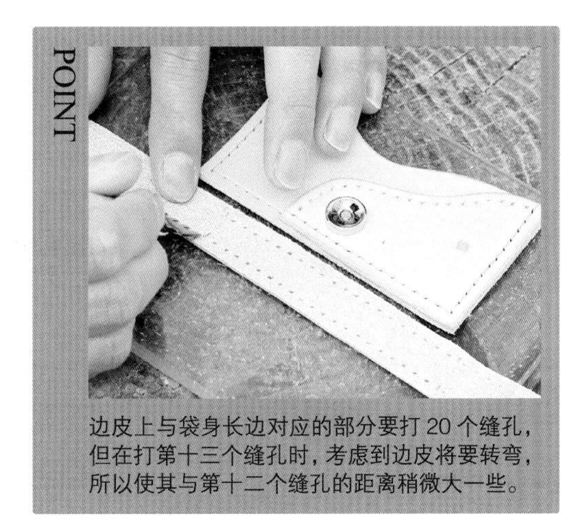

边皮上与袋身长边对应的部分要打 20 个缝孔，但在打第十三个缝孔时，考虑到边皮将要转弯，所以使其与第十二个缝孔的距离稍微大一些。

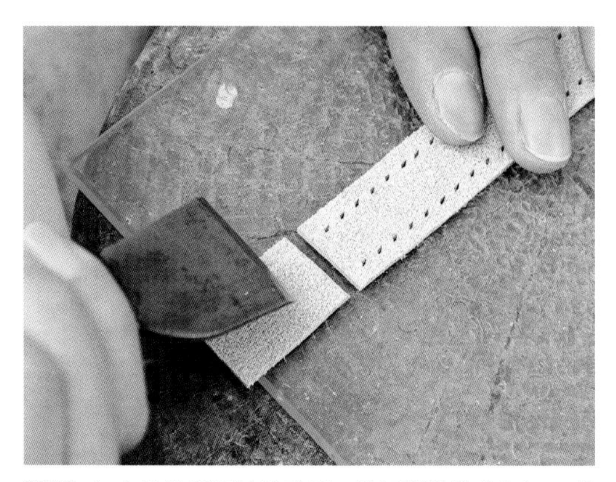

36 打完长边所需的缝孔后，做同样的转弯标记，并且隔相同的距离打出另一条短边所需的 12 个缝孔。之后把多余的边皮裁掉。

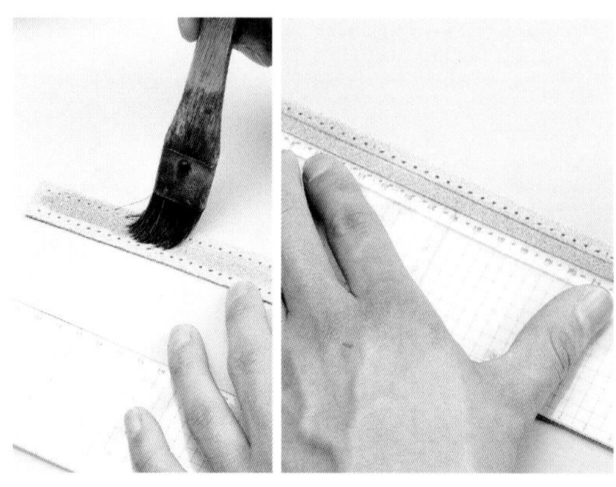

37 由于边皮需要折叠，先在背面缝孔之间的部分刷水，然后用刮刀在缝孔内侧 1 ~ 2 mm 处画出两条直线。

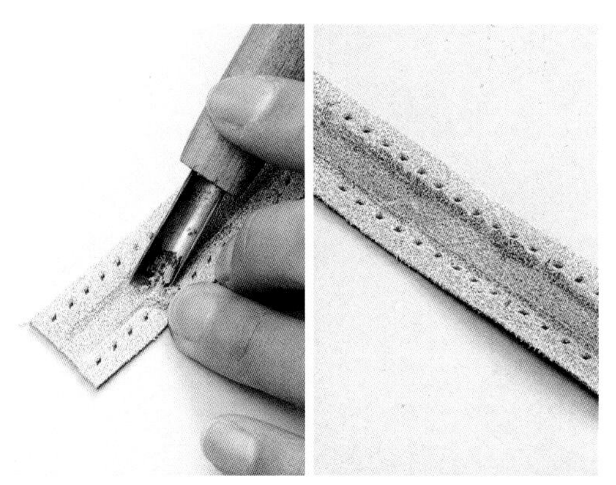

38 将两条直线中间的部分用雕刻刀削薄，这样边皮更容易弯曲。稍微削薄一点儿就行。

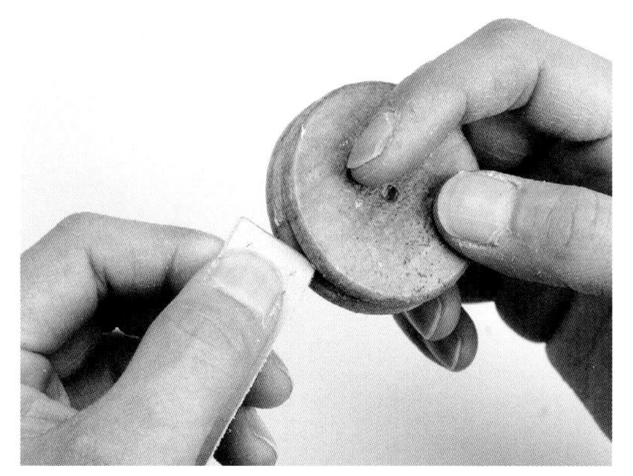

39 因为边皮的短边缝合后就没办法打磨了，所以事先要用磨边圆饼和床面处理剂打磨。

40 打磨后，再在边皮上刷水，但这次不仅在背面刷，连表面也要刷。接下来，从边皮的一端开始，沿着缝孔旁的线将边皮两侧向正面折叠，按压出折痕。

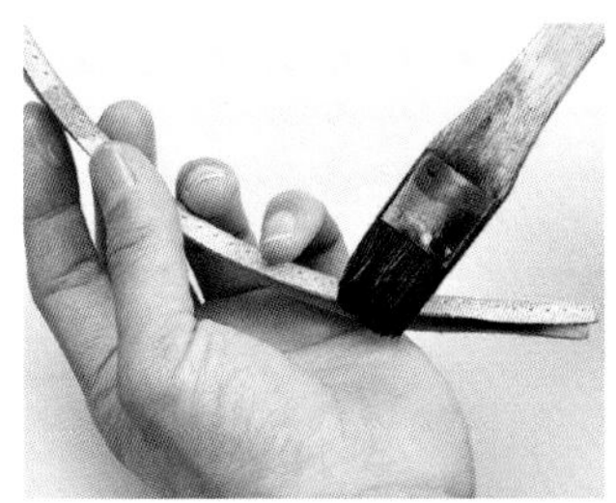

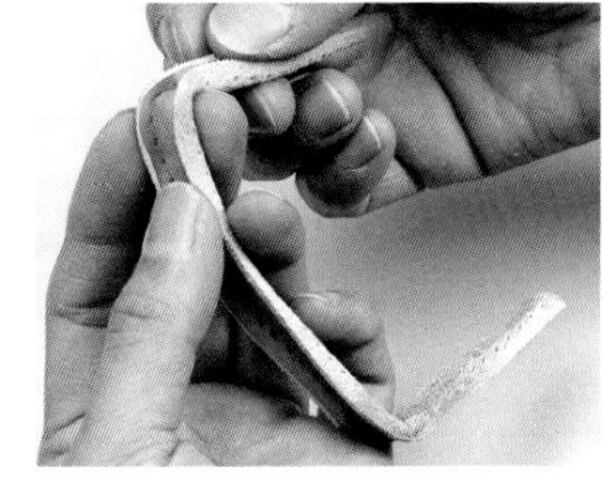

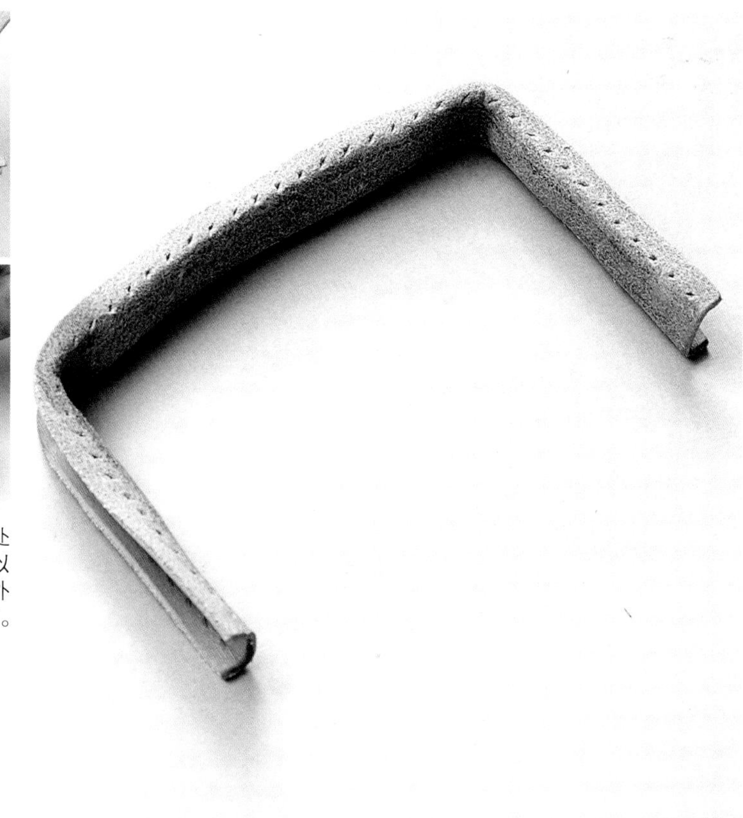

41 在打孔时做的转弯标记处刷水，使皮革变软后，以标记为顶点，将边皮向外折。这样，边皮就准备好了。

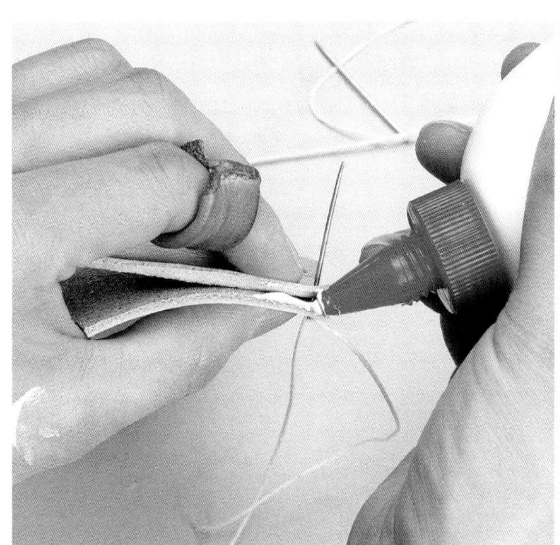

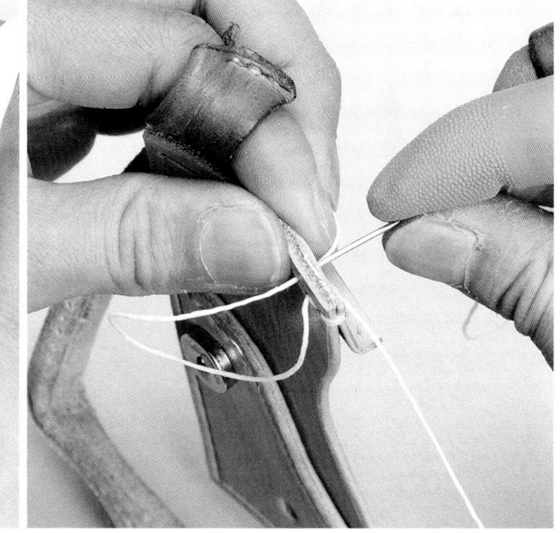

42 将边皮与带夹扣层的内袋缝合。首先将缝针穿过内袋短边的第一个缝孔，对齐缝孔后涂抹白乳胶并黏合，再将线绕过边缘回缝一次。

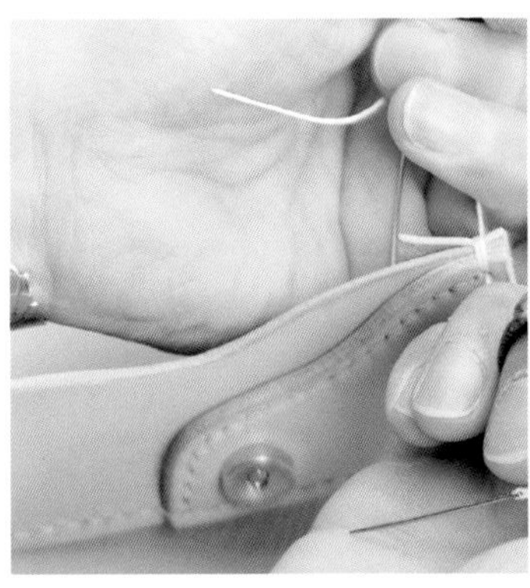

43 继续交替黏合与缝合。注意，尽量避免白乳胶溢出来（如果白乳胶不小心沾到皮革表面，在它变干前用湿毛巾擦掉）。缝到边皮尾端时，和刚开始一样，将线绕过边缘并回缝 3 次。完成后，将两侧的线头穿到不显眼的边皮一侧，断线后用打火机烧一下以防脱线。

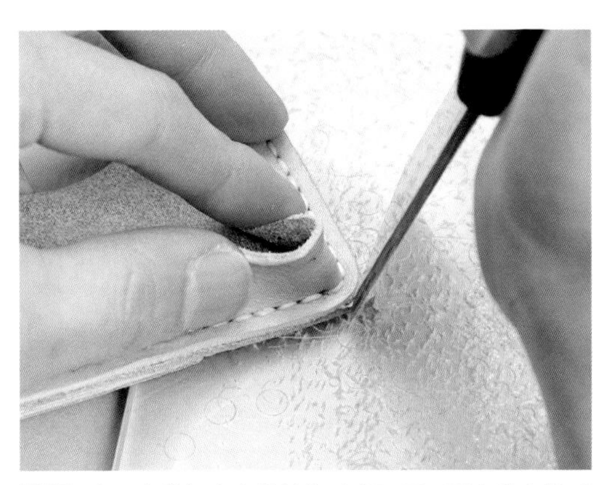

44 由于内袋与边皮的转角弧度不同，配合边皮的弧度修剪内袋的转角。

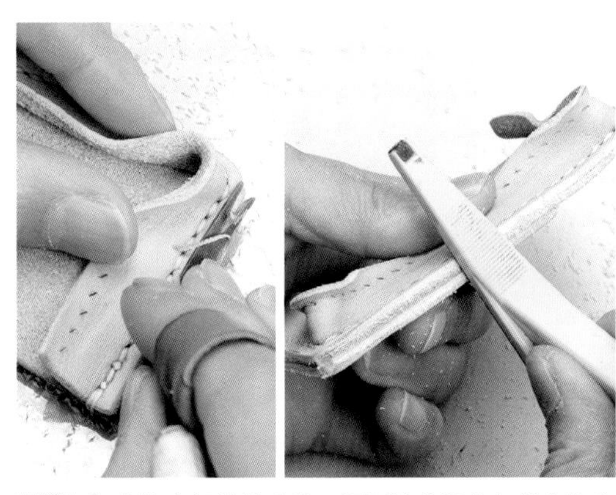

45 打磨缝合部分的毛边，否则这个部分与袋身缝合后将很难打磨。先用削边器削去边缘的棱角，再用砂纸磨平边缘。

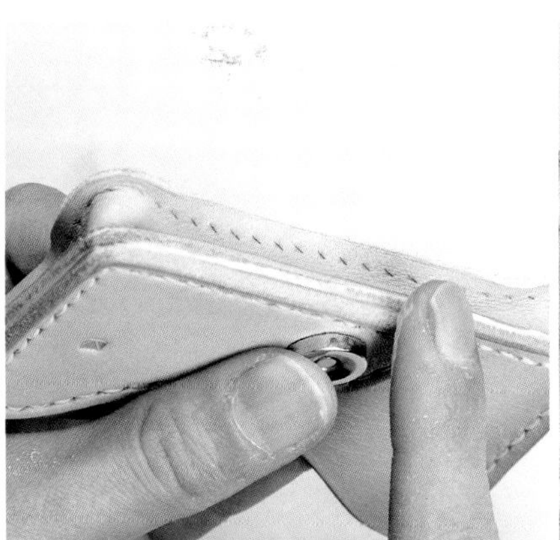
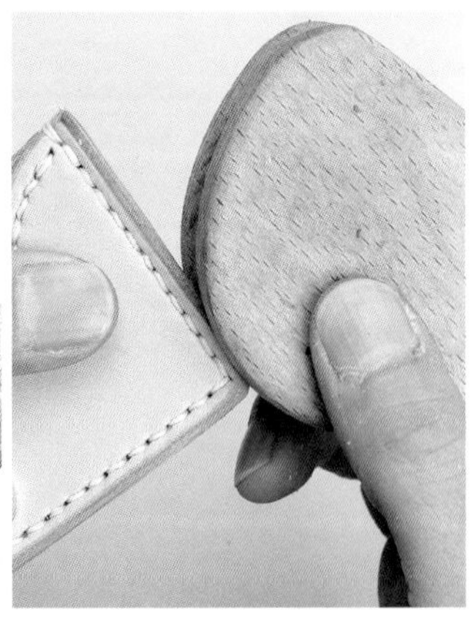

46 带夹扣层的内袋的毛边也要趁此时打磨。先将毛边弄湿，涂上床面处理剂，再用磨边器打磨。有夹扣层的边缘比较厚，用比较大的磨边器更方便。

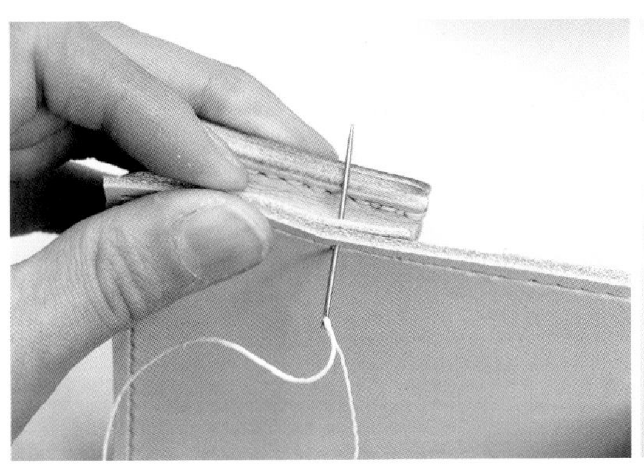

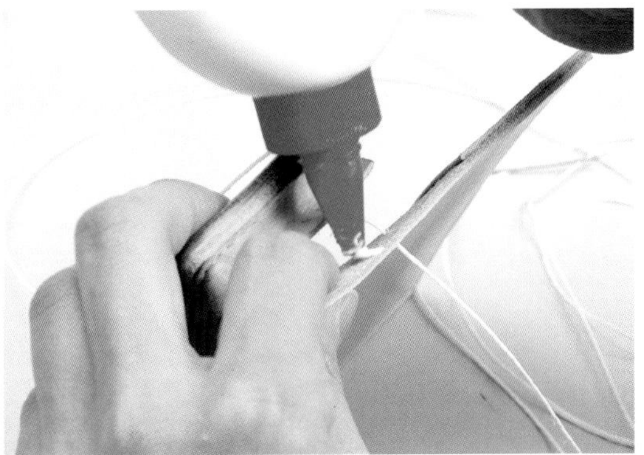

47 缝合内袋与袋身。先将带边皮的内袋与之前在袋身上做的标记对齐，从边皮短边上与转角有一段距离的地方开始缝第一针。比起从转角起针，从这里起针不容易脱线，而且缝转角也更容易一些。一边涂上少量白乳胶，一边继续缝合。

48 如果缝孔位置是正确的，缝到中央时应该如图中一般。

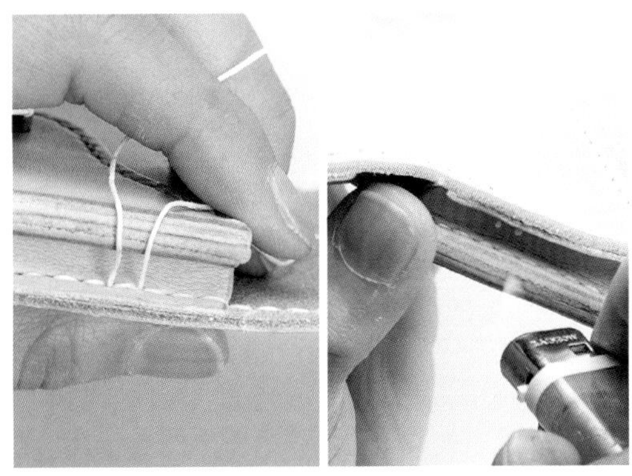

49 缝完一圈后回到图中所示的位置。为了让皮具更结实，最好经过起针处多缝几针。按照之前的方法收尾。

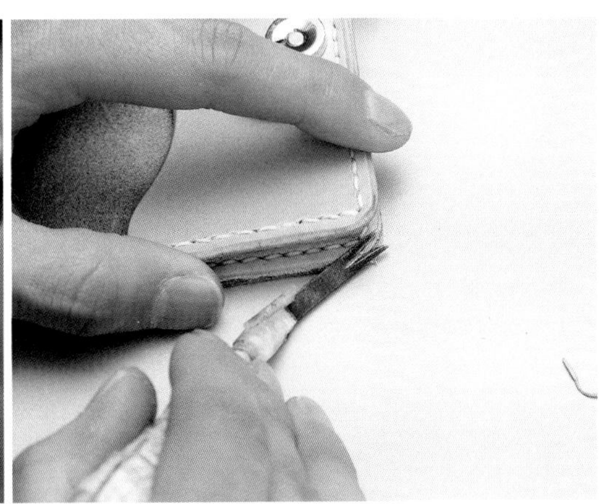

50 和之前一样，把袋身和边皮的转角也修剪一下，然后用削边器修整边皮的边缘。

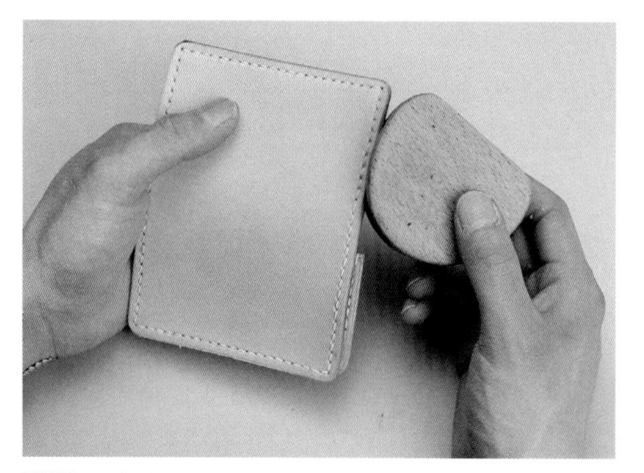

51 用打磨圆饼和床面处理剂打磨所有尚未打磨过的边缘。

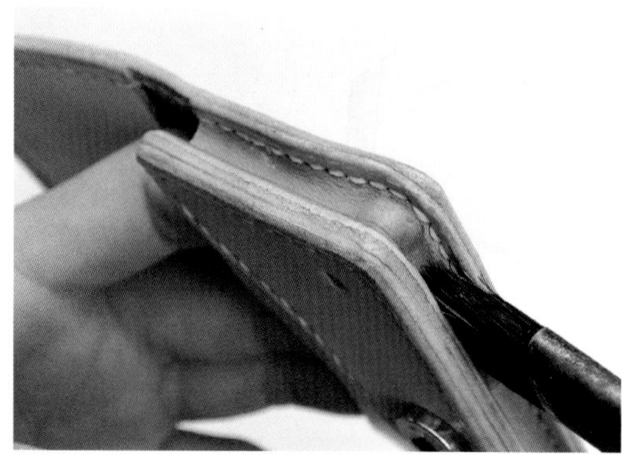

52 为控制名片夹的厚度，需要调整边皮的折痕。为此，先在边皮上刷水。

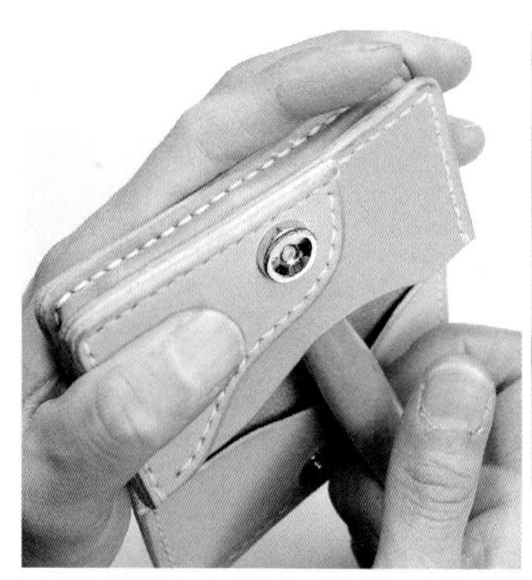

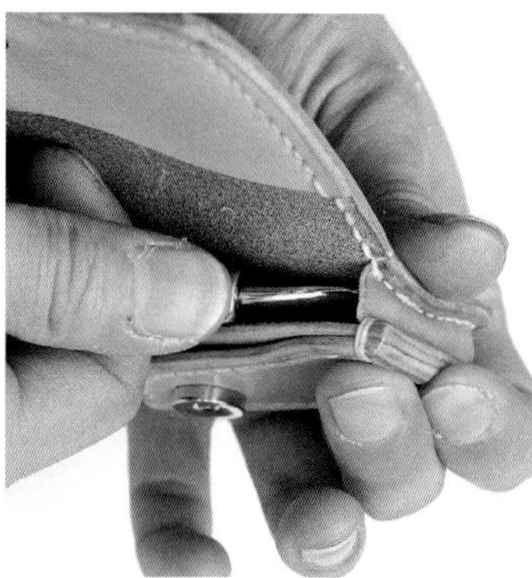

53 将刮刀插入内袋，顶起边皮，让中间部分朝外鼓起。皮革经过刚才的处理已经变软，所以比较容易鼓起来。之后，像最右侧的图那样按压出折痕。

3 上油

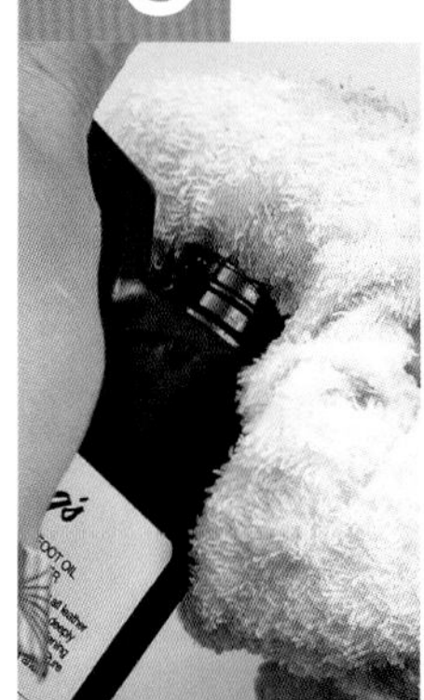

54 收尾时，用纱布在整个名片夹表面涂抹牛脚油或马油。如果之前皮革表面沾到了床面处理剂或白乳胶，此时牛脚油或马油就很难涂抹上去了。

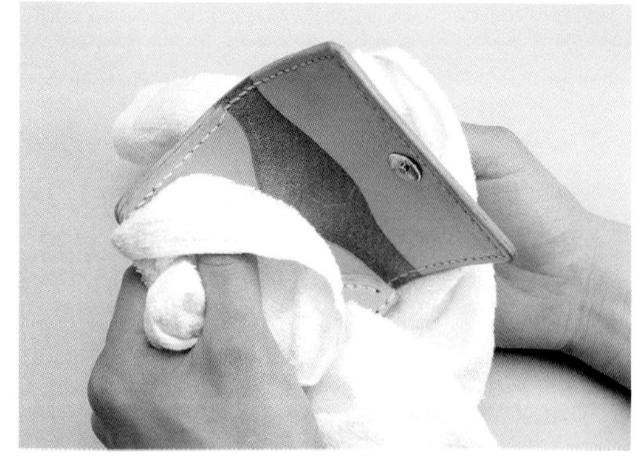

55 等牛脚油或马油变干后用干净的毛巾擦拭。至此，名片夹便做好了。

SPECIAL THANKS

特别鸣谢——增田浩司

为骑士用品而生，以手工定制为主

皮革工房 K
茨城县古河市绿町 13-3
电话：0280-32-3089
网址：http://www.kawa.shop-site.jp

为我们示范本章中让人印象深刻的名片夹的制作方法的，是在茨城县拥有皮革工房 K 的增田浩司先生。他也是哈雷摩托厂的老板，所以他的作品以长钱夹、斜挎包等适合摩托车骑士的常用皮革小物为主。此外，增田先生也根据顾客要求制作了很多常用的皮包。虽说店内也有一些现成的基本款皮具，但大部分皮具都是按顾客要求制作的，也就是说这家店以定制皮具为主。

虽然皮革工房 K 是专门制作和贩卖皮革制品的商店，但增田先生也很乐意回答顾客关于皮革的问题。亲民加上拥有众多独具创意的商品，很多人不惜路途遥远也会光顾皮革工房 K。有兴趣的朋友一定要去逛一逛。

增田浩司

皮革工房 K 的主人。就算对待店中的招牌商品，他也坚持赋予每件作品些许新意，不禁让人对他的专业素养与创意充满敬意。他也是个随和的人，你有任何疑惑都可以找他咨询。

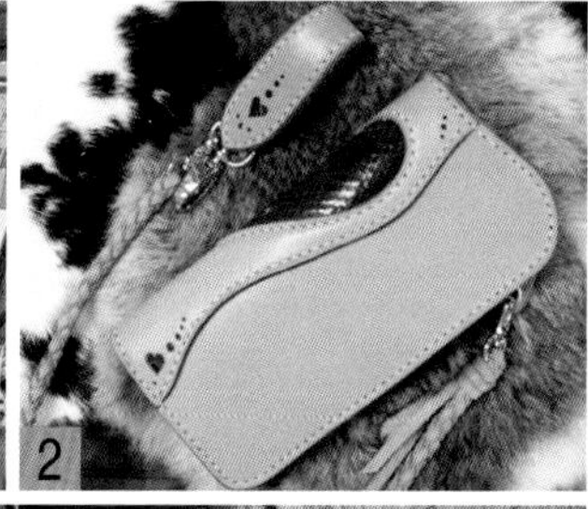

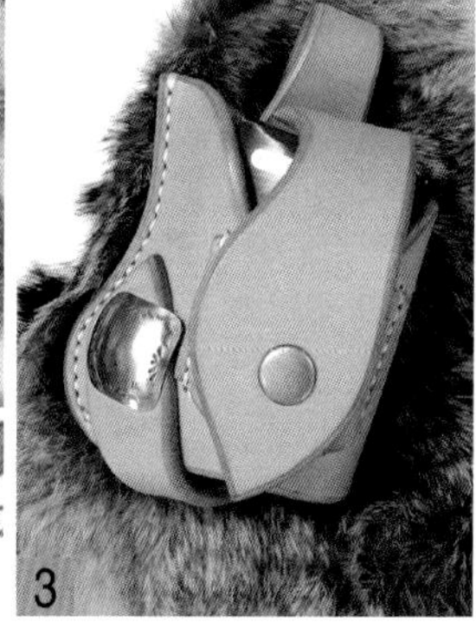

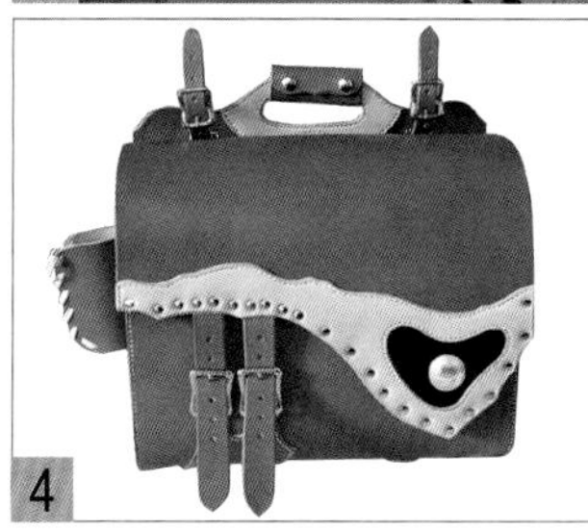

① 环境舒适的店里摆放着各种各样的商品。
② 女式长钱夹。红色蛇皮制成的心形花纹是它的一大亮点。
③ 皮制烟盒。把前面的盒盖打开，里面的香烟盒就能直接冒出来。这是一件颇有创意的商品，设计很有个性。
④ 可以固定在摩托车上的工具包，制作者在细节上花了不少心思。
⑤ 根据顾客要求制作的蝴蝶包。蝴蝶装饰十分抢眼，此外袋身的设计也很独特。
除此之外，皮革工房 K 的官方网站上还有各种定制商品的图片，值得一看。

SHOUDER BAG

单肩小挎包 挑战耐用又好玩的植鞣皮包

用会随日晒变色的植鞣革制作的话，袋盖会发生有趣的变化哦。

我家的包包爱晒太阳

这款单肩小挎包有个很特别的昵称——屁屁包。这是制作这款包的皮奥爷爷皮革工房的松原先生满怀爱意所取的名称。看过前面的成品照片（第 1 页）你就会明白——把袋盖从晒黑的固定皮带中抽出后，被皮带遮住的部分呈浅色。结合袋盖的形状，这块浅色的部分看起来就像……没错，就像内裤留下的痕迹。这份意趣完美地体现出了手工皮包自由的特性。为此，这里利用了植鞣革经过日晒颜色会变深的特性，选择它作为制作材料。

虽说使用了植鞣革这种高级皮革，但这款挎包就像夏日晒得黝黑的活力少年，就算变黑或出现小小的擦伤你也不用在意，只管尽情使用就好。它的特色还不止这一点。比如，为了让袋身呈现饱满和挺括的感觉，边缘应用了绲边边皮；为了提高袋身和包带的强度而添加了内衬。这些都实实在在地用到了多种实用的技法。这些技法都是共通的，但假如你觉得“屁屁包”的形状让人有些难为情，也可以改变固定皮带和袋盖的形状并用其他皮革制作。

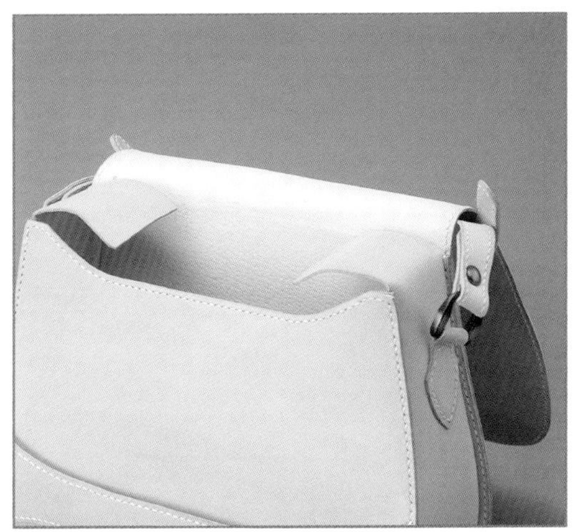

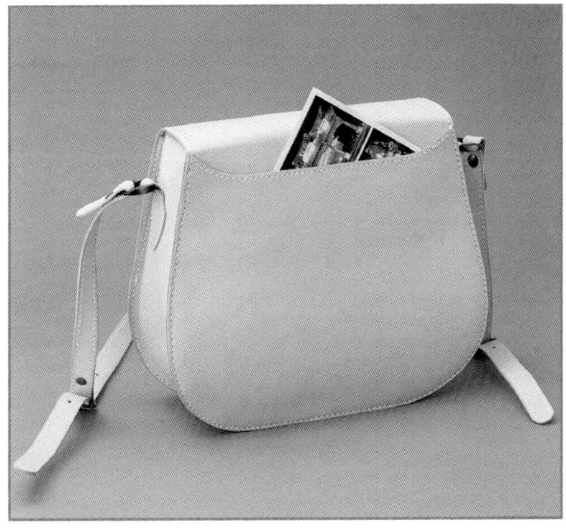

将边皮加长并向包内弯折，可以防止物品从皮包两侧掉出来；在袋身背面与袋盖之间设置外袋，方便取放常用小物。如此设计，可见制作者在“贪玩”的同时，始终不忘实用性。因此，这款小挎包无论是在外出游玩时还是在日常生活中都可以派上用场。

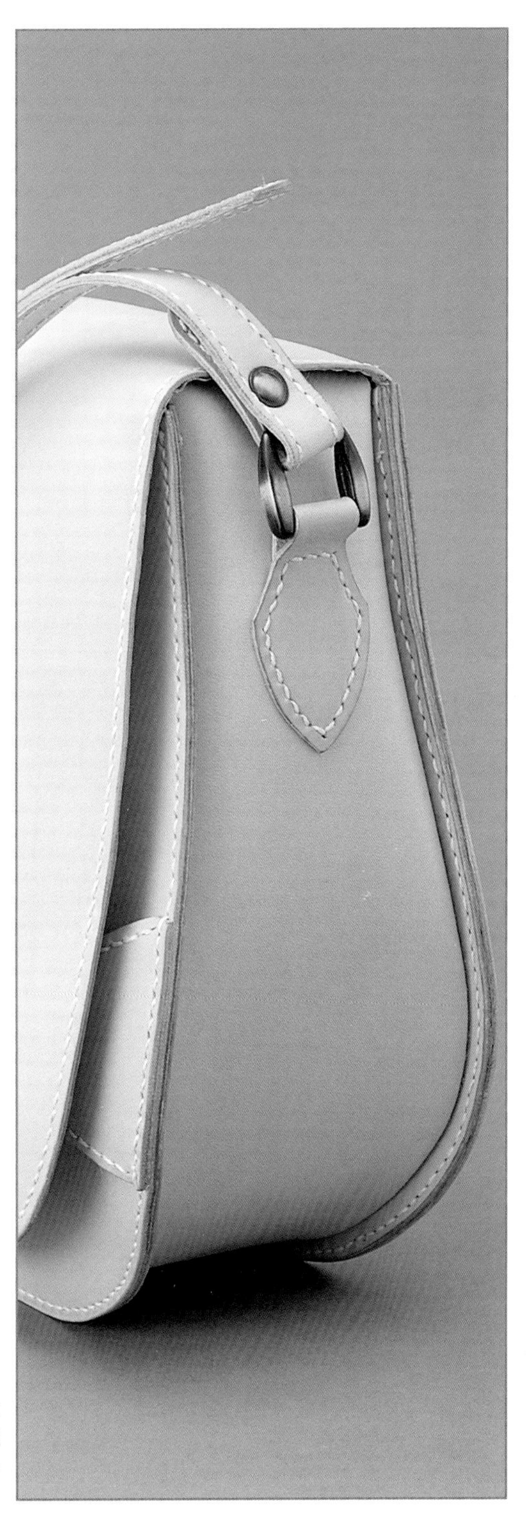

不直接缝合边皮和袋身，而是利用绲边连接二者以制造立体感。这虽然有些复杂，但制作起来并不困难。只要将工序一道一道地细心完成，即使初学者也可以做出这款小挎包。

纸型

这两页纸型中的数值是实际制作时的尺寸，但你也可以根据自己的喜好改变尺寸。如果要改变尺寸，别忘了在裁切时估计一下成品的大小。

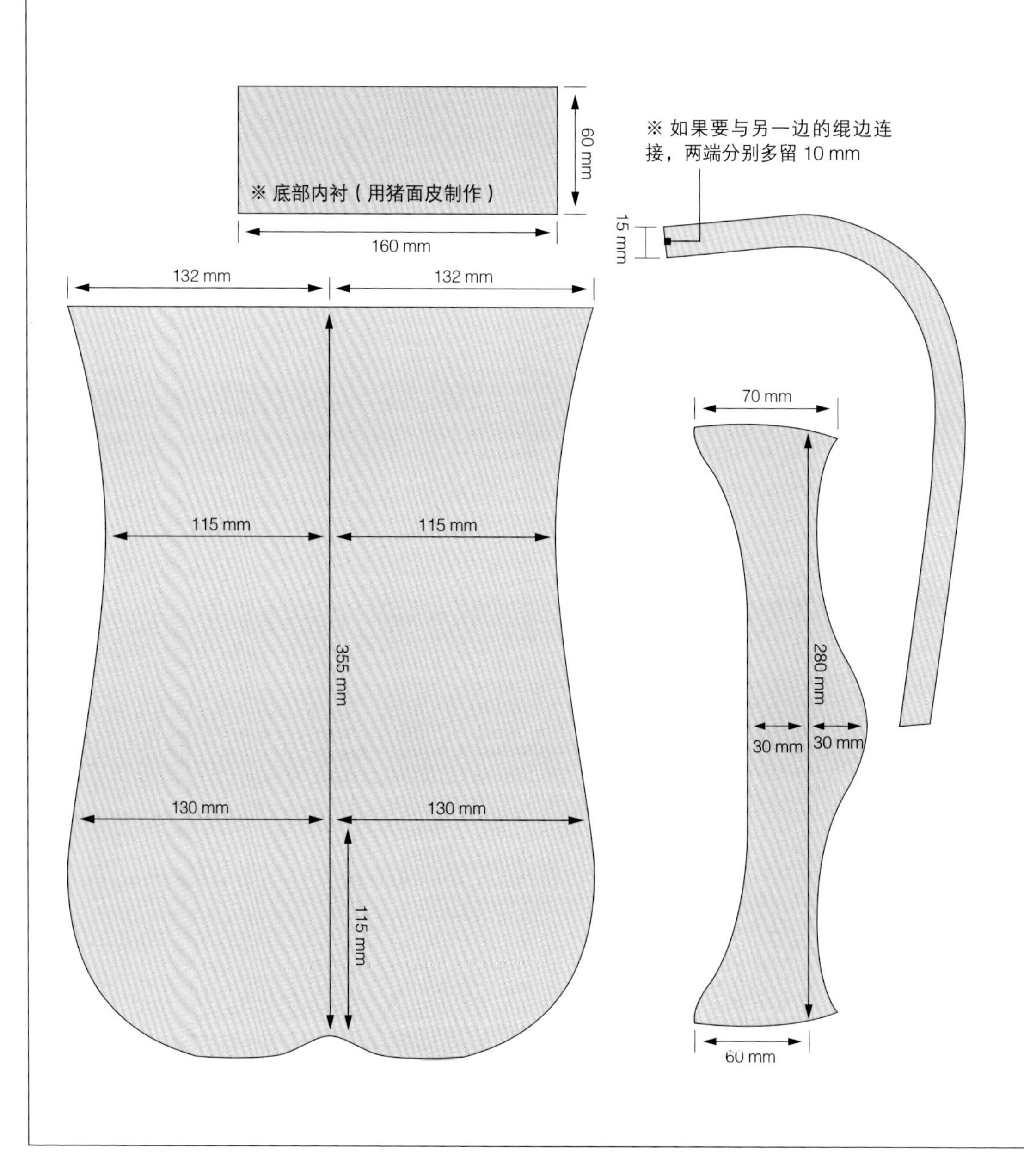

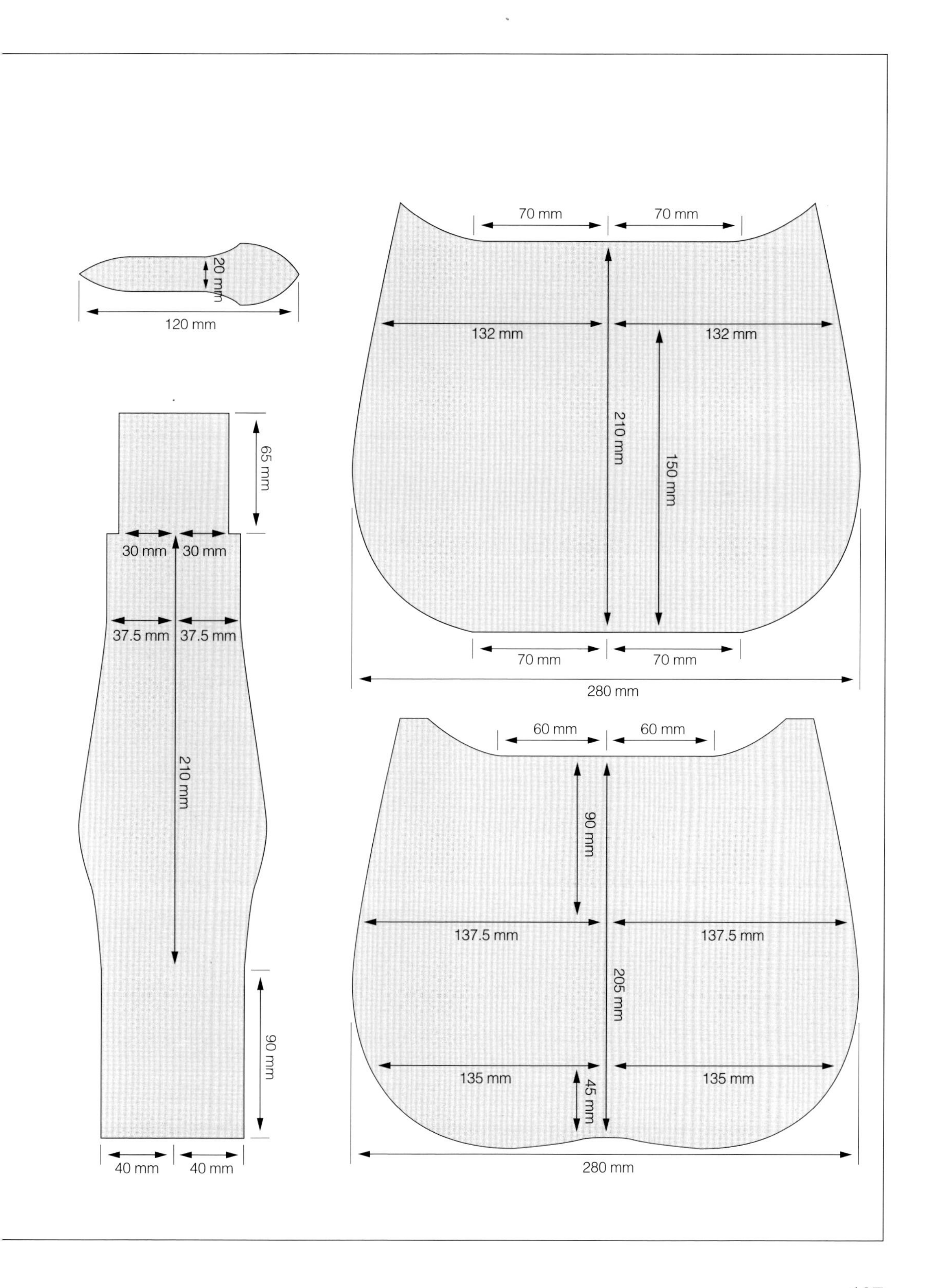
20 mm
120 mm
65 mm
30 mm
30 mm
37.5 mm
37.5 mm
210 mm
90 mm
40 mm
40 mm
70 mm
70 mm
132 mm
132 mm
210 mm
150 mm
70 mm
70 mm
280 mm
60 mm
60 mm
90 mm
137.5 mm
137.5 mm
205 mm
135 mm
135 mm
45 mm
280 mm

1 用亚克力板制作纸型

之前，我们都用坐标纸制作纸型。坐标纸的好处是容易正确地把握尺寸。如果只是裁切各部分的皮革，用坐标纸就足够了。但这次我们要多花费点儿功夫，用透明的亚克力板来制作纸型。使用这种纸型的话，裁切时可以清楚地看到皮革表面，避开皮革上的伤痕等，从而帮助我们“因皮制宜”，根据需要选用最佳部位的皮革。另外，亚克力板纸型可以长久保存、反复使用。

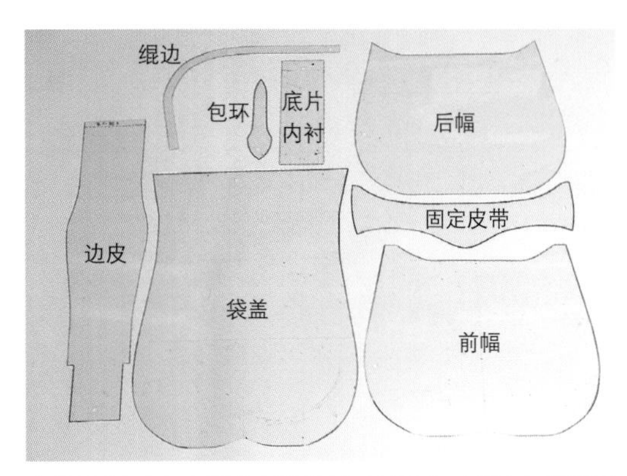

这些是以亚克力板为材料制作的纸型，透过它们能看清皮革表面，所以比坐标纸纸型更便于裁切皮革。

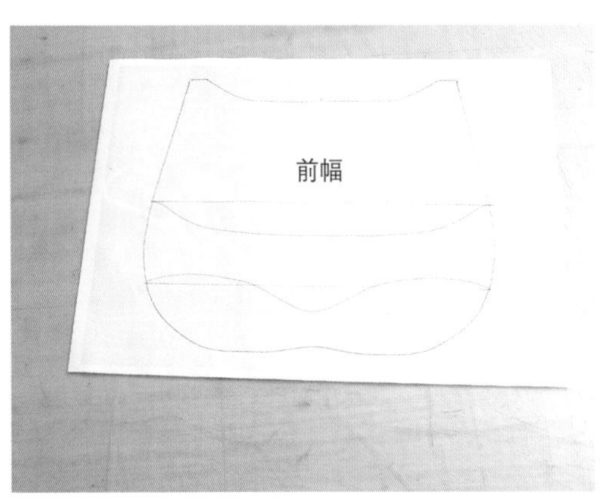

1 用复写纸将尺寸正确的纸型精确地复印到广告彩页等较薄的铜版纸上。

2 用剪刀沿轮廓线剪下新纸型。

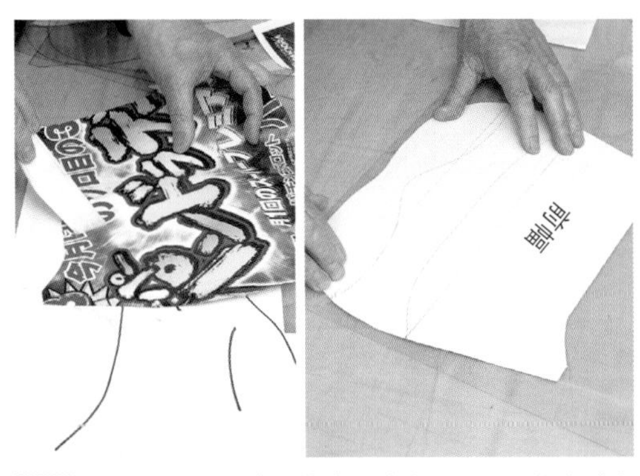
3 在铜版纸纸型背面抹胶（种类不限），将它贴在稍大的亚克力板上。

4 沿着纸型的轮廓裁切亚克力板。直线部分用直尺和美工刀准确地裁切。

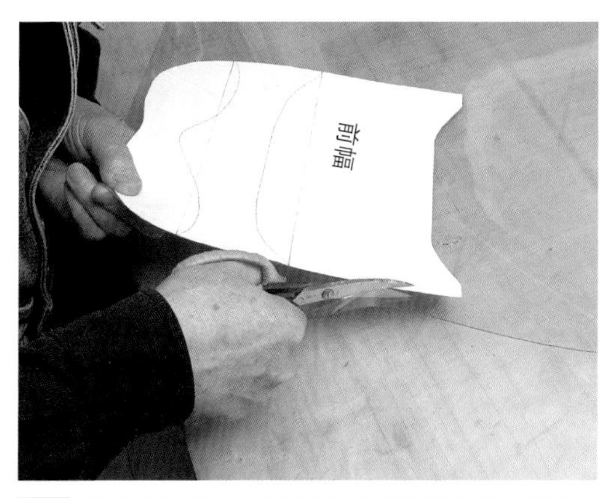

5 亚克力板较硬，普通剪刀很难剪好曲线，所以要用翘头剪来剪。

CHECK!

6 用砂纸磨平亚克力板纸型边缘不平的地方。曲线部分要用砂布打磨。

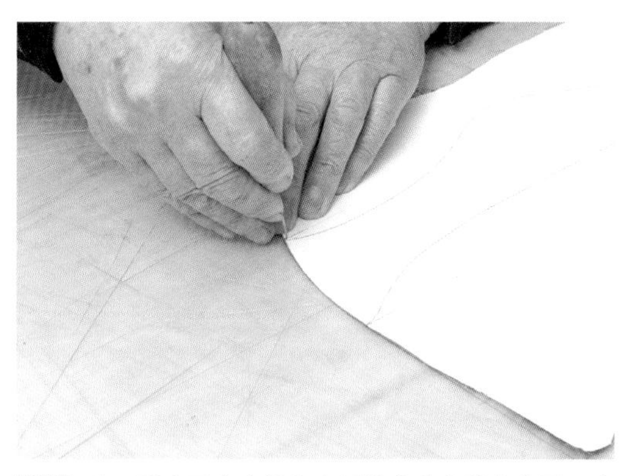

7 为了明确固定皮带和内衬的安装和黏合位置，在亚克力板纸型上与皮带 4 个角对应的地方用圆锥刻出标记。

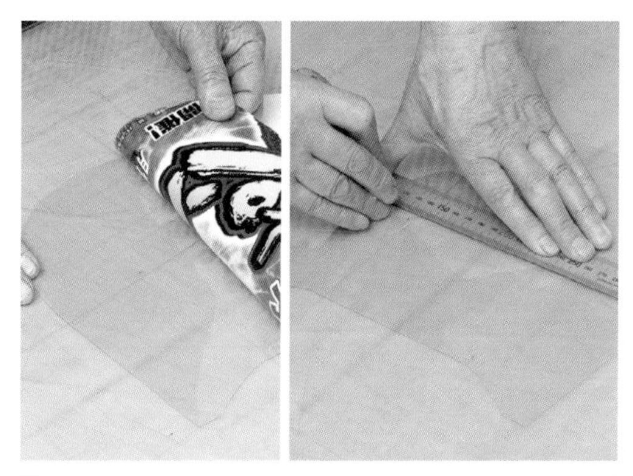

8 取下铜版纸纸型，用圆锥在亚克力板纸型两侧对应的标记之间画直线，这样之后更容易确认位置。

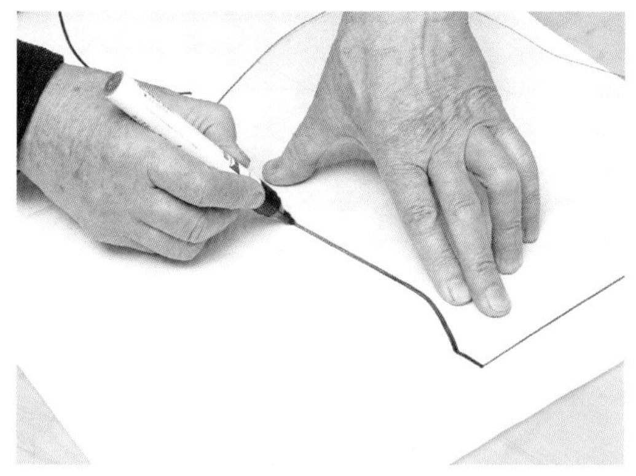

9 因为透明的亚克力板纸型重合后很难分辨，所以要用油性笔沿各部件纸型的轮廓描一遍以使轮廓显现出来。

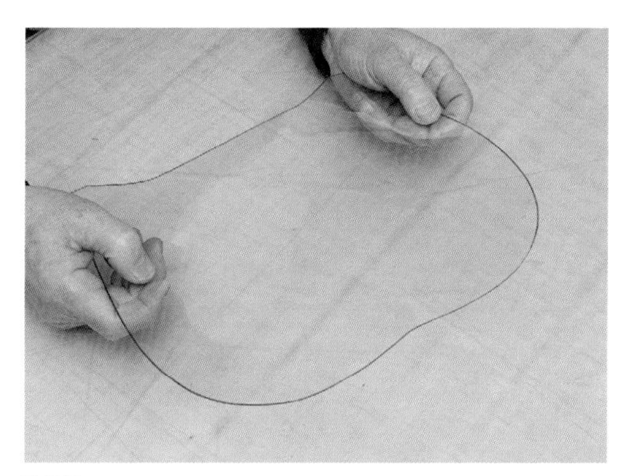

10 这是做好的亚克力板纸型。它不仅便于我们透过纸型确认皮革表面的情况，其韧性也比坐标纸纸型大，有助于精确地描出皮革的裁切线。

2 裁切主要部件

接下来以亚克力板纸型为基础，在皮革上裁切单肩小挎包所需的基本部件。利用透明纸型的优势，选择光滑无痕的皮革作为挎包的表皮，用带有些许瑕疵的皮革制作不显眼的部件。绘好裁切线就可以开始裁切了。挎包的曲线部分很多，比起用美工刀，用裁皮刀更顺手。下面我们便来一起学习曲线的裁切方法。

POINT

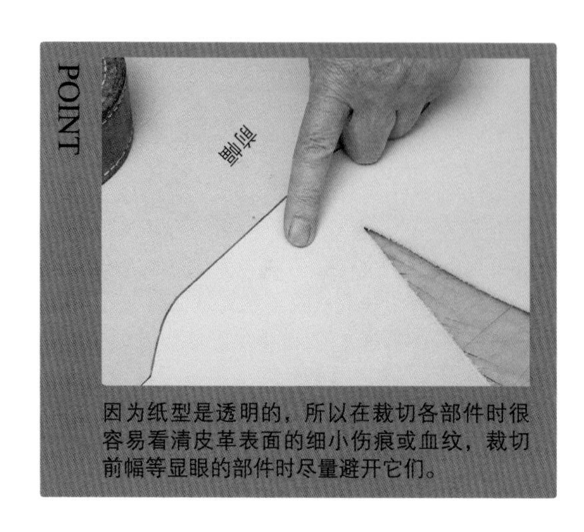

因为纸型是透明的，所以在裁切各部件时很容易看清皮革表面的细小伤痕或血纹，裁切前幅等显眼的部件时尽量避开它们。

1 将纸型放在皮革上后紧紧按住，用圆锥画出各部件的裁切线。

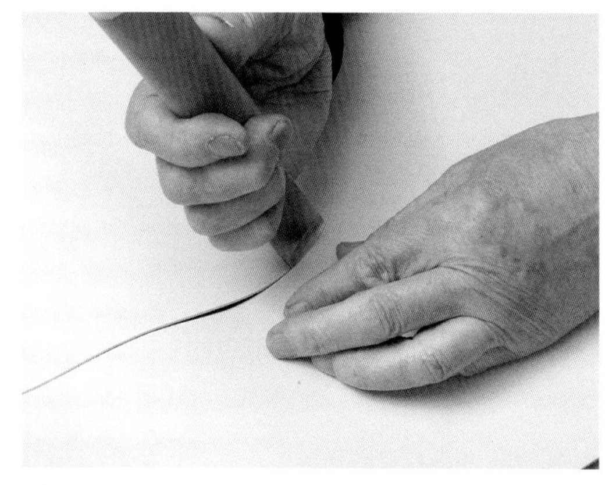

2 裁曲线部分和裁直线部分相反，要让裁皮刀平的那一面朝向要裁切出的部分。

3 裁曲线部分时，必须如图中那样用手指抵着刀刃以使其稳定，从而避免裁切面歪歪扭扭。

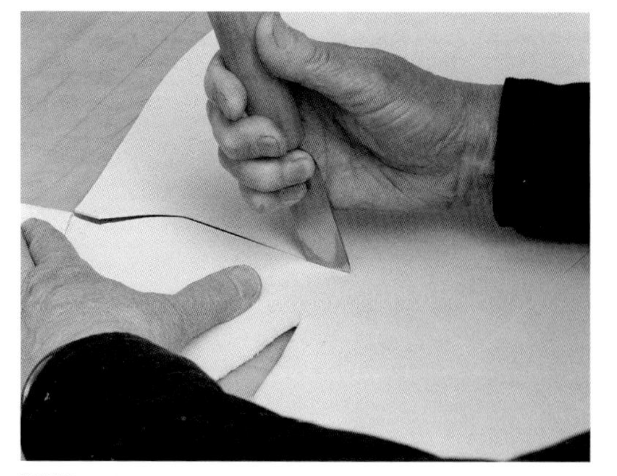

4 裁直线部分时改变握法，和基本操作方法一样，将刀刃斜的那一面朝向要裁切出的部分。

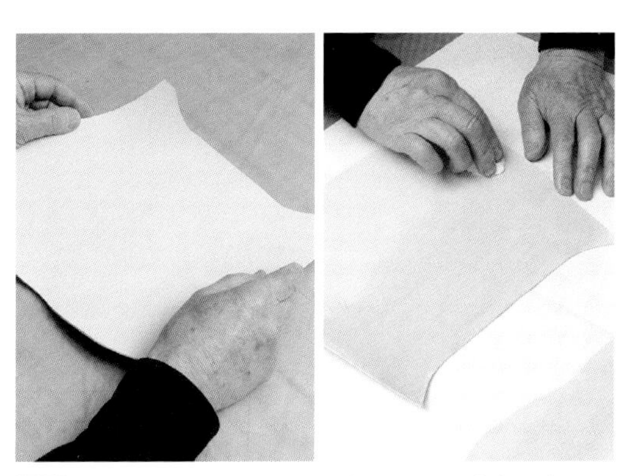

5 裁好所有部件之后，在皮革表面涂抹皮革专用的水性瓷漆以保护皮革。用海绵块蘸瓷漆，挤干后轻轻擦在表面。

CHECK!

6 裁皮刀的刀刃沾上单宁酸会变钝，这时可用涂抹了磨刀膏的磨刀板磨刀。

裁切好的主要部件

这是裁切好的主要部件。制作单肩小挎包的材料为厚 1.2 mm 的全背部植鞣革，整张皮革的面积约为 17 ft^2（约 1.6 m^2）。

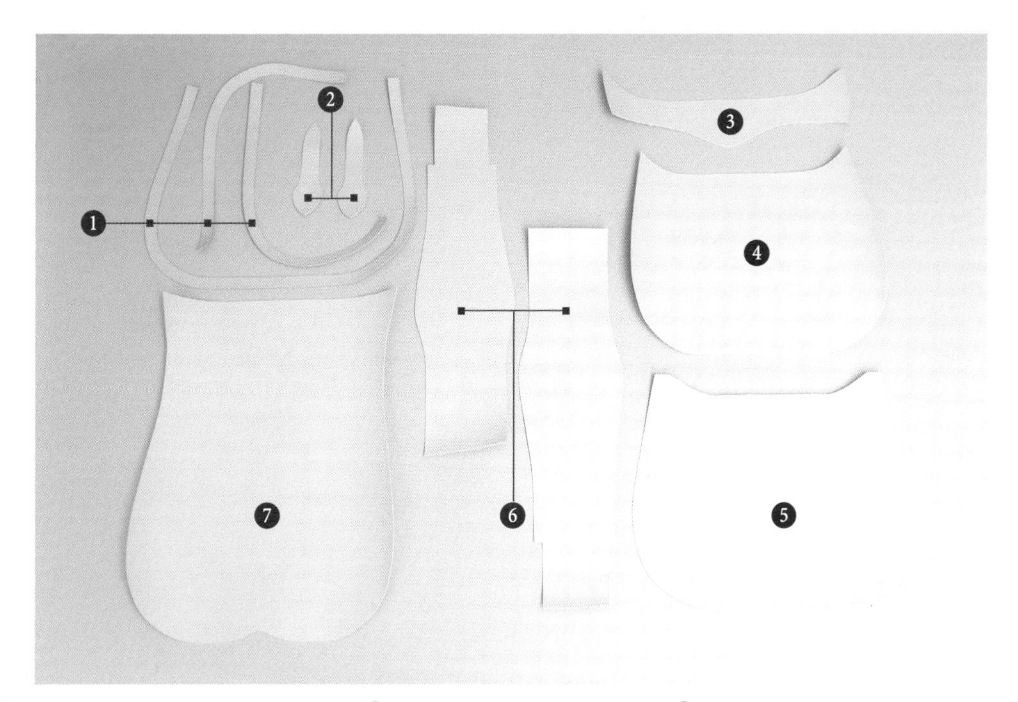

❶ 绲边
为了让边皮有立体感，不直接缝合袋身和边皮，而是在它们中间夹上绲边再缝合。为了方便裁切，可以分开裁切绲边，之后再拼接，但如果你觉得第 119 页的工序太难，可以一开始就裁切完整的绲边。

❷ 包环
连接背带环与袋身的部分。

❸ 固定皮带
用来固定搭在前幅上的袋盖。

❹ 后幅
与袋盖连接的后半部分袋身，兼作外袋。

❺ 前幅
将安装固定皮带的部分，在袋盖后面。

❻ 边皮
其造型可以展现小挎包的立体感。

❼ 袋盖
从后幅延伸到前幅前面，可用固定皮带固定。

3 填充内衬和黏合内层皮革

为了让小挎包结实和硬挺，要在一些部件中填充内衬并黏合内层皮革（第 116 页）。内衬的作用是辅助支撑，常用的材料有纸板、塑胶板（PVC）、海绵、无纺布等。为了凸显这款小挎包的质感，仍选用了猪面皮作为内衬。内层皮革使用的是柔软的猪里皮（厚 0.4 mm 的猪皮）。内衬在其他类型的皮包中也会用到，请一定记住它的处理方法。

内层固定皮带的制作

1 在猪里皮的背面放固定皮带的纸型，用圆珠笔等描出大致轮廓，然后裁切出比轮廓大一圈的皮革。

2 分别在裁切好的猪里皮背面和固定皮带背面涂抹白乳胶。

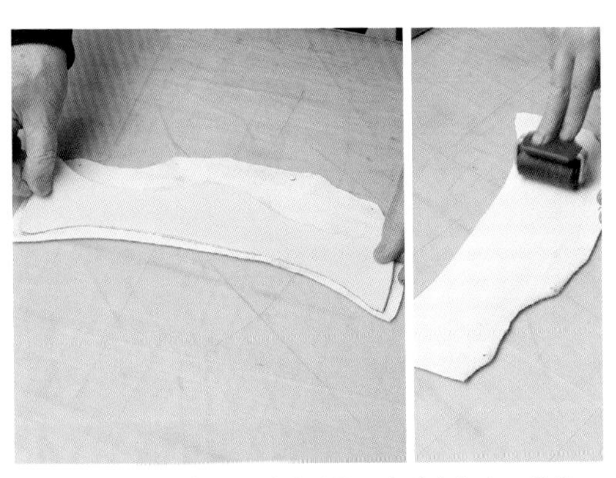

3 按照猪里皮上的轮廓线将两者黏合起来，从猪里皮这一面用皮革滚轮按压。避免弄脏皮革表面。

4 确定白乳胶完全变干后，将固定皮带表面朝上，沿着轮廓线裁切猪里皮。

前后幅的内衬填充与内层皮革的制作

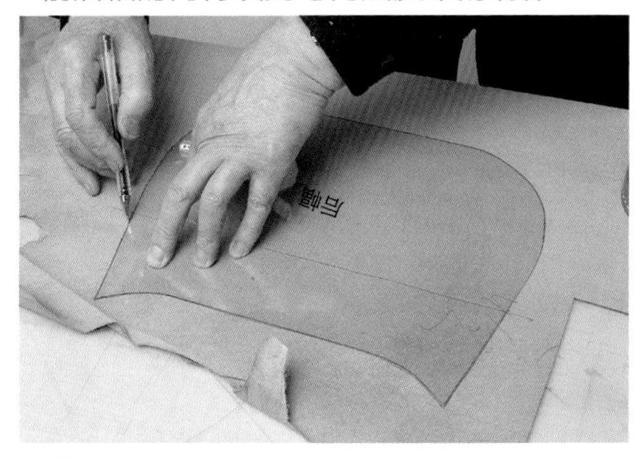

5 先制作后幅外袋袋口处的内衬。将后幅纸型放在猪面皮背面，描出袋口内衬的轮廓。

6 再将后幅纸型放在后幅背面，用圆珠笔画出袋口内衬底边的两端，再用圆珠笔和直尺画出袋口内衬的底边。

7 裁切猪面皮。内衬的底边要准确地裁切，其他3条边粗略裁切即可。

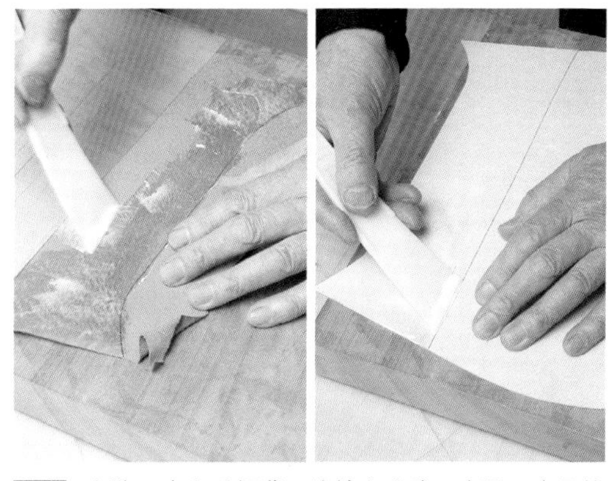

8 在猪面皮和后幅背面涂抹白乳胶。步骤6中画的底边就是内衬和后幅的边界线，只在边界线上方涂抹白乳胶。

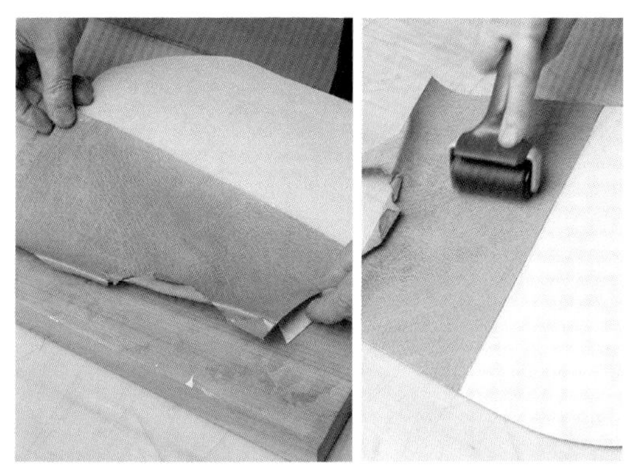

9 将袋口内衬的底边与后幅上的边界线对齐后黏合。为避免弄脏皮革表面，用皮革滚轮在猪面皮这一面按压。

10 确定白乳胶变干后，将后幅表面朝上，裁下超出后幅边缘的多余猪面皮。

CHECK!

11 为了与作为内层后幅的猪里皮黏合紧密，将猪面皮的表面用砂纸磨粗糙。

12 制作内层后幅。在猪里皮背面沿后幅纸型描出轮廓后裁切。内层皮革同样要裁切得比后幅纸型大一圈。

13 在裁好的猪里皮和外层后幅的背面涂抹白乳胶。由于整个面都要黏合，要将白乳胶均匀地抹开。

14 将后幅背面与猪里皮上的轮廓线对齐后黏合。

15 在猪里皮这一面用皮革滚轮按压。因为需要按压的面积很大，所以要从中心向边缘按压，从而将里面的空气挤出去。

16 将外层后幅表面朝上，将轮廓外多余的猪里皮仔细地裁掉。

17 整个前幅都要填充内衬。将前幅纸型放在猪面皮上，画出整体轮廓。

18 沿轮廓线裁切猪面皮，在背面涂抹白乳胶，将其与外层前幅背面相对进行黏合。接下来和制作内层后幅相同，黏上猪里皮作为内层皮革。

袋盖的制作

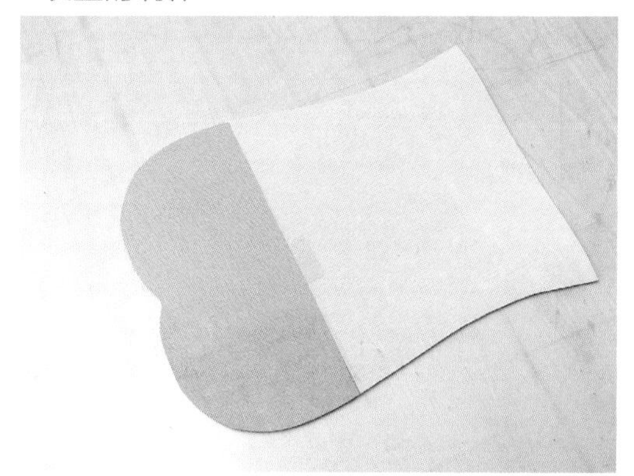

19 与在后幅黏合内衬的工序一样，在袋盖上被固定皮带扣住的部分贴上猪面皮作为内衬。

20 为了便于之后黏合，用裁皮刀从距离袋盖边缘约10 mm 处开始削薄。

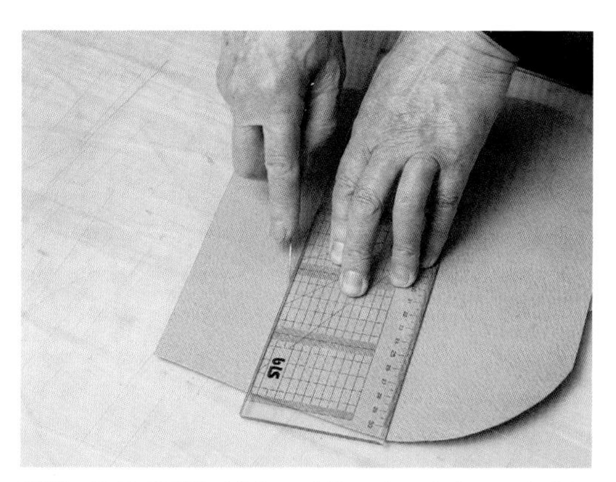

21 依照后幅纸型裁切一片猪面皮，在表面画出边界线，作为与袋盖黏合时的参照。

22 边界线的上方就是黏合部分。用砂纸将其磨粗糙后涂上白乳胶，与袋盖黏合。

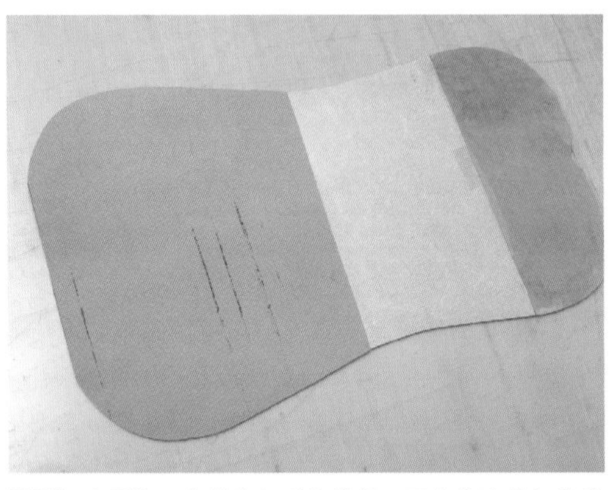

23 这是猪面皮黏合好后的袋盖。图中左边的部分将与后幅缝合，右边的是用固定皮带扣住的部分。

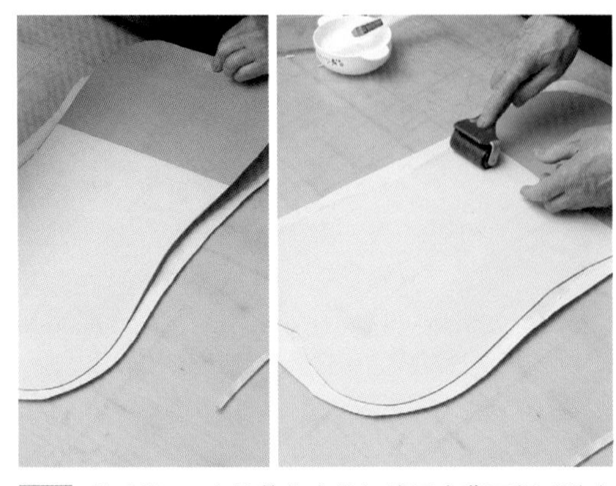

24 将步骤 23 中的整片皮革与猪里皮背面相对黏合并裁切。虽然黏合面积很大，但做法与之前的相同。

准备好的各部件

下面是填充了内衬并且黏合好内层皮革的各个部件。图中红色斜线部分表示加了内衬的部分，蓝色部分表示与后幅重合的部分。

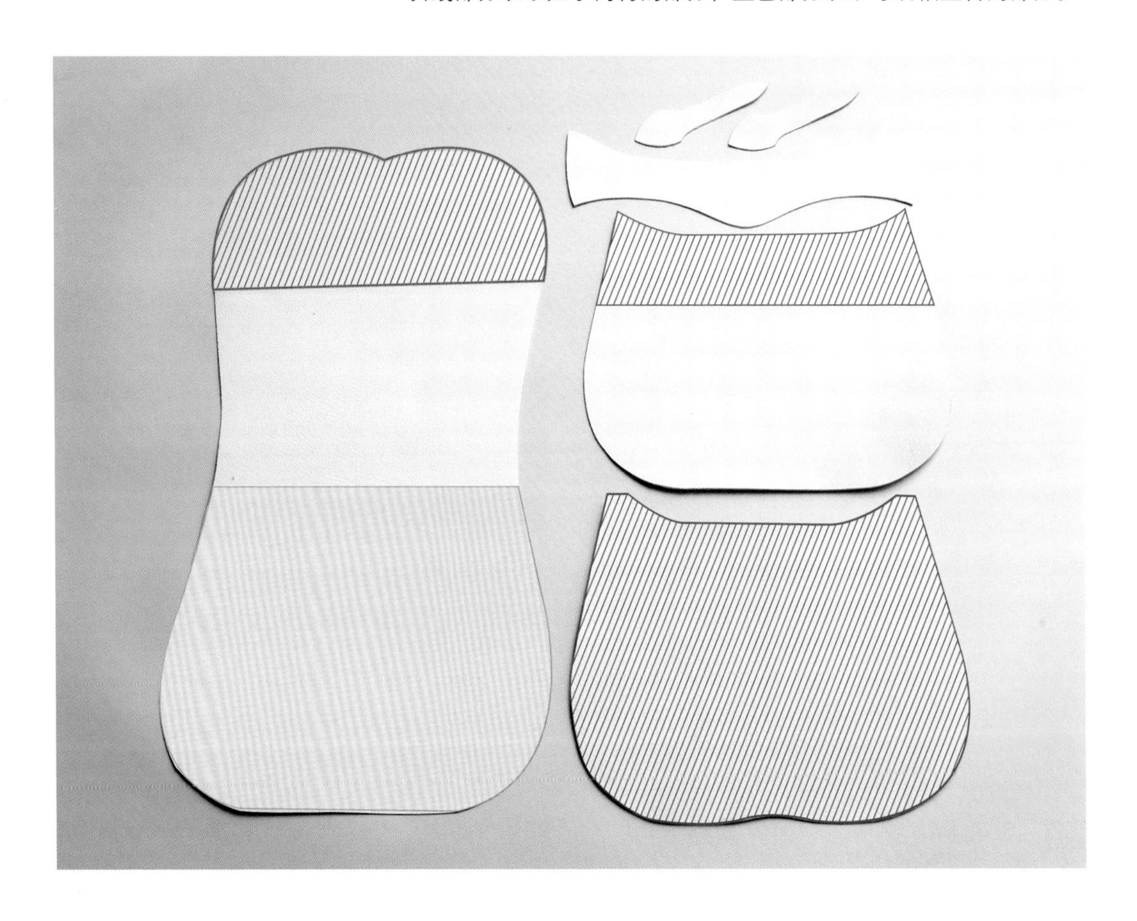

4 前后幅及袋盖的修饰

在前后幅和袋盖上贴好内层皮革后，就要开始在各部件上分别进行打缝孔、缝装饰性缝线、打磨毛边等一系列缝合前的准备工作了。

除了与边皮缝合的边缘，其他边缘都要缝装饰性缝线，具体的缝制位置将在下页说明。不过，装饰性缝线并不是必需的，你可以只打磨毛边。

1 依据下页的示意图，打磨标红线的边缘。其中，曲线部分先用砂布打磨，再涂上床面处理剂仔细打磨。

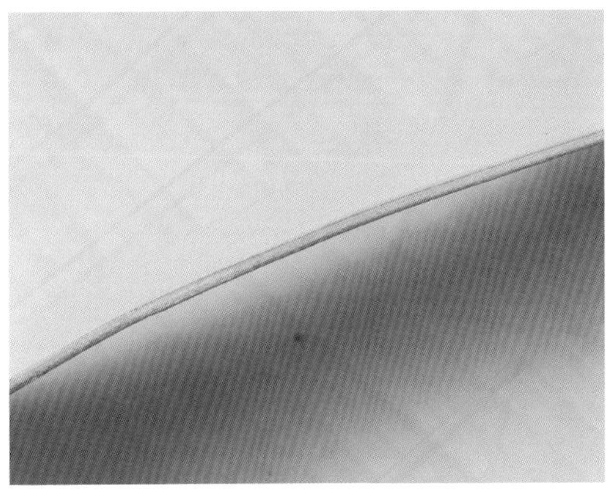

2 这是打磨过的边缘。接下来缝装饰性缝线。你也可以根据喜好省掉这一步。

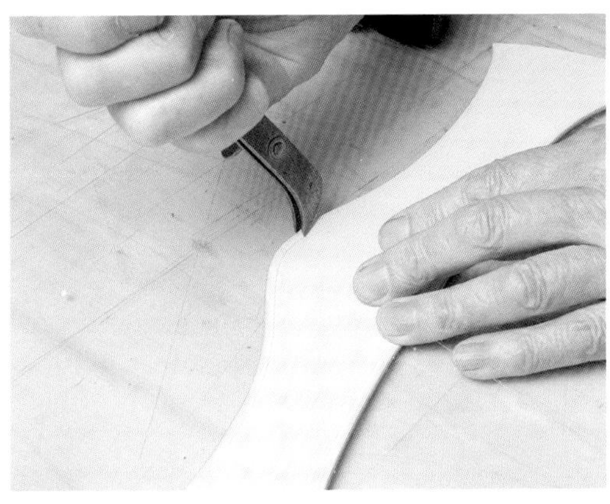

3 依据示意图，在标红线和蓝线的边缘画宽 3 mm 的基准线，以便之后用细麻线缝制装饰性缝线。

4 沿基准线打出缝孔。为了在曲线部分打出均匀的缝孔，最好使用两孔菱錾。

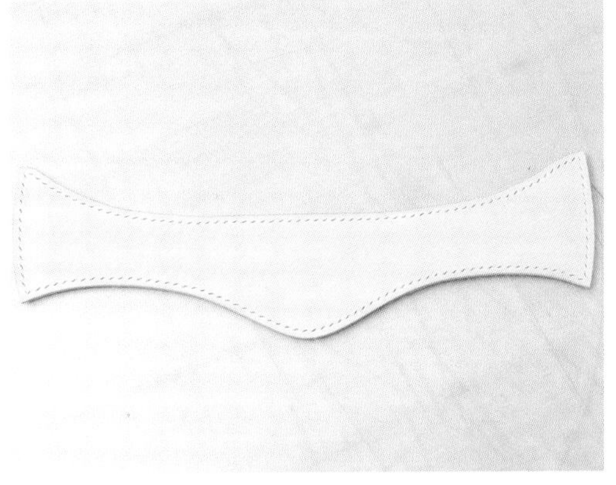

5 这是打好缝孔的固定皮带。留下两端要和前幅缝合的缝孔，在上下两边缝上装饰性缝线。

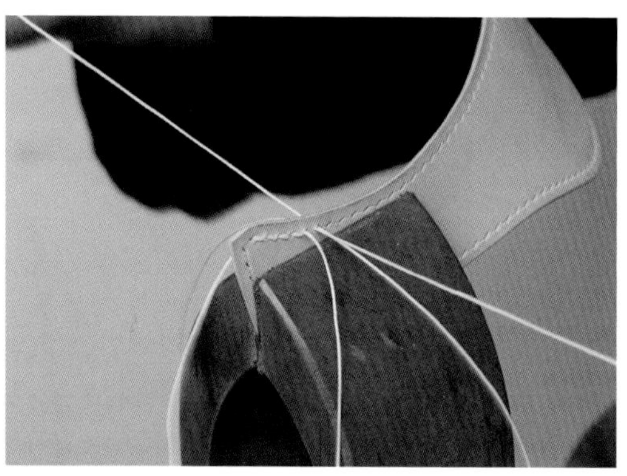

6 因为无须提高缝线的强度，所以不用回缝，直接从一端平缝到另一端即可。缝到皮革较薄的部分时，不要太用力拉线。

CHECK!

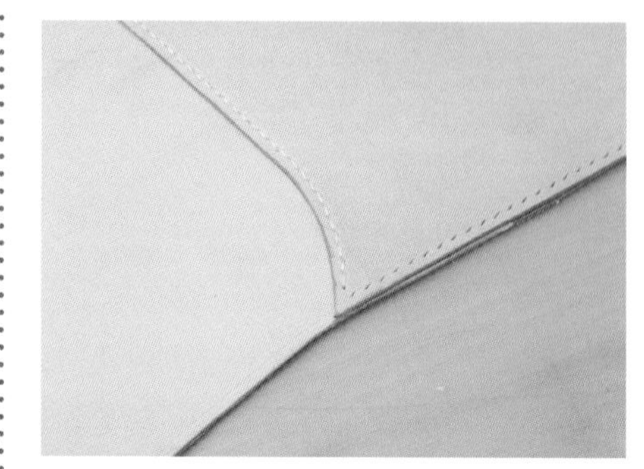

7 缝制袋盖上的装饰性缝线时，要参照后幅的缝线以确定起始点。

完成修饰的各部件

这是缝好装饰性缝线的各部件。标红线的是既缝好装饰性缝线又打磨过的部分，标蓝线的则是与边皮缝合时需要打缝孔的部分。

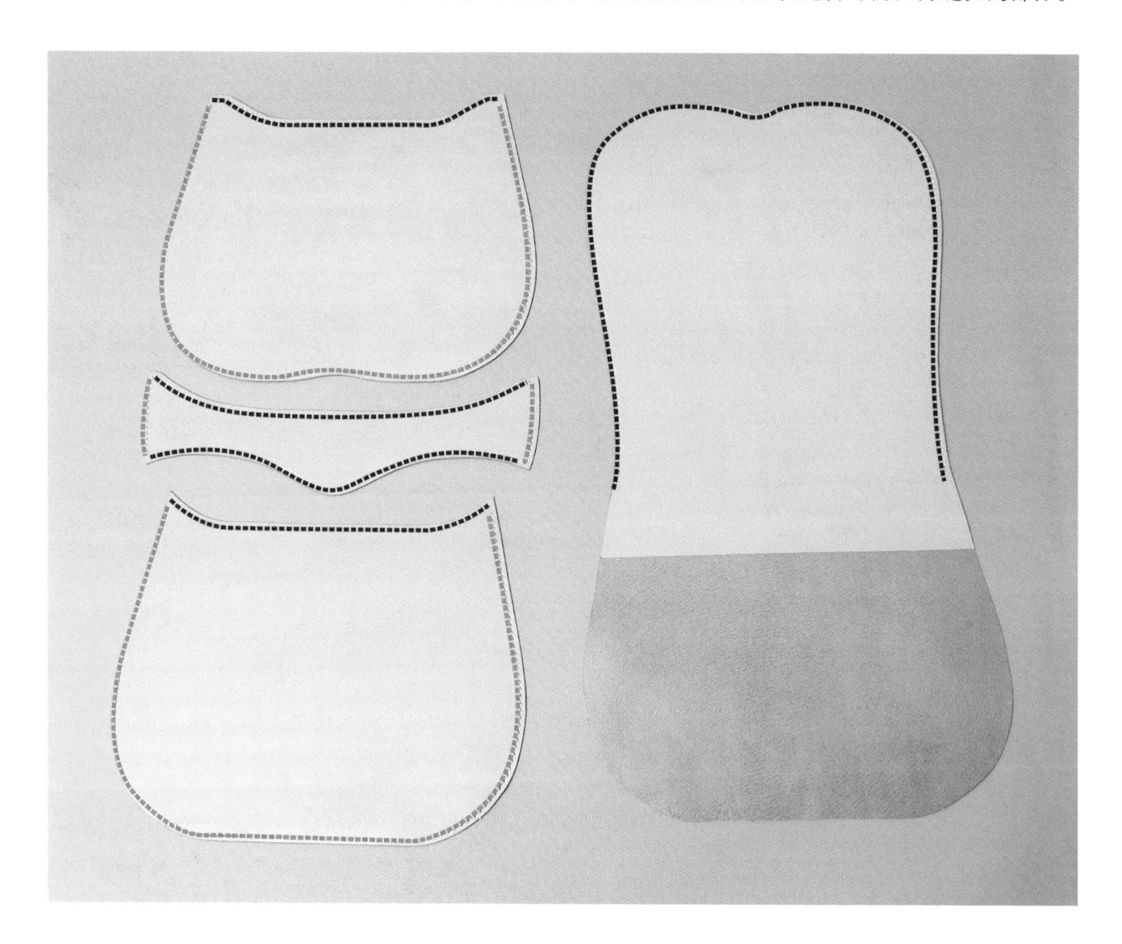

5 边皮的制作

修饰好各部件后，下面开始制作边皮。如果边皮和绲边是按照纸型分开裁切出来的，就要分别连接它们，为此需要用裁皮刀对皮革进行难度较高的削薄处理。

不过，如果你觉得这一步太难，可以在制作纸型时将边皮和绲边的纸型分别作为一个整体画下来，再按照第 122 页的步骤进行后续操作。

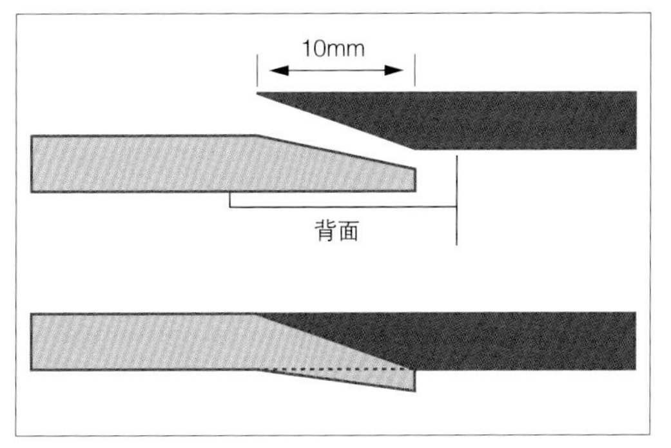

1 斜着削薄绲边宽 10 mm 的连接部分，用白乳胶黏合。黏合方法如上图。

2 确定两片绲边分别用哪一端进行连接，分别在其表面和背面标出宽 10 mm 的连接部分（左图），再斜着削薄（右图）。

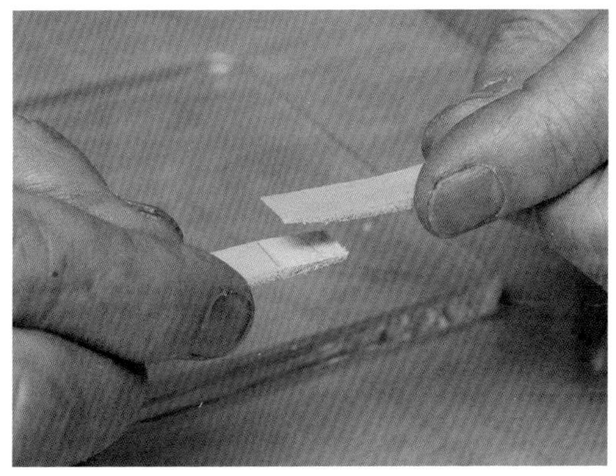

3 在削薄的部位涂抹白乳胶，黏合，等白乳胶完全变干。

CHECK!

4 削的时候一端削得稍微厚一些，这样黏合后还可以通过在背面削薄来进行微调。

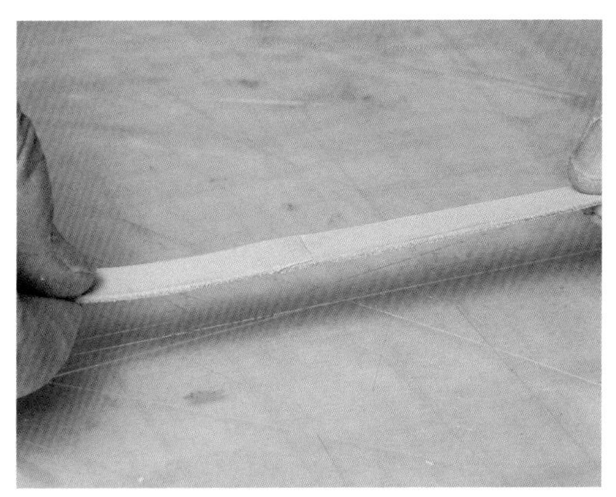

5 如果你的功夫很到家（需要长久的磨炼），黏合后的绲边让人难以看出拼接的痕迹。

■连接边皮

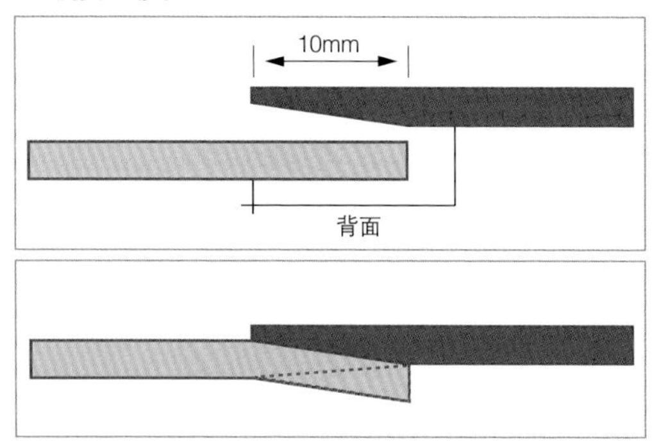

6 和连接绲边不同，两片边皮相互连接时，只在一片边皮的背面宽 10 mm 的连接部分进行削薄处理，另一片边皮在黏合后再调整厚度。

7 在一片边皮的背面标出宽 10 mm 的连接部分，用裁皮刀削薄约一半（削到厚约 0.6 mm）。

CHECK!

8 因为削好的部分要与另一片边皮黏合，所以要先打磨毛边。

9 在另一片边皮的表面同样标出宽 10 mm 的连接部分，用砂纸磨粗糙。

10 为了明确连接部分，在削过的边皮背面重新画出宽 10 mm 的线。然后在两片边皮上分别涂抹白乳胶。

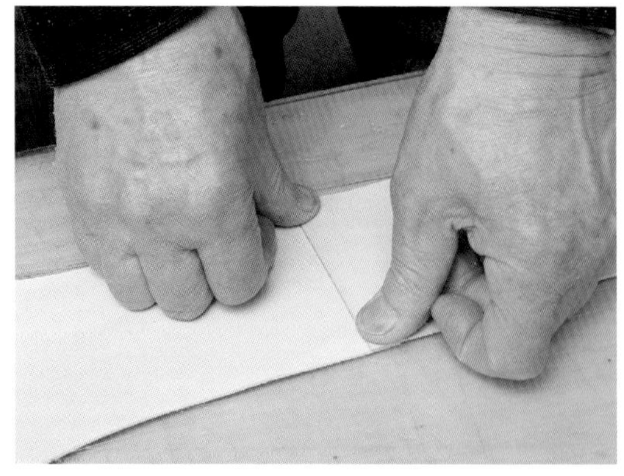

11 将两片边皮的连接部分对齐，用手指紧紧按压。等白乳胶完全变干。

没削薄的边皮黏合后背面会凸起，先用裁皮刀削平凸起的部分，再用砂纸打磨，直到连接部分变平整。

12 利用连接部分的高度差，在边皮正面画出宽 3 mm 的基准线。边皮两侧要分别留出宽约 10 mm 的区域不画基准线。

13 在基准线的中点用圆锥刺出标记，这将是缝孔的起点。

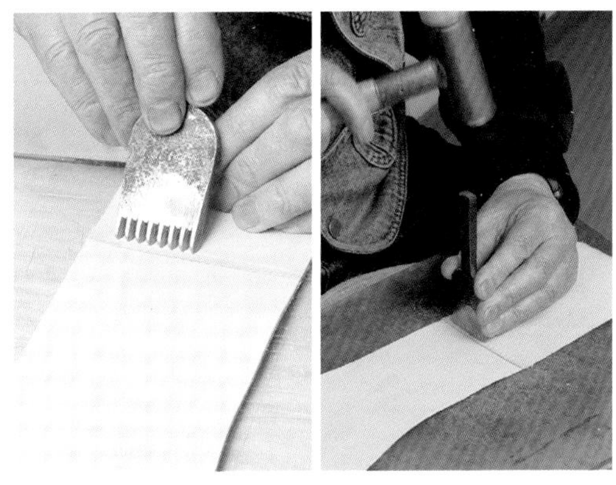

14 用菱錾从中点开始朝基准线两端打缝孔。调整缝孔的间距，确保从中央到两端的缝孔数量均等。

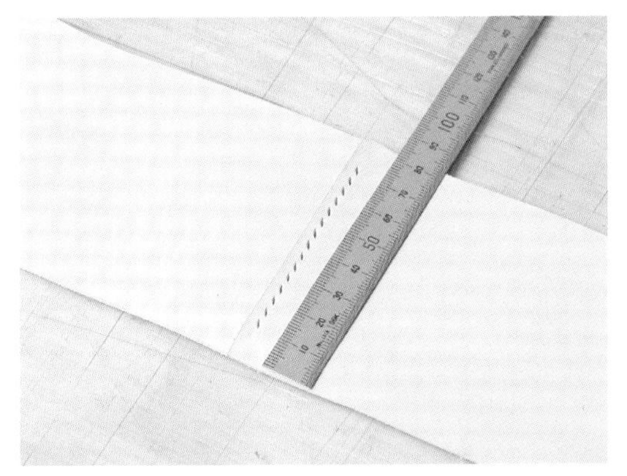

15 这是打好的缝孔。这里使用的是八孔菱錾，一共打了 15 个缝孔。

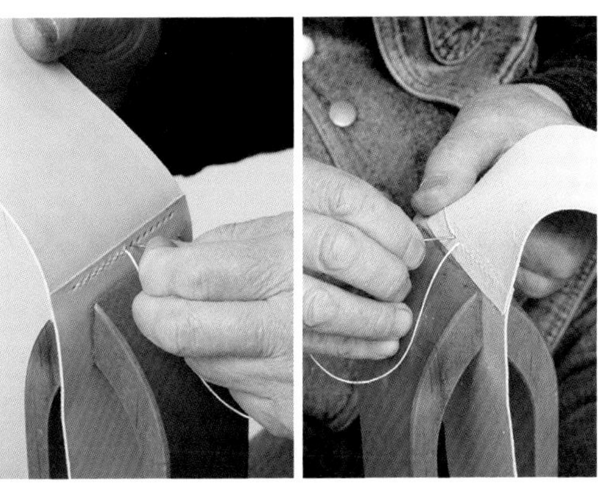

16 使用细麻线，从缝孔的一端开始平缝。由于边皮很长，需要不断地左右摆动皮革以便缝合。

17 因为之后还要黏合内衬，所以不必太顾及线头，缝完后在背面打个结就可以了。

18 这是缝合好的边皮连接部分，十分牢固。这个部分位于皮包表面，因此要仔细处理得美观一些。

缝合绲边

边皮和绲边分别连接好后，按照下图分别黏合红线部分和蓝线部分，等白乳胶完全变干后用平缝法缝合。

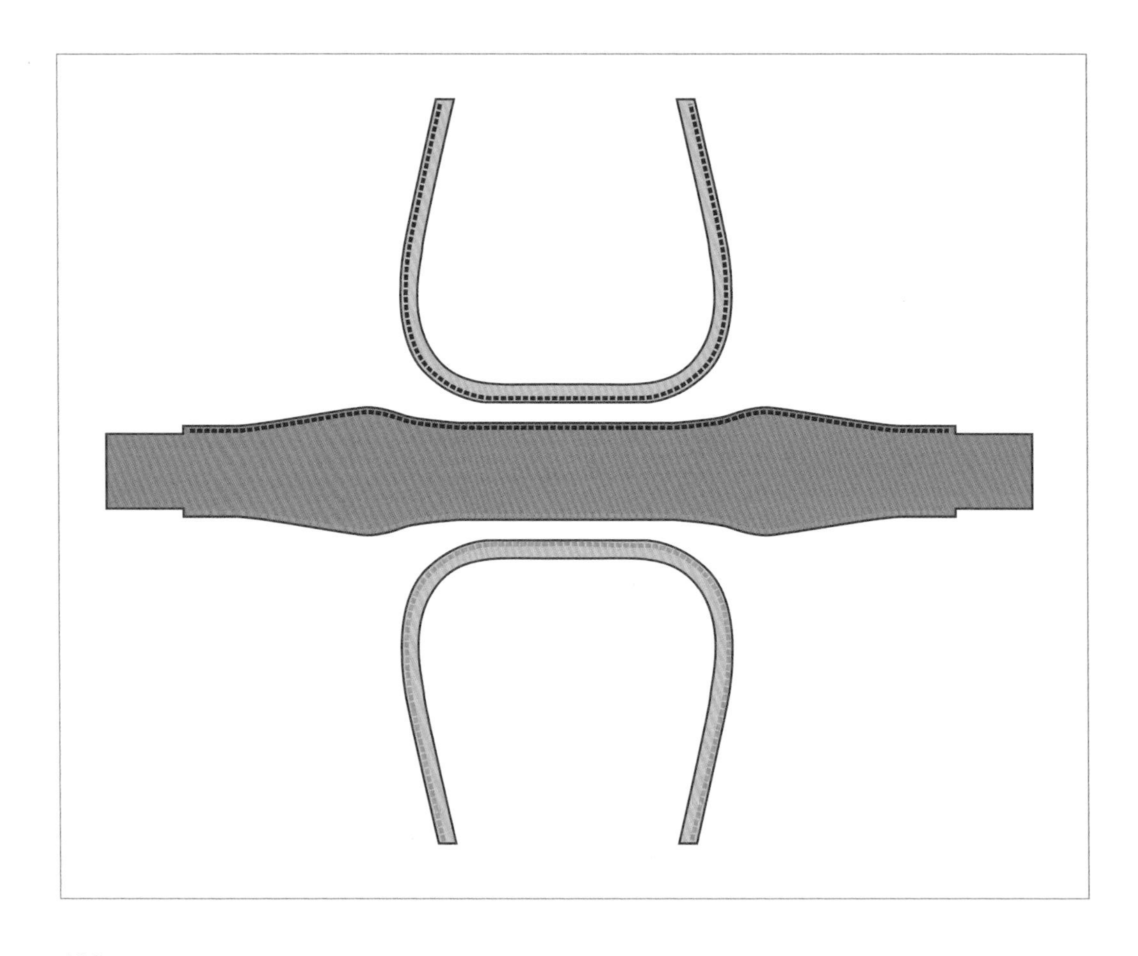

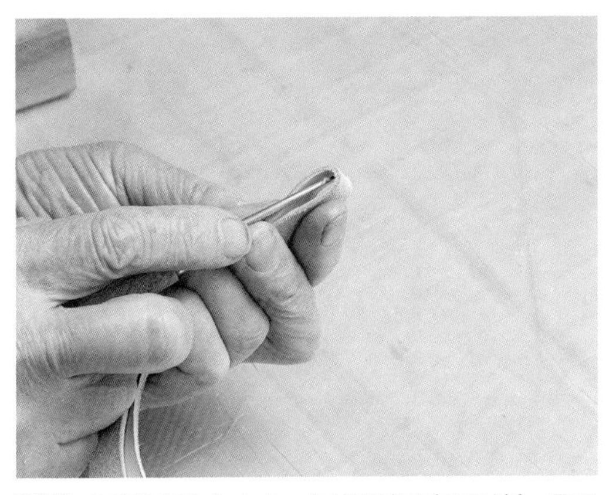

19 为确认绲边的中点，将其两端对齐后对折，用圆锥刺出标记。

20 为了使表面相对的绲边和边皮黏合紧密，用砂纸将黏合部分距边缘 3 mm 的区域磨粗糙。

POINT

如图所示，将皮革放在操作板上，拿砂纸的那只手的手指抵在操作板边缘打磨，这样就不会磨去太多皮革。

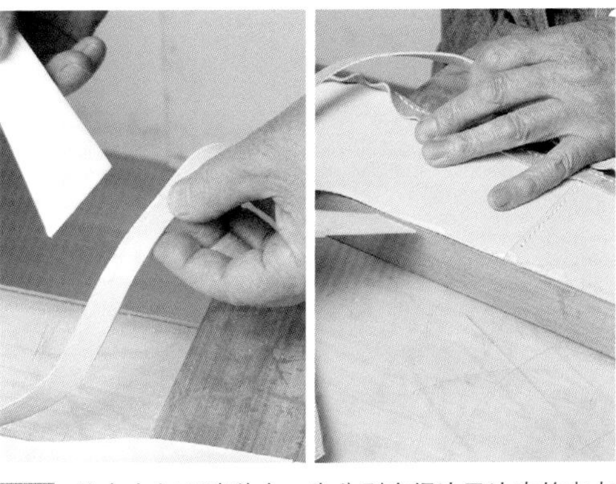

21 从中央向两端黏合。先分别在绲边及边皮的中点附近已经磨粗糙的边缘涂抹白乳胶。

22 对齐绲边和边皮的中点后黏合，并用夹子固定。

CHECK!

23 黏合好中间部分后，朝着两端一段一段地涂抹白乳胶并黏合。

24 边皮有些地方弯折得厉害，绲边不容易对齐，因此要一边弄平整一边黏合，再迅速用夹子固定。

25 全部黏合好后，裁掉超过边皮弯折处的多余的绲边。

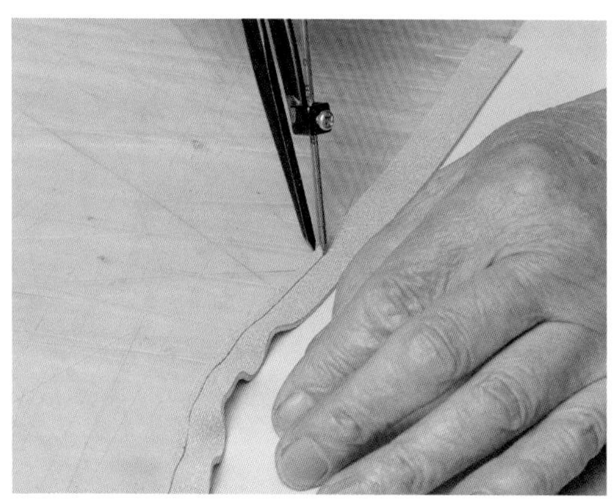

26 为缝合绲边和边皮，在距绲边侧边 3 mm 处用间距规画出基准线。

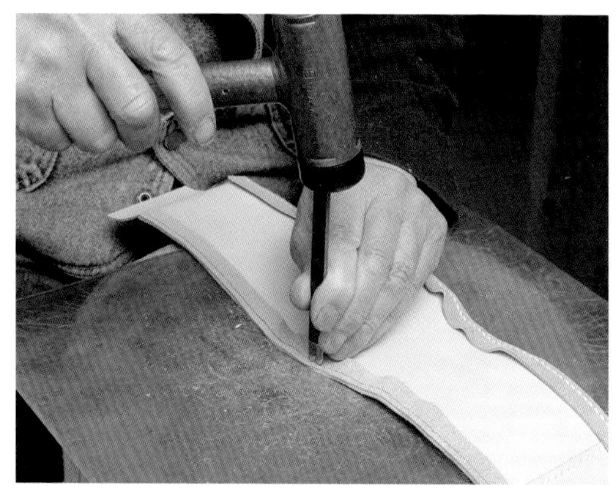

27 沿基准线打出缝孔。因为基准线大半部分是曲线，所以要用两孔菱錾打出均匀的缝孔。

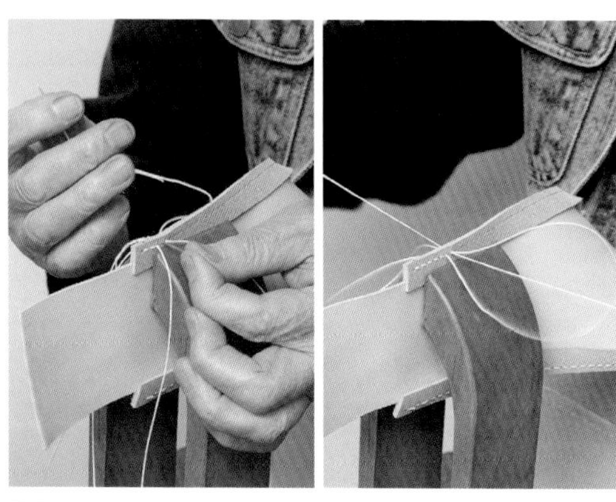

28 按照缝孔缝合边皮和绲边。不用回针缝，直接从一端平缝到另一端即可。

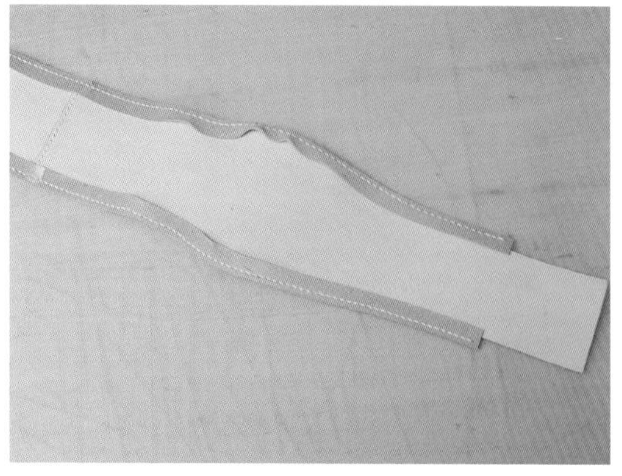

29 这是绲边和边皮缝合好的样子。绲边的另一条边将和前后幅缝合。

安装背带环

30 背带所使用的金属配件是市面上常见的 D 形扣和皮带扣。可以根据喜好选择款式。

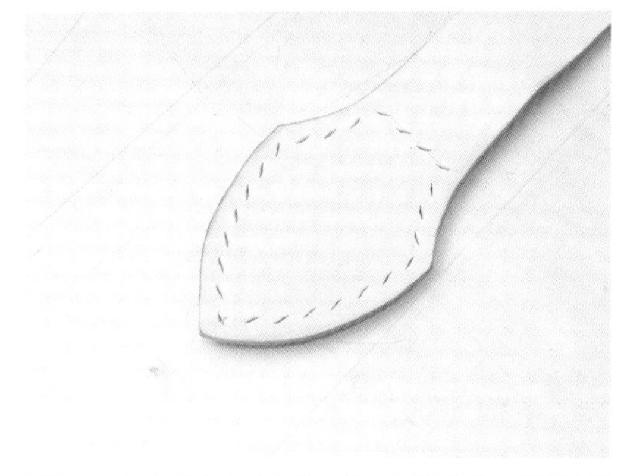

31 给包环贴上内层皮革，然后打磨毛边，在距边缘 3 mm 处打上缝孔。

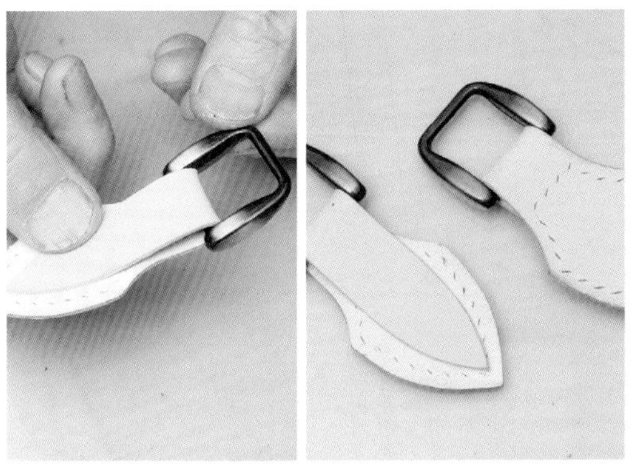

32 将包环较窄的一端穿过 D 形扣后折叠，从距尖端约 3 cm 处开始向尖端方向涂抹白乳胶，然后与较宽的一端黏合。注意，尖端不要超出缝孔。

将尖稍稍削薄，这样包环在与边皮缝合后会更美观。

33 在边皮背面、距折边中心 8.5 cm 处标出安装包环的位置。

34 用圆锥穿过刚刚做的标记。圆锥的尖端稍稍刺入皮革，能从皮革表面看到标记即可。

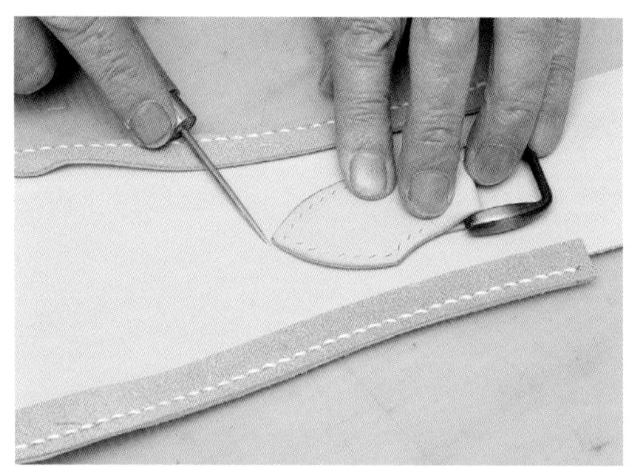

35 确定包环的安装位置。将标记和包环的尖端对齐，并将包环摆正。

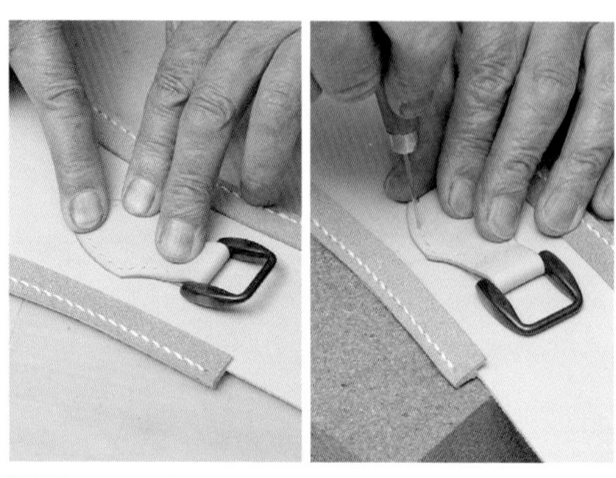

36 在包环背面的缝孔内侧涂抹白乳胶，然后与边皮黏合。待白乳胶变干后用菱锥刺穿包环上的所有缝孔，要穿透边皮。

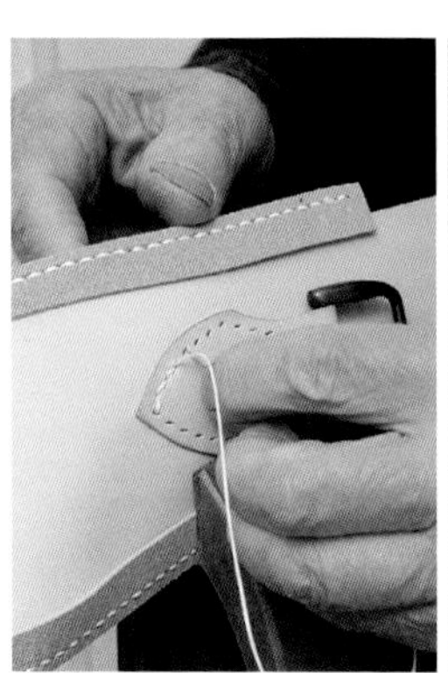

37 从包环的尖端开始，用平缝法缝合包环与边皮。缝完后在边皮背面打结。

38 这是安装好的包环。在边皮两端都安装好包环后，黏合内外层边皮。

黏合内外层边皮

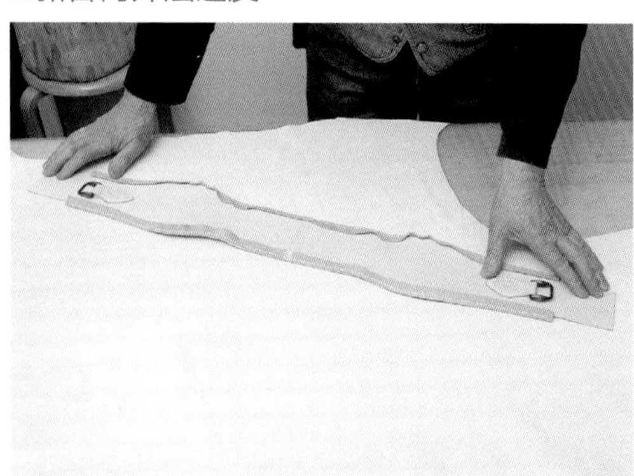

39 内层边皮和前后幅一样，使用的是猪里皮。首先在猪里皮的背面放上边皮。

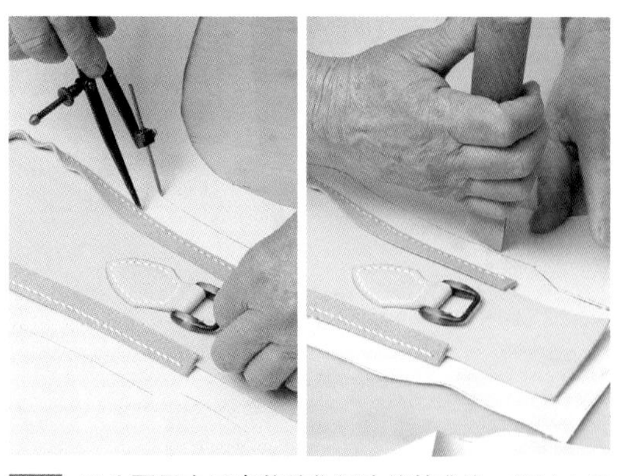

40 因为要用内层皮革盖住绲边的基准线，所以内层边皮的轮廓比边皮轮廓宽 2.5 cm 左右。画出裁切线后用裁皮刀裁切。

41 黏合前，在边皮的连接部分贴上内衬。先在边皮背面画出内衬的位置，再在内衬和边皮背面涂抹白乳胶。

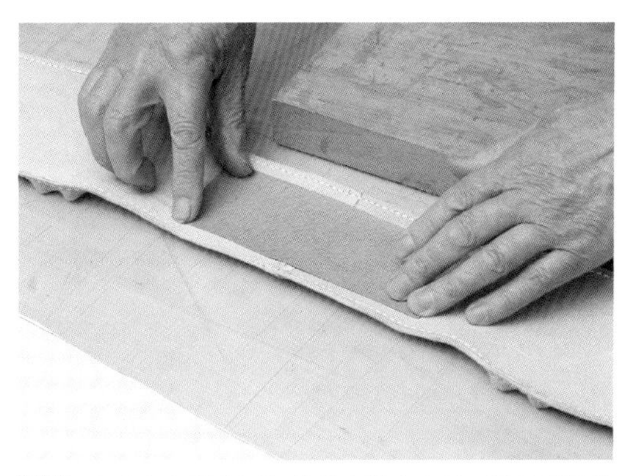

42 在边皮上沿着画好的轮廓黏合内衬。这里所用的内衬和前后幅所用的内衬一样，也是猪面皮。

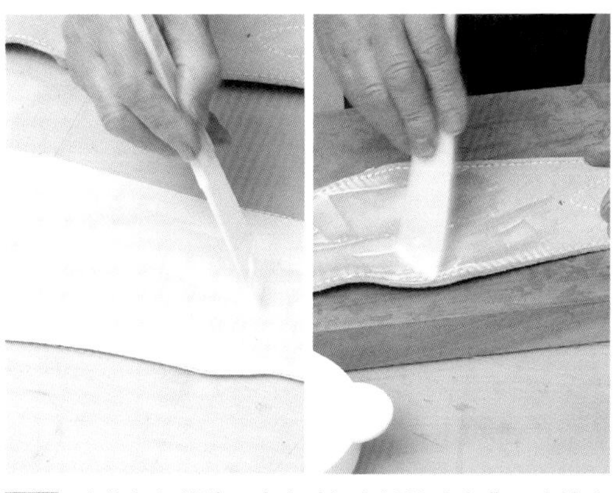

43 在裁切好的猪里皮和贴好内衬的边皮背面涂抹白乳胶。猪里皮上的白乳胶要涂抹在距边缘 2.5 cm 的区域。

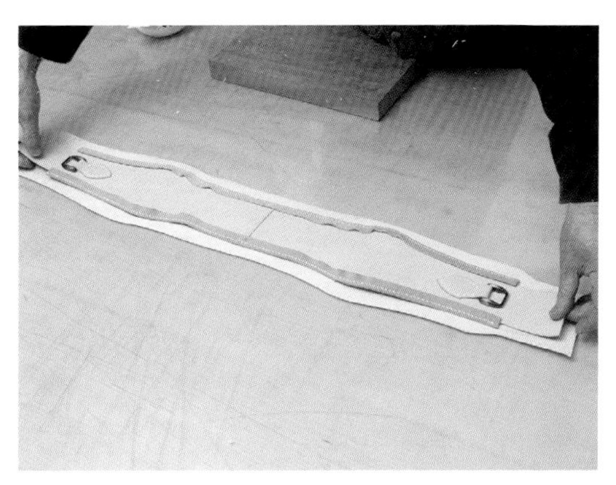

44 将边皮和猪里皮背面相对黏合起来，并在猪里皮这一面按压紧实，然后晾干。

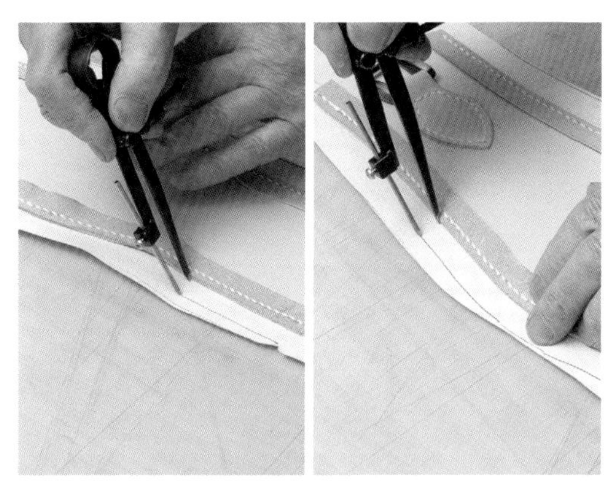

45 为了留下能盖住绲边的猪里皮，需要在沿外层边皮 1.2 cm 处画出基准线。

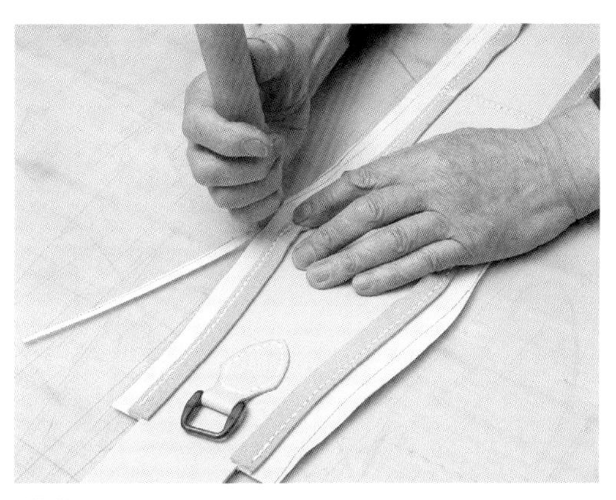

46 沿基准线用裁皮刀裁去多余的猪里皮，同时裁掉两端超出折边的部分。

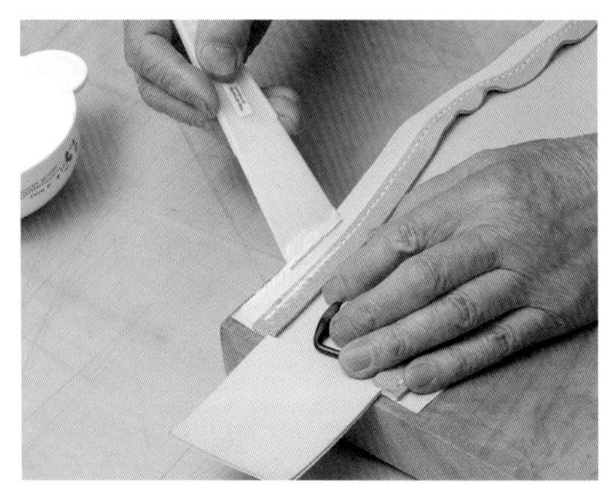

47 黏合内层边皮和绲边。先在需要黏合的部分涂抹白乳胶。

48 将内层边皮往上折，从一端开始，一段一段地盖住绲边，用手按压以使其黏合。

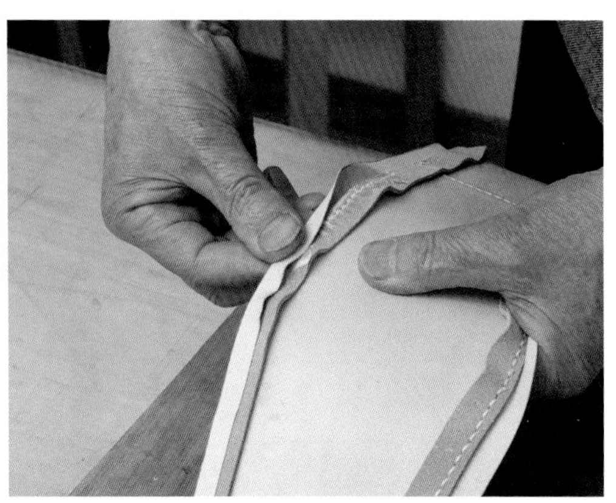

49 遇到曲线部分时，要一点点地黏合。

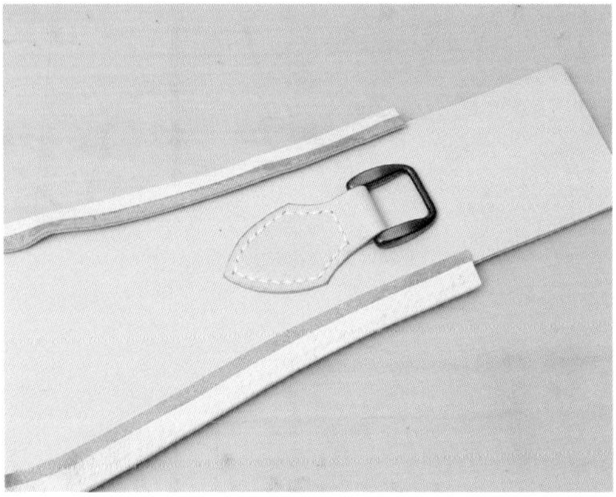

50 一侧黏完后黏合另一侧。切忌急于求成，必须一点点地黏合，确保牢固。

完成后的边皮

黏合好内层皮革后，边皮就制作完成了。与绲边缝合后，边皮就会如下图这样自然地弯曲。将弯曲的边皮与前后幅缝合即可。

6 缝合袋身和边皮

完成所有部件的制作后，终于可以开始将它们缝合了。

首先缝合前幅周围的部件——黏合前幅与绲边，打好缝孔后缝合。然后缝合后幅周围的部件——黏合袋盖与后幅，再将后幅与绲边黏合并缝合。这样就将前幅与后幅缝在一起了。虽然听上去有些复杂，但其实很简单。耐心地落实每一步，你很快就可以做好小挎包的主体了。

缝合前幅与边皮

1 黏合前幅与边皮前，将绲边弄平整。

2 用纱布打磨即将与绲边黏合的内层前幅边缘。只打磨缝孔外侧的部分即可。

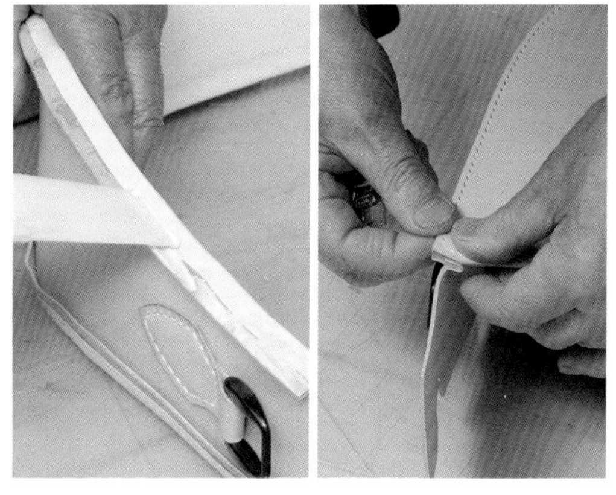

3 在内层前幅磨粗糙的边缘和绲边背面（未被内层边皮盖住的边缘）涂抹白乳胶，对齐后黏合。

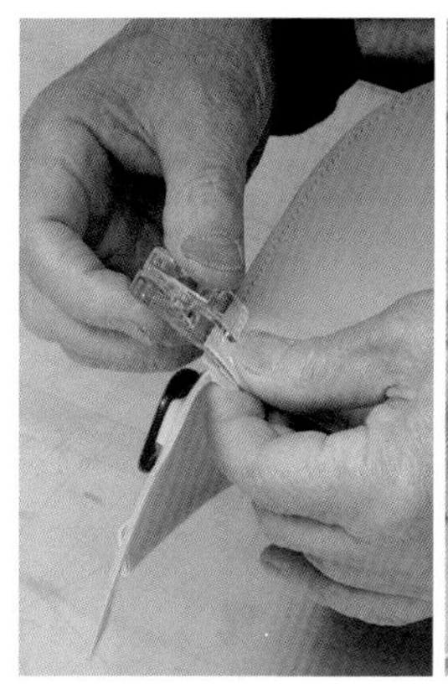

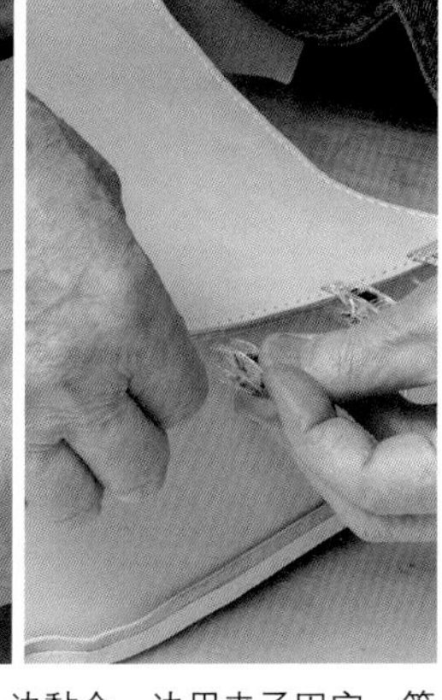

4 从袋口开始黏合。一边黏合一边用夹子固定，等白乳胶变干。

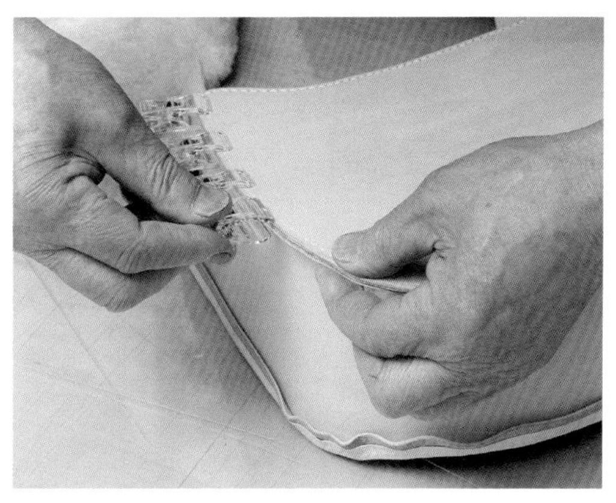

5 继续向前黏合。到达底部转角附近时，一边向外拉平绲边，一边黏合。

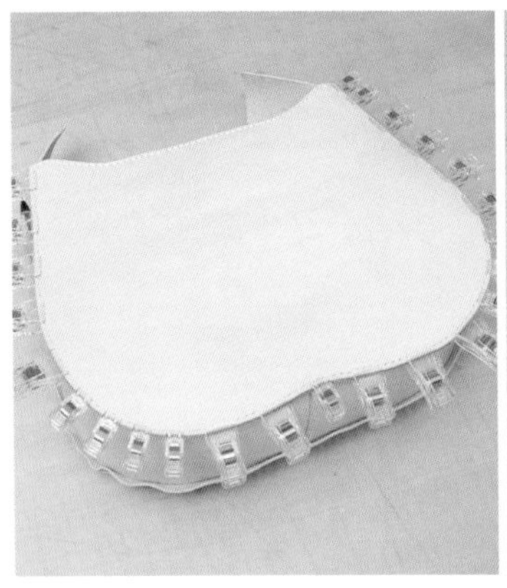
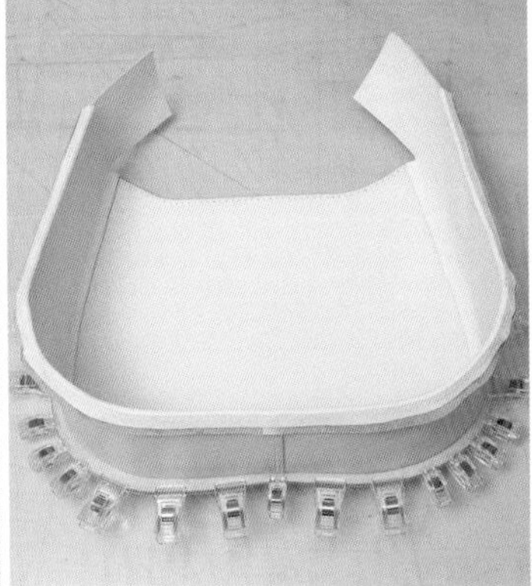

6 这是绲边与前幅全部黏合好的样子。要让袋口两端的边皮对齐，两个大弧度的转角及底部凹陷的部分也要仔细粘牢。黏合时要把绲边往外拉，并用夹子固定。因为白乳胶是水溶性的，所以没有粘好也不要着急，重新操作就行。

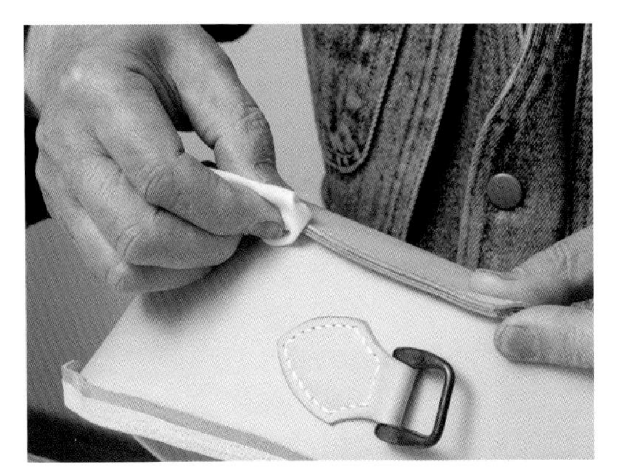

7 如果白乳胶溢出来，就将纱布蘸水后拧干，仔细地擦干净。

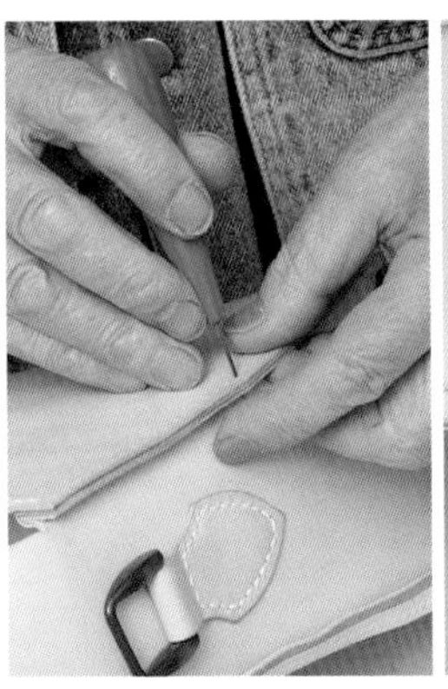

8 用菱锥依次刺穿前幅的每个缝孔，在绲边上打出缝孔。注意，不要让缝孔太靠近皮革边缘。

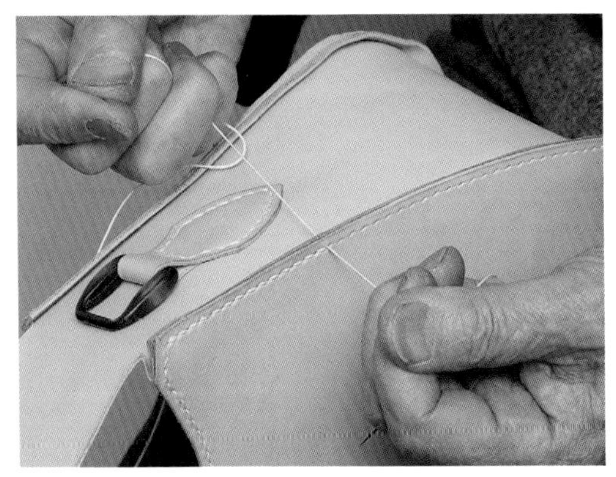

9 开始缝合。从袋口开始，先回缝两针以提高强度，之后一直平缝到固定皮带所在的位置前。

CHECK!

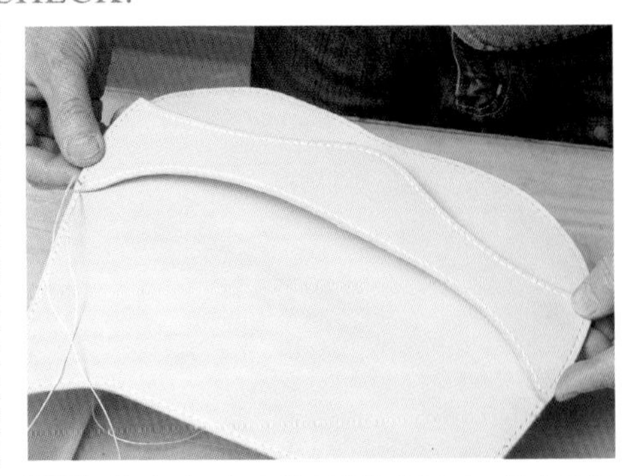

10 快缝到固定皮带所在的位置时，参考前幅纸型调整固定皮带的位置。

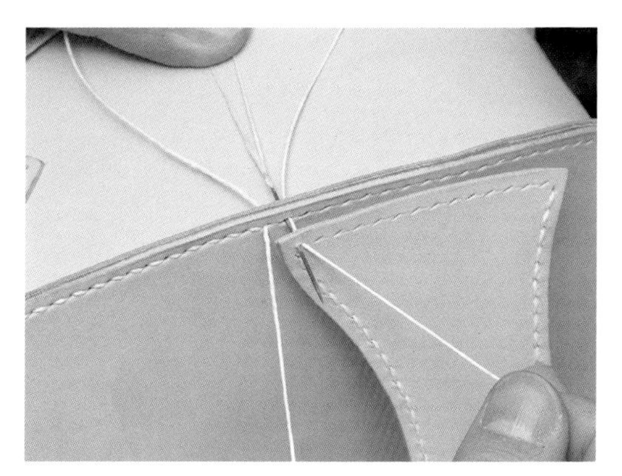

11 固定皮带的缝合方法并不复杂。确定好位置后，对齐缝孔，将针插入。

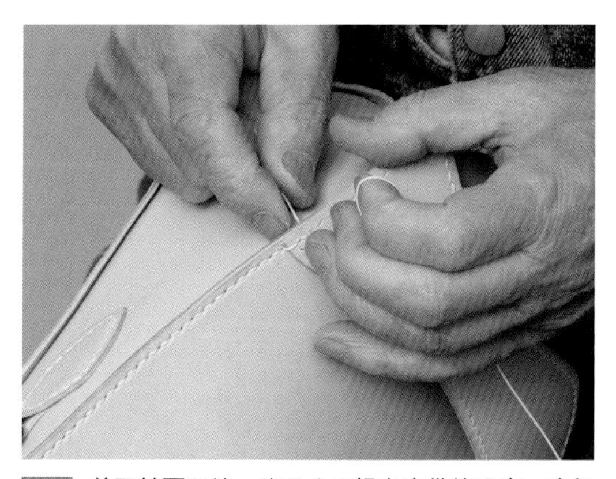

12 前两针要回缝，这是为了提高皮带的强度，确保袋盖来回开合不会导致皮带松动。皮带的中段平缝即可，最后两针也要回缝以加固。

前幅缝合好的样子

缝好固定皮带后，继续平缝，直到袋口的另一侧。虽然在缝合过程中加入了新的部件（固定皮带），但只要组边与边皮、前幅与组边的黏合和打孔环节确实都做好了，此处的缝合就没什么难度。

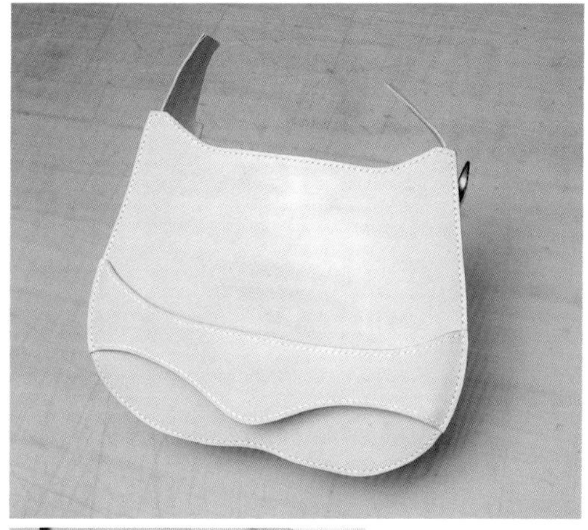

缝合后幅和袋盖

CHECK!

13 由于袋盖上的猪面皮部分（将与后幅黏合的部分）与装饰性缝线两个端点之间的皮革较厚，要事先将这个部位稍微削薄。

14 为了之后更好地黏合，将猪面皮部分的边缘（宽约 5 mm）用砂纸磨粗糙。

15 在袋盖削薄的部分和磨粗的猪面皮部分涂抹白乳胶（避开装饰性缝线）。

16 在内层后幅的缝孔外侧涂抹一整圈白乳胶（避开装饰性缝线），然后与袋盖黏合。注意，袋口那一侧的边缘不涂白乳胶。

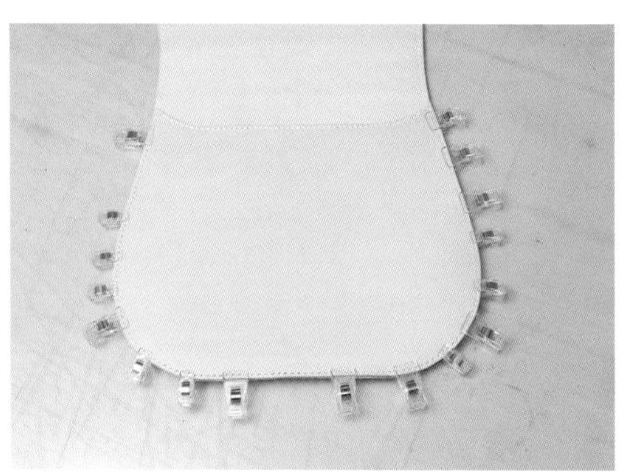

17 用夹子固定黏合好的部分，耐心地等待白乳胶完全变干。

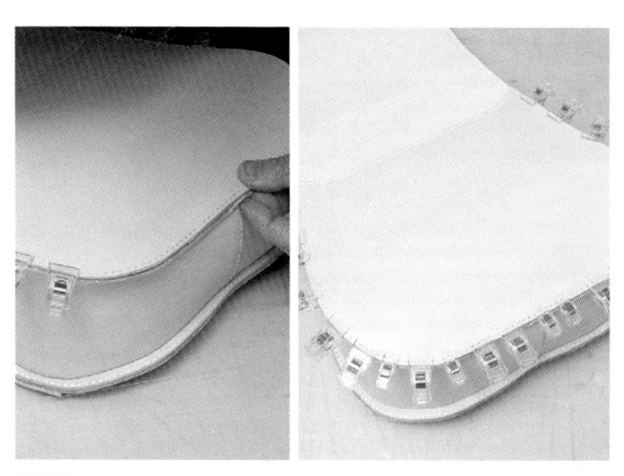

18 和黏合前幅与绲边的顺序一样，将黏合好袋盖的后幅和绲边黏合。黏合好后用夹子固定，等待白乳胶完全变干。

19 晾干后，用菱锥依次刺穿后幅的每个缝孔，在绲边上打出缝孔。因为皮革较厚，所以要多花些力气打孔。开始缝合时，先在袋口一端回缝两针，然后一直平缝到另一端。

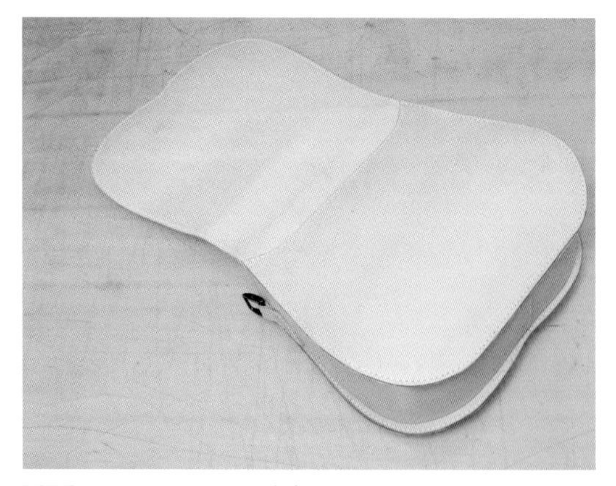

20 这是袋身与后幅缝合后的样子。虽然缝合范围较前幅大，但中途不用花功夫去缝合固定皮带，可以一口气平缝到最后。

7 润饰

缝合好前后幅与边皮，完成小挎包的主体后，接下来就是最后的润饰工作了。边缘的打磨程度决定了一件作品是否完美。这款小挎包的袋身边缘由于添加了绲边，十分厚实，经过打磨会显现木纹般富有层次的美感。现在，我们还需要制作两条皮带来连接边皮上的包环和背带。它的制作方法很简单，决定好宽度和长度后，一起来制作吧！

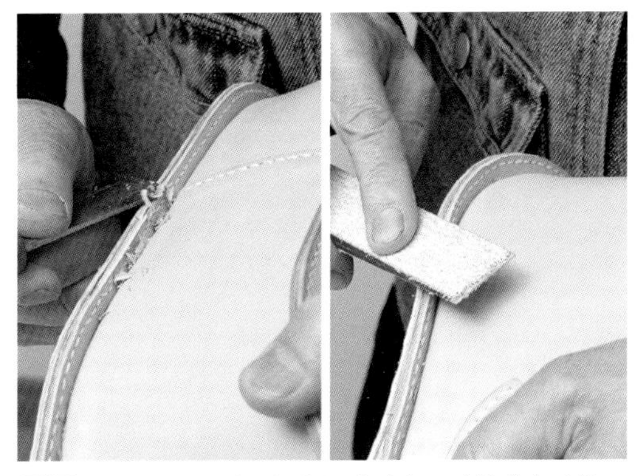

1 仔细检查由前后幅与绲边黏合而成的袋身边缘，将凹凸不平的地方用裁皮刀削掉，然后用砂布将边缘全部打磨平滑。

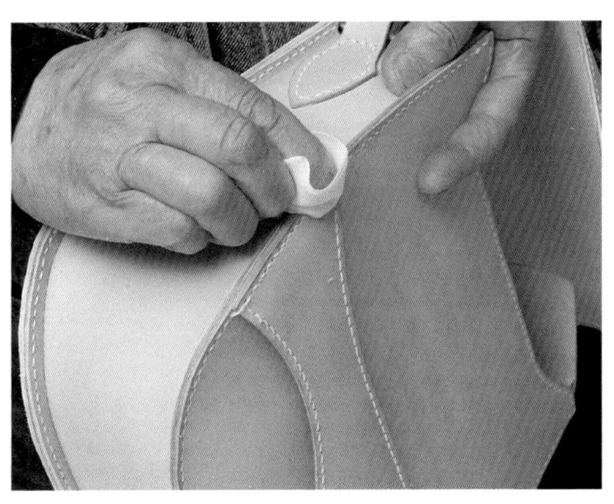

2 将床面处理剂涂抹在边缘，然后用干净纱布擦拭。可以重复此步骤，直到觉得满意。

3 边皮弯折部分的边缘棱角分明，难免会伤到使用者。可以先用裁皮刀裁去两端的尖角，再用床面处理剂与纱布反复打磨圆润。

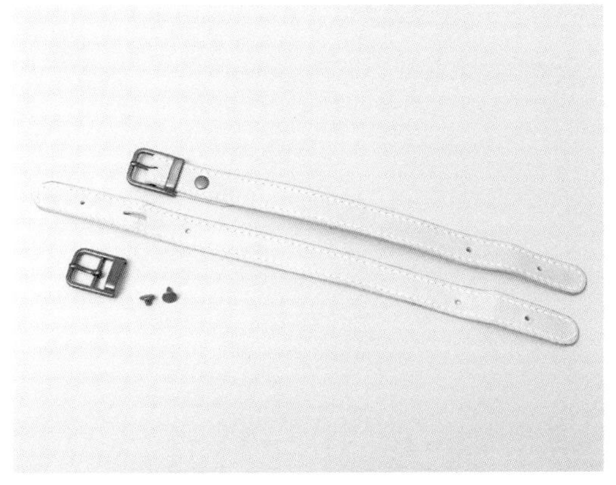

4 接下来，将图中下方的金属配件安装在皮革上，做出两条连接背带与包环的皮带。

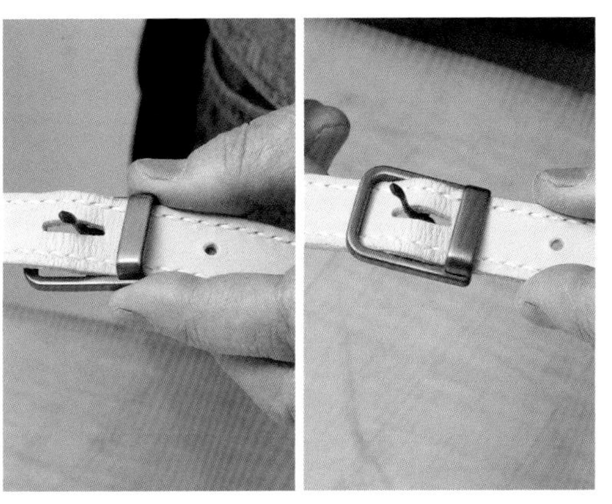

5 在皮带上安装皮带扣。皮带的宽度由皮带扣决定，长度则可根据个人喜好决定。

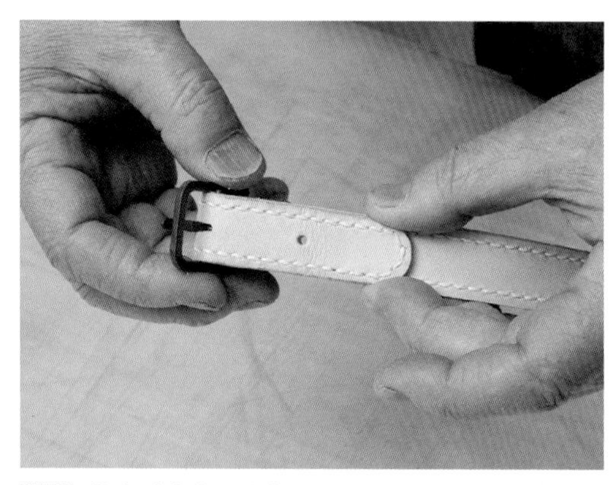

6 将穿过皮带扣的皮带往回折，然后将铆钉的冲孔对齐。

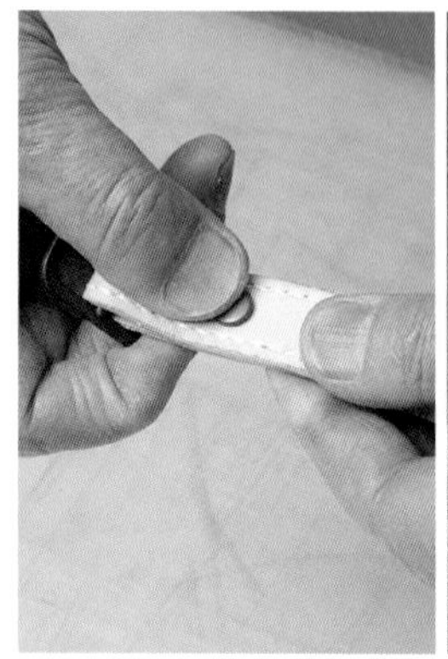

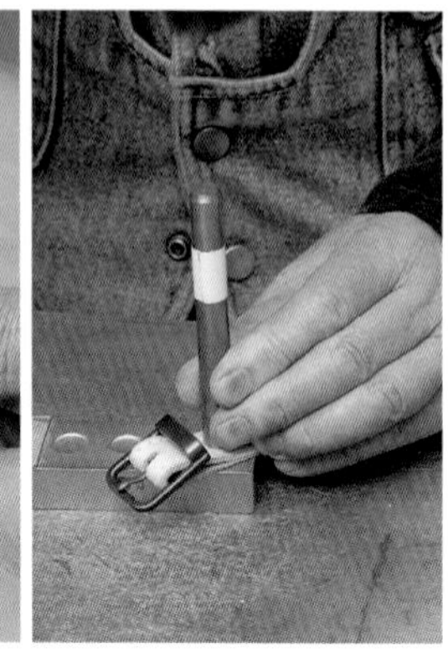

7 将铆钉穿过冲孔，放在底座上，用安装工具敲打，皮带的一端就处理好了。

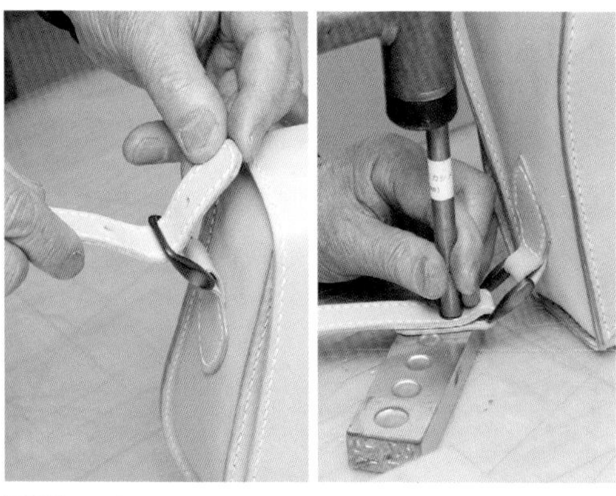

8 将皮带的另一端穿过安装在包环上的 D 形扣，往回折，然后对齐冲孔，用铆钉安装工具安装好铆钉。

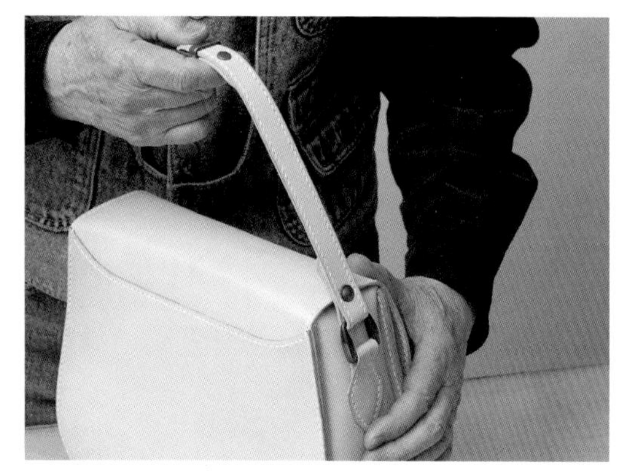

9 一条皮带就安装好了。接下来用同样的方法制作另一条皮带。

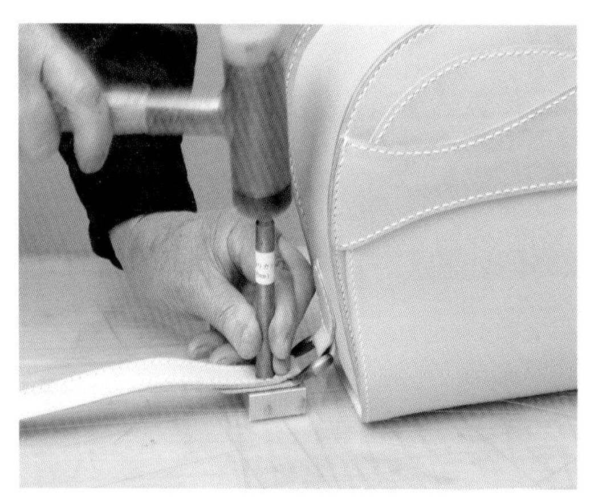

10 皮带制作好后，将其安装在袋身另一侧的包环上，并用安装工具安装铆钉。

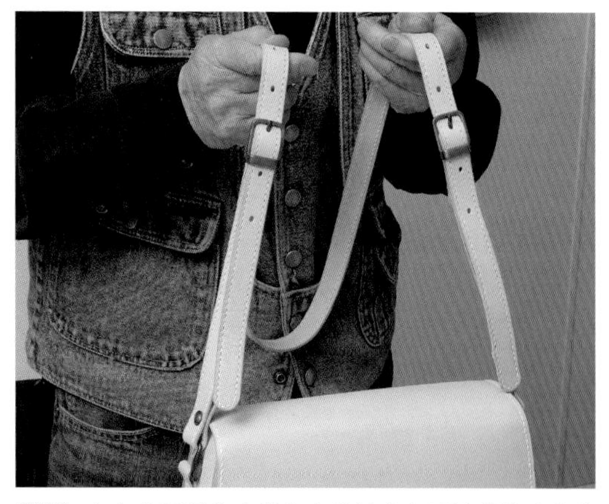

11 在左右两侧的皮带上安装长度合适的背带（宽度和皮带相同，长度根据喜好决定，并打出带孔）后，一款实用又有个性的小挎包就完成了。

SPECIAL THANKS

特别鸣谢——松原满夫

精湛的传统技艺与大胆的创新思想热情交融

负责制作本章中充满意趣的小挎包的是日本皮革工艺协会的理事松原满夫先生。他曾跟随矢泽十四一学习缝制、染色等手工技艺。现在除了以自家为工房教授皮艺，他也在以皮革种类与皮革工艺多样而闻名的日本协进的培训班担任讲师，为众多学员所仰慕。他曾说过，“比起皮包制作，我更擅长的是皮革小物和精细的皮革手工艺术”。他所言非虚。他运用传统技艺创作的作品称得上清秀灵动，这次为我们制作的小挎包也十分出色。

皮革工房皮奥爷爷
东京都荒川区东日暮里 3-5-2
电话：03-3866-3226
网址 http://www.1.tcn-catv.ne.jp/pio-g

松原满夫

松原先生是日本皮革工艺协会的现任理事。他师从于传统皮艺大家、已故的矢泽十四一，开办了制作皮革小物和手工艺品的培训班。为了将传统技艺传于后世，他目前仍然热心地指导学生，同时也投入精力进行创作活动。在裁皮刀、菱錾和磨刀石等的使用上造诣极深。

① 这是再现白川乡中合掌形古民居的作品。从边缘的石垣到地面，再到感染力十足的茅草葺的屋顶，全都是松原先生凭借巧妙的手工技艺，用皮革制作的。
② 让玻璃珠从建筑物顶端滚下，玻璃珠会在其中咕噜咕噜地滚动，中途经过旁边的塔再返回建筑物，最后滚到天鹅的背上。这类作品被称为“滚玻璃珠”，是松原先生引以为傲的作品类别之一，经常在工艺展等展会上俘获孩子们的心。
③这件弥漫着厚重氛围的作品是能够演奏《万福玛利亚》的音乐盒。从铺了红砖般的外墙到屋顶，再到铺满石子的小路，每个部件都用植物染色的手法进行染色。松原先生凭借这件作品在工艺展上获得了东京都知事奖。

公文包 初试高级皮包的制作

说到男性专用的商务用包，不得不提到公文包。只要你花些功夫，就可以做出这样的皮包来。

用绲边体现高档的感觉

与之前介绍的作品有所不同，这款皮包给人一种很高档的感觉。看它做好之后的样子，你可能会觉得它的制作难度特别高。其实，就制作难度而言，这款公文包只达到中级水平。只要学习了构建主体和处理细节等方面的知识，再加上耐心，你就算不是专业人士也可以做出来。要说其中用到了什么特殊技巧，那就是对皮革边缘进行了绲边处理——不仅需要将多层皮革背面朝外进行缝合，还需要调整各层皮革的厚度。也正因为对细节如此考究，才造就了这款气派的公文包。

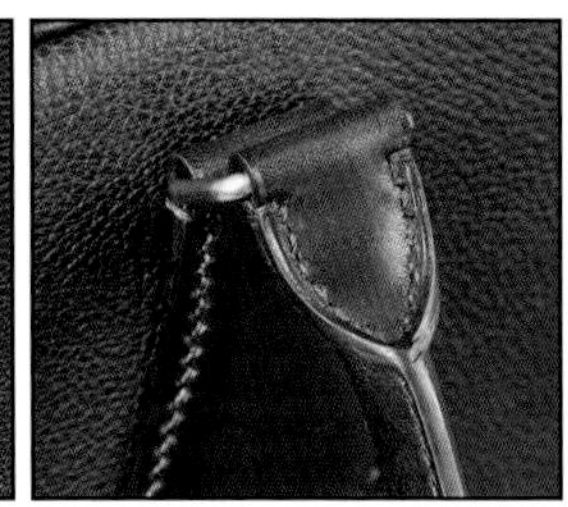

除了绲边法，在侧片中间部分缝制拉链和侧边饰皮（左上）以及将提手穿过方扣（右上）所用的也是十分实用的技法。同时，你还将复习之前学过的用猪皮做内层皮革以及制作并缝合内袋（左下）的技法。

纸型①

成品高 280 mm，宽 380 mm。本页及下页的纸型为等比例缩小的纸型，书后附有原大纸型。你可以将原大纸型复印后裁切下来，紧贴在皮革上进行裁切。这里没有绲边的纸型，其大小为宽 1.5 cm、长 118 cm。

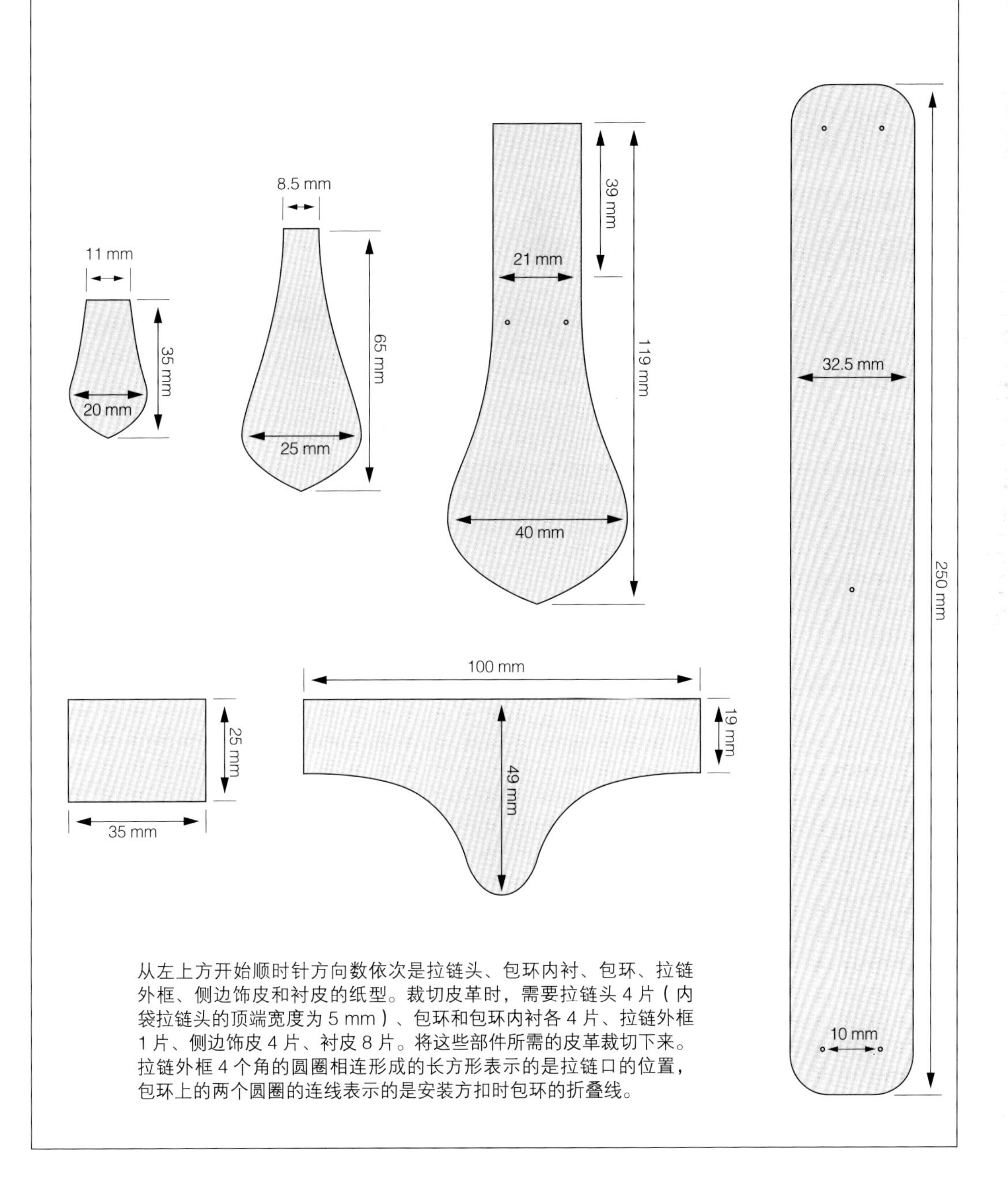

从左上方开始顺时针方向数依次是拉链头、包环内衬、包环、拉链外框、侧边饰皮和衬皮的纸型。裁切皮革时，需要拉链头 4 片（内袋拉链头的顶端宽度为 5 mm）、包环和包环内衬各 4 片、拉链外框 1 片、侧边饰皮 4 片、衬皮 8 片。将这些部件所需的皮革裁切下来。拉链外框 4 个角的圆圈相连形成的长方形表示的是拉链口的位置，包环上的两个圆圈的连线表示的是安装方扣时包环的折叠线。

纸型②

图中上方依次是边皮的底片和顶片的纸型，这两种纸型也适用于各自的内层皮革。顶片上的圆圈相连形成的长方形表示的是拉链口的位置。下方从左数依次是提手（需要 2 片）、内层内袋、外层内袋和袋身（外层皮革、内层皮革各 2 片）的纸型。

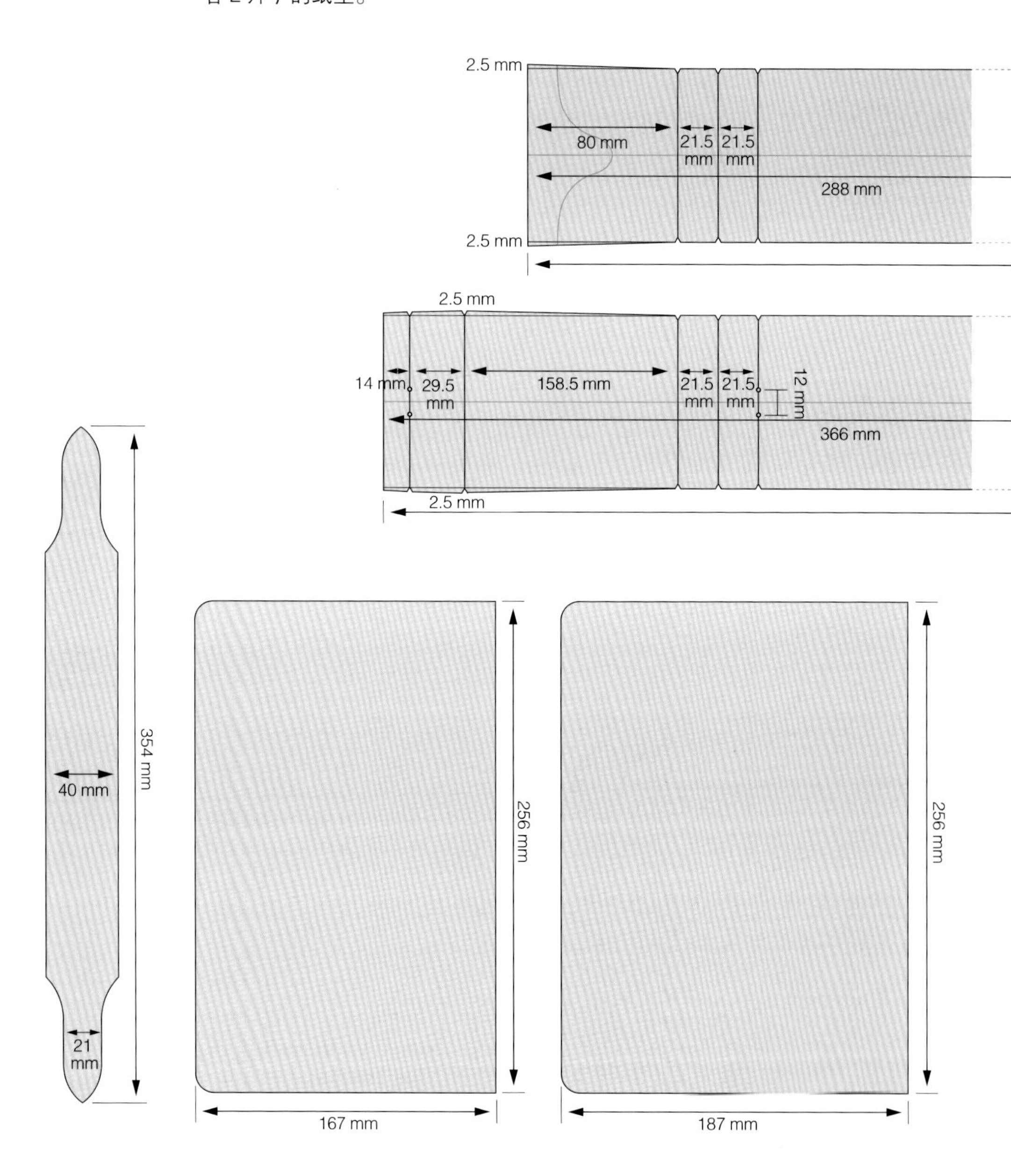

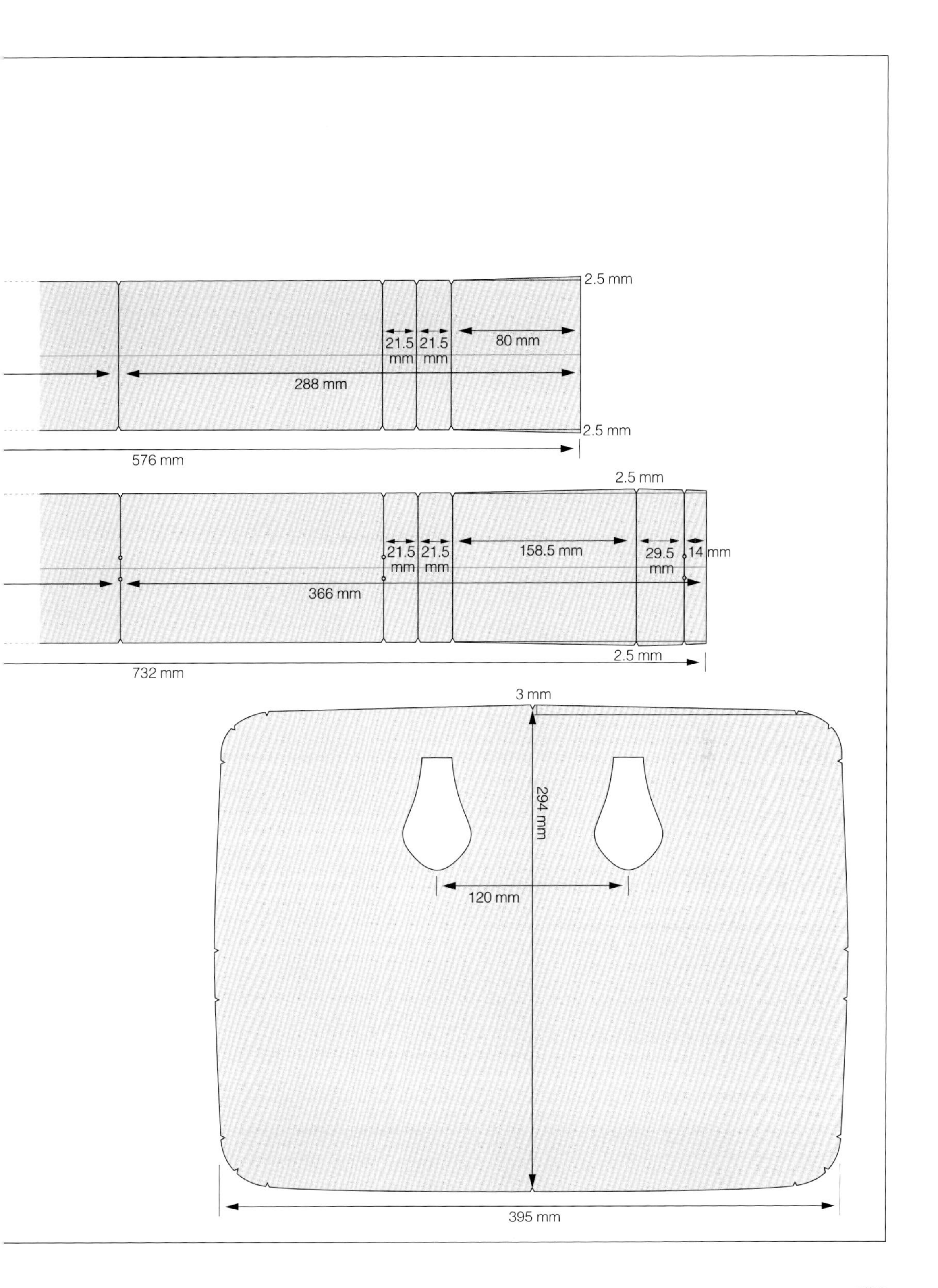
2.5 mm
21.5 mm
21.5 mm
80 mm
288 mm
2.5 mm
576 mm
2.5 mm
21.5 mm
21.5 mm
158.5 mm
29.5 mm
14 mm
366 mm
2.5 mm
732 mm
3 mm
294 mm
120 mm
395 mm

1 处理袋身和边皮纸型

本章介绍的公文包使用了绲边。也就是说，边皮与袋身不直接缝合，而是由绲边将两者连接在一起。加入绲边后，袋身的缝合线在皮包内侧，因此边皮的缝合方法与缝合线在外侧时不同，并且边皮的尺寸也要发生变化。下面就来详细说明。

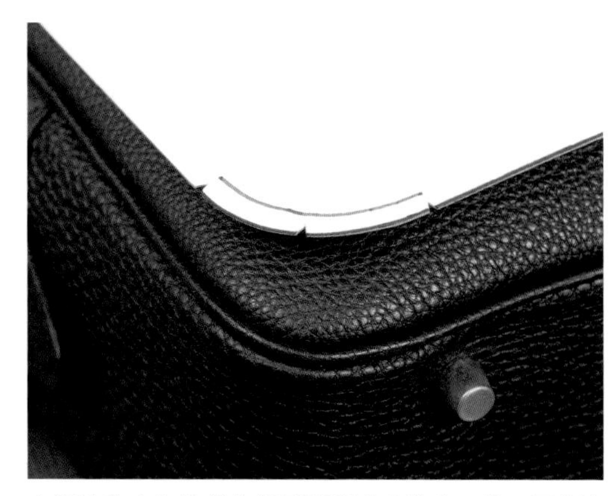

有绲边的皮包的袋身纸型需要比实物大一些，因此边皮纸型的长度也要相应做出调整。

1 在边皮纸型的一侧平行于边缘画一条直线作为基准线，标出中点。或者直接将纸型横向对折，便可以得到中点。

2 先在袋身纸型上测量出底边中点到转角的直线部分的距离，然后在刚画好的基准线上画出相应的标记。

3 绲边将缝在距袋身边缘 5 mm 处。用边线器在袋身纸型上画出宽 5 mm 的基准线（弧线部分画成蓝色）。

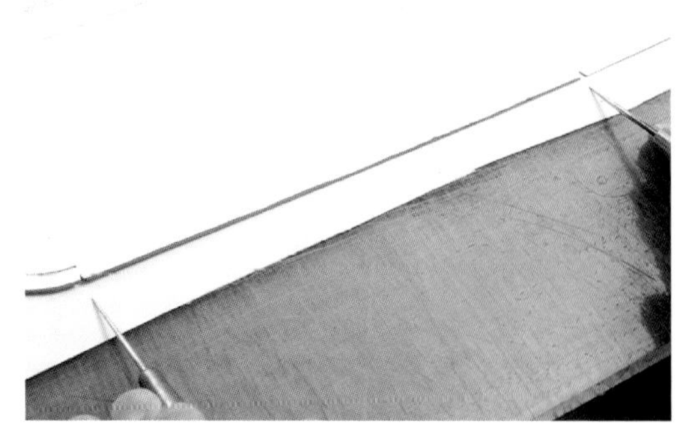

4 参照步骤 2 中做的标记，将边皮纸型上的基准线与袋身纸型底边的直线部分对齐并重合。图中两个圆锥中间的红线即为重合的部分。

CHECK!

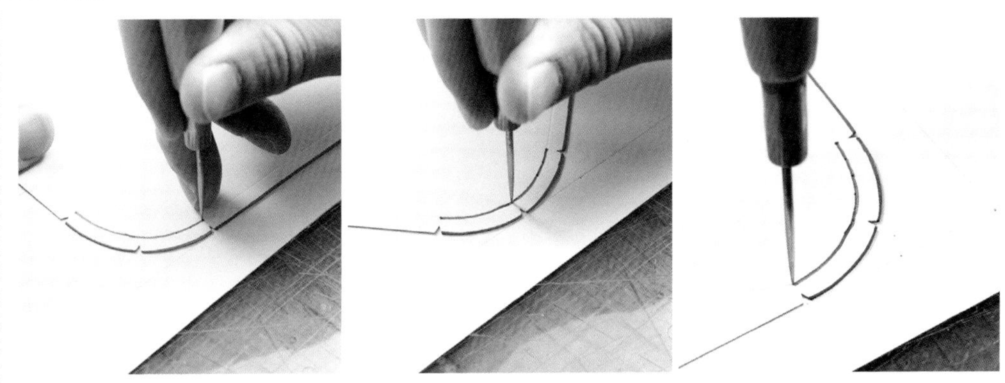

5 接下来在边皮的基准线上分段画出袋身转角部分对应的缝合位置。先用圆锥刺穿内侧弧线（蓝线）的起点，接着以此点为轴旋转袋身纸型，直到外侧弧线（红线）再次与基准线相交。将圆锥移到交点正上方的蓝线上，再以此点为轴旋转，直到外侧弧线的终点与基准线相交。

CHECK!

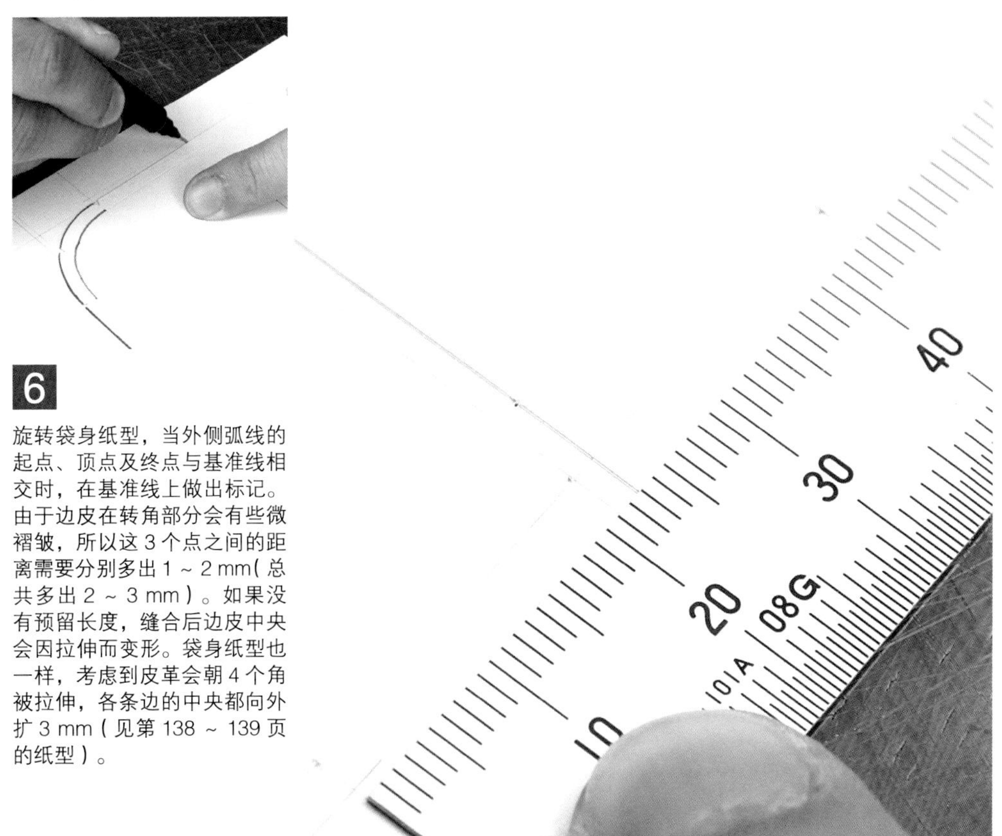

6

旋转袋身纸型，当外侧弧线的起点、顶点及终点与基准线相交时，在基准线上做出标记。由于边皮在转角部分会有些微褶皱，所以这 3 个点之间的距离需要分别多出 1 ~ 2 mm（总共多出 2 ~ 3 mm）。如果没有预留长度，缝合后边皮中央会因拉伸而变形。袋身纸型也一样，考虑到皮革会朝 4 个角被拉伸，各条边的中央都向外扩 3 mm（见第 138 ~ 139 页的纸型）。

2 基本部件的裁切

下面开始讲解具体的制作方法。首先依据纸型裁切出各部件的皮革。这款公文包的袋身和边皮使用的是用铬鞣制后经过防伸缩处理的小牛皮，提手使用的是用植物单宁酸鞣制的牛皮，内层皮革是用单宁酸鞣制的猪皮。如下所示，裁切时应根据部件的用途和所处位置来决定裁切的方向及皮革的部位。

在小牛皮上裁切出各部件的表层皮革。这是一整张牛皮，要尽量避开伤痕等有瑕疵的地方。在图中边皮另一侧的皮革上，需要再裁切一片作为后幅。

这些是需要在猪皮上裁切的部件。因为猪皮表面有很多伤痕，所以我们从背面裁切。注意，边皮（内层底片及内层顶片）要沿着纤维走向裁切。

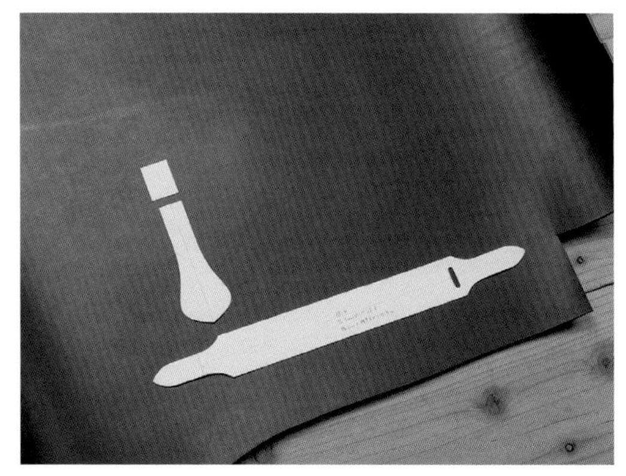

裁切提手时最好选用肩部牛皮。如果没有沿着皮革的纤维走向裁切，就要使用防拉伸胶带，这样才能避免裁出的提手歪斜。

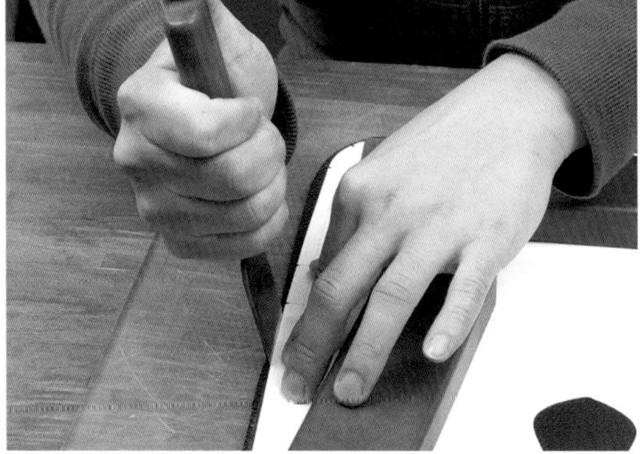

1 首先在皮革上进行粗略裁切，之后再按照纸型仔细裁切，这样能快速且正确地裁切。

2 裁切到转角时，用手指顶着裁皮刀的内侧，一边小幅移动裁皮刀，一边仔细裁切。

3 在袋身转角和边皮转角的起点、顶点和终点以及各条边的中点切出小小的 V 字形牙口。

准备好的部件

这些是即将使用的基本部件。绲边使用的是和袋身一样的皮革，比袋身的周长稍长，宽 2 cm 左右，共裁切 2 片。

❶ 提手
❷ 拉链外框（安装拉链的地方）
❸ 衬皮
❹ 侧片饰皮
❺ 包环
❻ 外层袋身
❼ 内层袋身
❽ 内袋
❾ 内层顶片
❿ 内层底片
⓫ 外层顶片
⓬ 外层底片
⓭ 绲边

3 提手的制作

首先制作公文包的提手。提手的根部穿过方扣后必须反折，再向内凹缝，可以说这是制作这款公文包最难的部分。除了美观，这样做也是为了满足实际的需要，因为提手要承担整个公文包的重量。提手如果不够坚固，就起不到应有的作用。因此，一定要按照步骤有条不紊地操作。

包环的制作

1 将袋身纸型上包环所在位置裁下来，再将袋身纸型放在外层袋身上，用圆锥画出两个包环的轮廓。之后，用直尺压住纸型和皮革，在包环折叠后前端会到达的位置画一条横线。

2 为了便于之后黏合，将袋身表面轮廓线以内（距轮廓线 1 mm）的区域用美工刀刮粗糙。

3 因为皮革较厚，不便于裁切，所以将粗略裁切的包环用削皮机削到厚 1.6 mm。

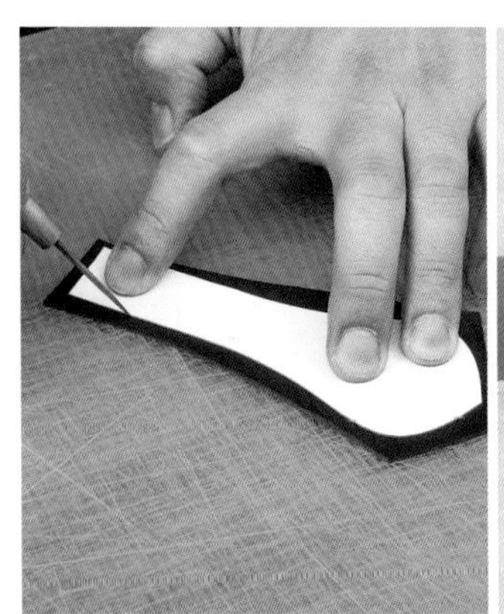

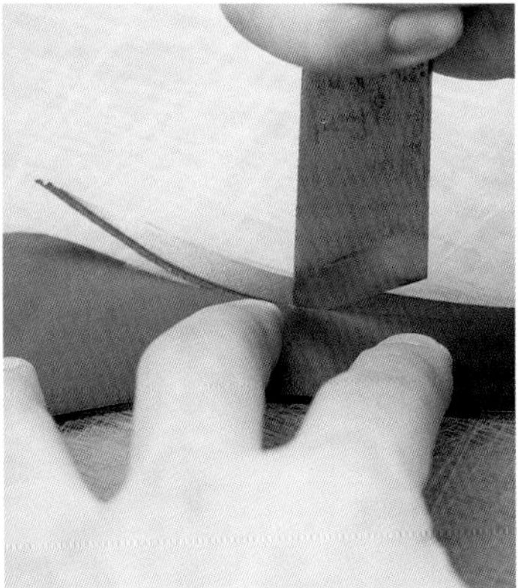

4 用圆锥在粗略裁切过的包环上沿纸型画出轮廓，再用裁皮刀裁切。向外凸的曲线按上页步骤 2 介绍的方法裁切，向内凹的曲线则用裁皮刀斜的那一面裁切，就能裁出右图中那样漂亮的线条了。

POINT

安装金属配件前，准备好和金属配件厚度相同的包环内衬。这样，包环穿过金属配件后黏合就不会有高度差了。

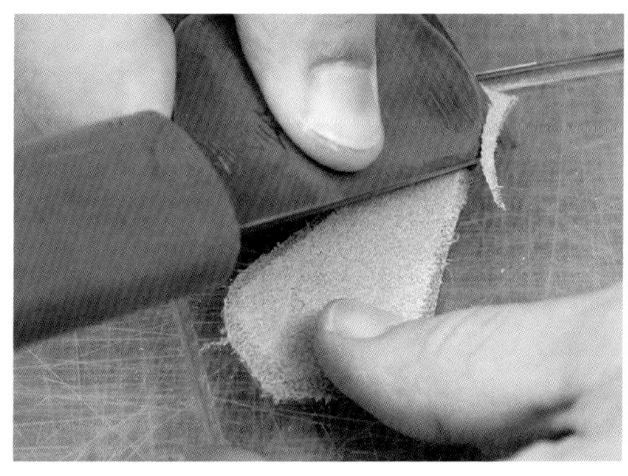

5 按照纸型裁出内衬，将边缘的棱角用裁皮刀削掉。

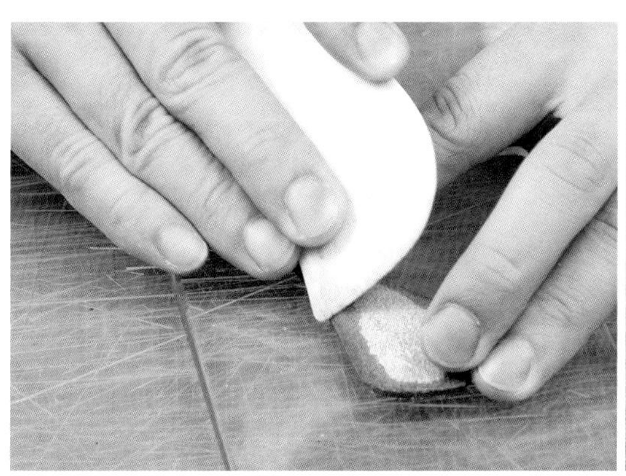

6 将边缘打磨圆润。先将边缘弄湿，然后用上胶片打磨至右图所示的程度。

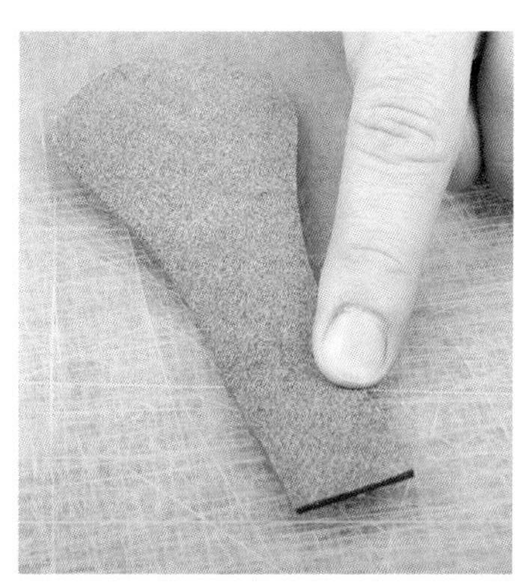

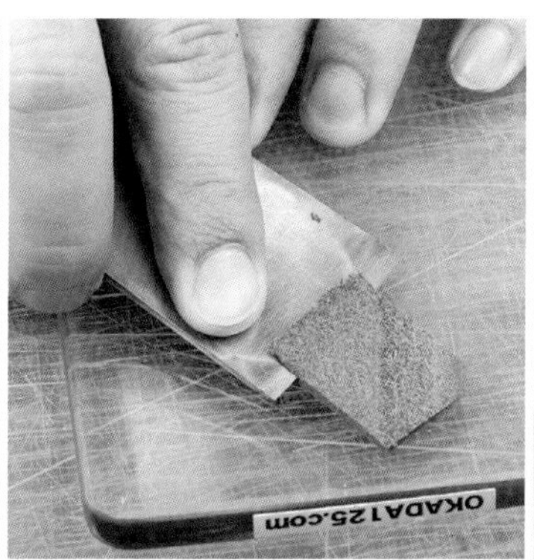

7 如果包环是单层的，强度恐怕不够，所以要折叠一部分，使其成为双层的。但是，直接折叠势必会增加厚度，而且层叠的地方会凸起。因此，要用裁皮刀将要层叠的部分削薄，而且越靠近前端的地方就要削得越薄。

CHECK!

8

虽然包环是沿着纤维走向从皮革上裁切下来的，但承受重量后还是会被拉长，所以要在背面贴上防拉伸胶带。先按照步骤 1 的做法在包环背面画出横线，再将包环前端向后折一下，最后贴上胶带。

9 胶带会拉紧皮革纤维，但依然有可能从皮革上脱落。为防止胶带脱落以及折叠后皮革的背面露出来，需要将削薄的衬皮（为避免层叠的地方凸起，尽量削薄）用白乳胶粘在胶带后面。衬皮多出来的部分裁掉即可。

10 打磨包环的毛边。首先用 400 号的砂纸打磨。

11 为了使颜色一致，在砂纸打磨过的边缘用染色剂涂上与表面一样的颜色。

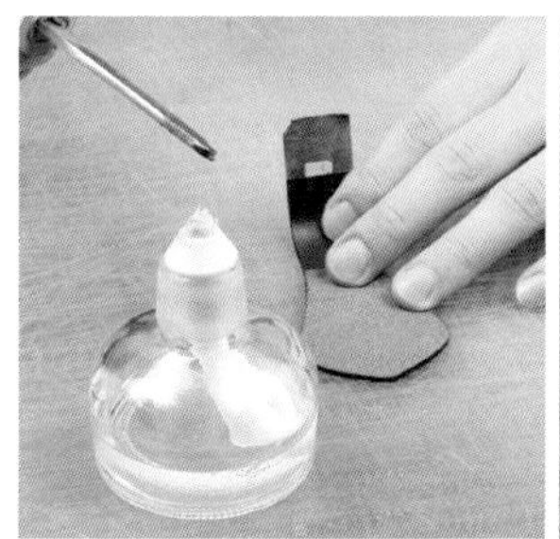

12

为了提高边缘的强度，也为了修饰边缘，用酒精灯将压边器烧热，沿包环边缘（除开要折叠的前端）按压出装饰性线条。

13 由于包环使用的是用单宁酸鞣制的皮革，用棉签蘸天然床面处理剂涂在边缘。

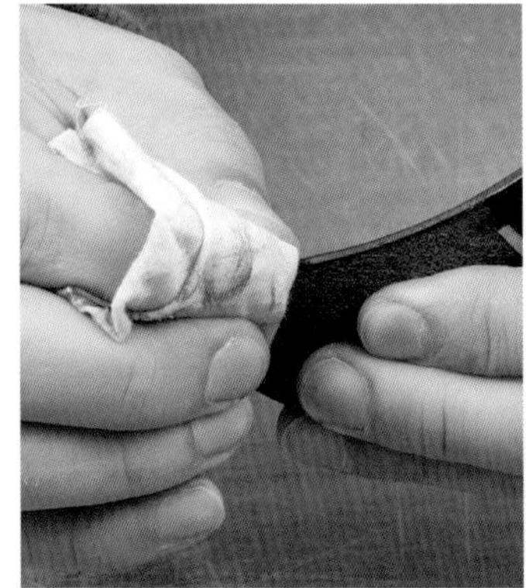

14 先用棉布或纱布打磨，再依次用 600 号和 800 号的砂纸打磨。除了画装饰性线条的工序，反复进行粗磨、染色和细磨，包环边缘就会如右图中那般光滑平整了。

POINT

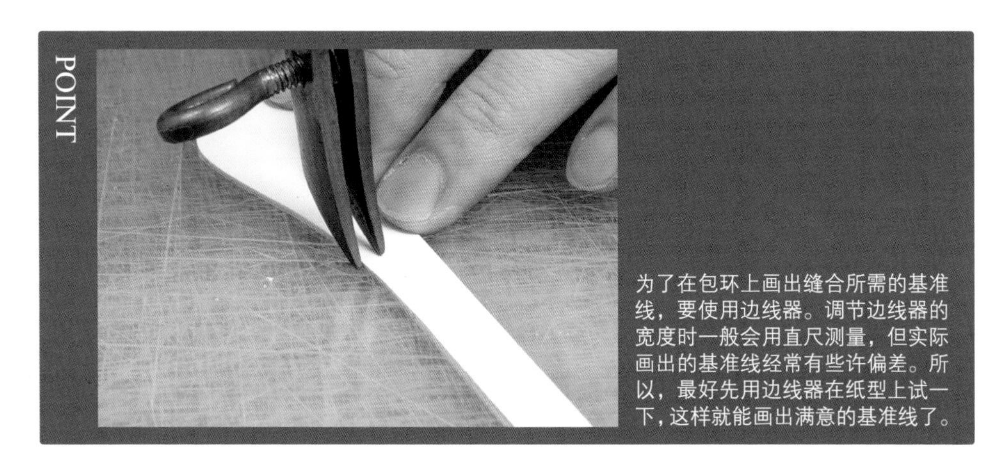

为了在包环上画出缝合所需的基准线，要使用边线器。调节边线器的宽度时一般会用直尺测量，但实际画出的基准线经常有些许偏差。所以，最好先用边线器在纸型上试一下，这样就能画出满意的基准线了。

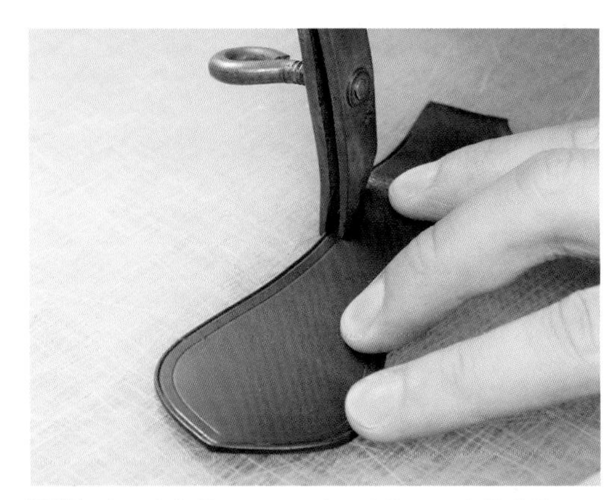

15 在距边缘约 3.5 mm 处用边线器画出基准线，要折叠的前端不用画。

16 从包环尖端开始，用两孔菱錾分别沿两边打孔。前端折叠处用圆锥打孔。

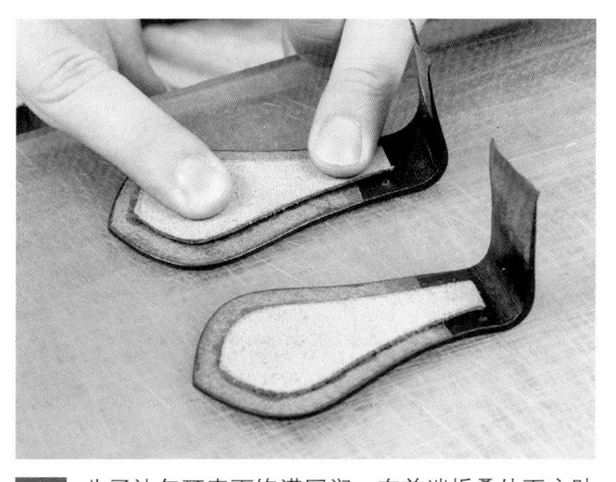

17 为了让包环表面饱满圆润，在前端折叠处下方贴上内衬。

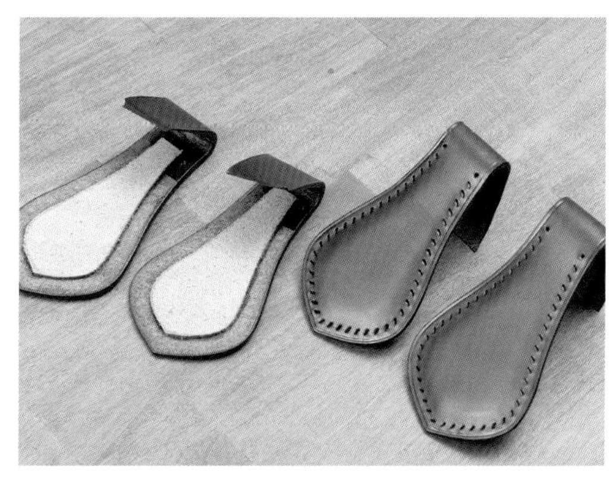

18 皮包一面需要两个包环，因此共做 4 个包环。不要在折叠线上方画基准线或者打孔，否则不美观。

提手的制作

19 将制作提手的皮革削到厚 1.6 mm。为使完成后的提手不起皱，如图所示将皮革搓软。

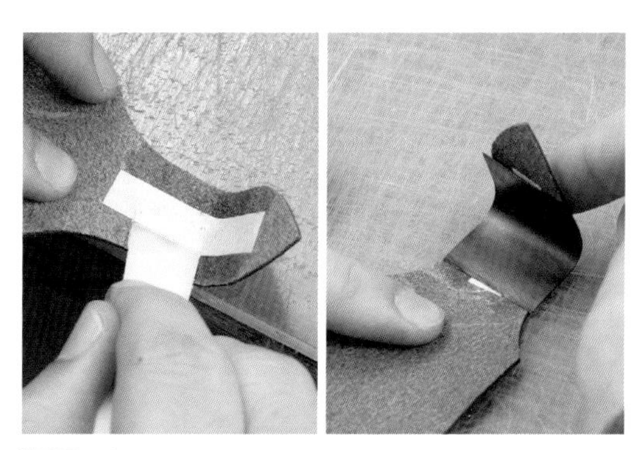

20 按照纸型准确裁切出提手。和制作包环一样，将前端折一下，在要安装方扣的地方贴上防拉伸胶带，并贴上衬皮。

21 由于涂上床面处理剂后不便于画线，先在可能外露的衬皮折叠部分和提手尖端较窄的部分用压边器按压出装饰性线条，从而提高强度和美化边缘。接下来就可以打磨毛边了。由于提手和包环一样，使用的是植鞣革，所以打磨方法也一样。

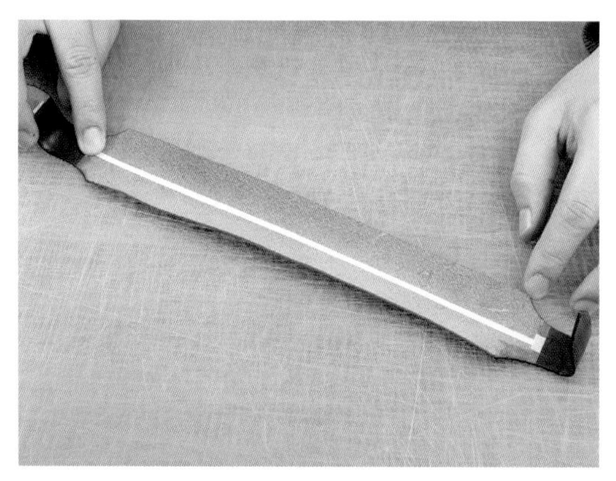

22 避开衬皮，将 3 mm 宽的防拉伸胶带贴在提手中央，并在两端贴上宽胶带以固定。

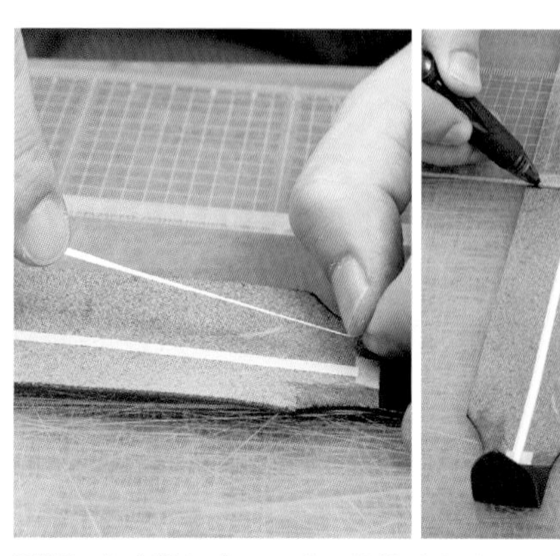

23 在胶带上贴双面胶，就算稍微贴在衬皮上也没有关系。为了明确提手的中点，在提手背面做标记。

POINT

准备填充填充物。为确保提手的强度，选择直径 7 mm 的麻绳作为填充物。

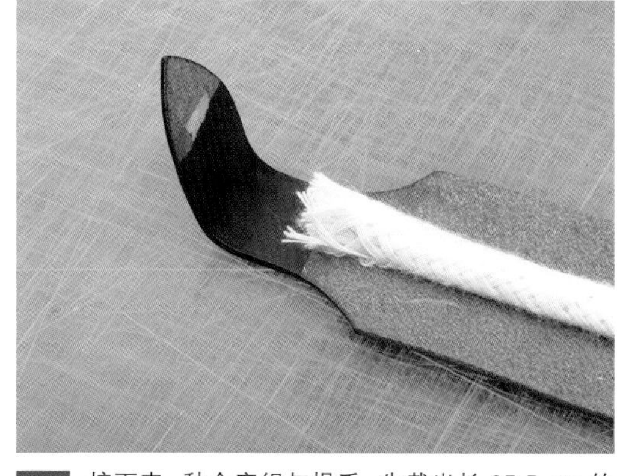

24 接下来，黏合麻绳与提手。先裁出长 25.5 cm 的麻绳，将其中点与上一步做好的标记重合并摆正麻绳。在麻绳上和周围的皮革上涂抹白乳胶。

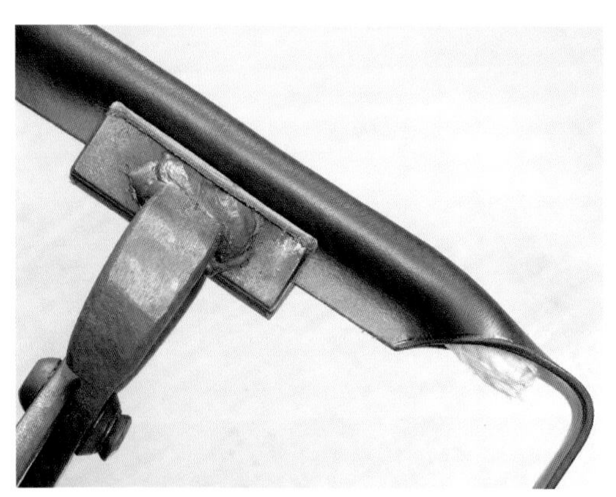

25 将皮革边缘对齐，由提手两端朝中央黏合，并用钳子压紧黏合处。

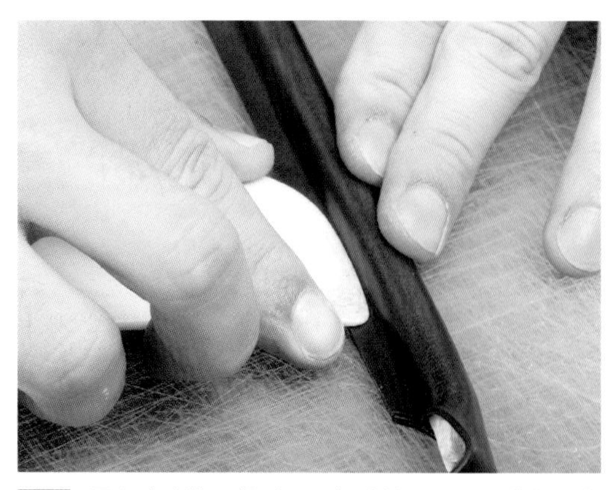

26 用上胶片按压提手上要打孔的那一面，使麻绳旁边的皮革完全黏合。

CHECK!

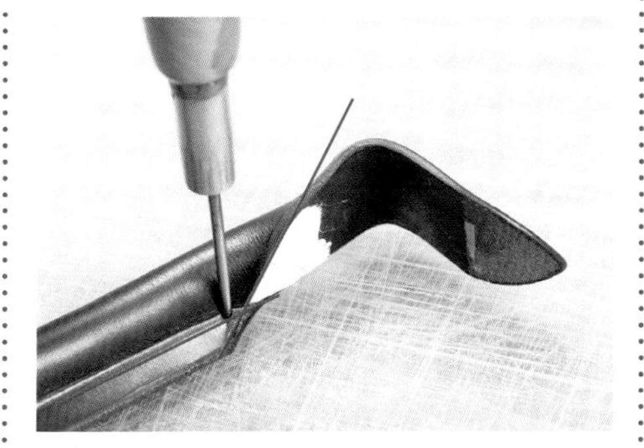

27 如图所示，在提手上要打孔的那条线与根部斜线延长线的交点上用圆锥刺出标记。

28 以这个标记为起点轻轻地打孔。缝孔和麻绳之间有一点儿距离即可。

29 用打过蜡的麻线缝合。因为缝孔打得较浅，缝合前要用菱锥一个一个地将缝孔刺穿。

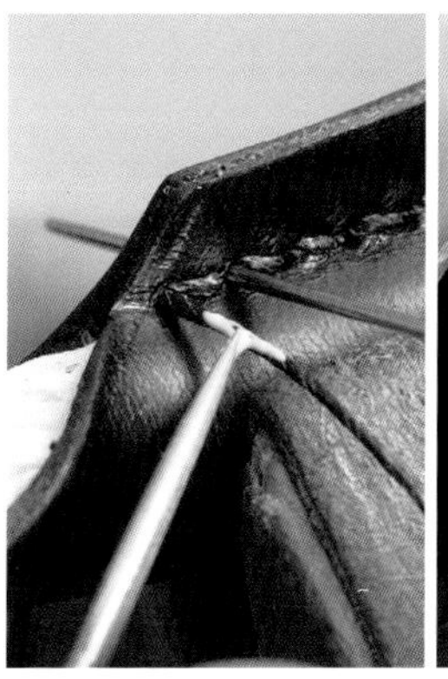

30 缝到尾端时回缝3针，回缝前要在线上涂白乳胶。最后将线穿到没有打孔的那一面剪断。

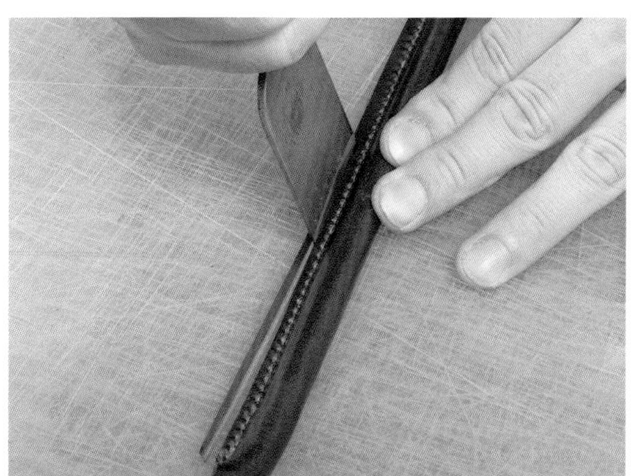

31 在距缝合线 2 mm 处裁去多余的皮革。裁切线一般距离缝合线 3.5 mm，但这个距离对提手来说太大了，使用者手握两个提手时容易因摩擦而受伤，因此这里需从 2 mm 处裁切。

32 这时提手边缘棱角分明，要用迷你刨子将两侧的棱角都削掉。

33 削掉锐利的棱角后，和处理提手的其他部分一样，打磨边缘并用边线器按压出装饰性线条。

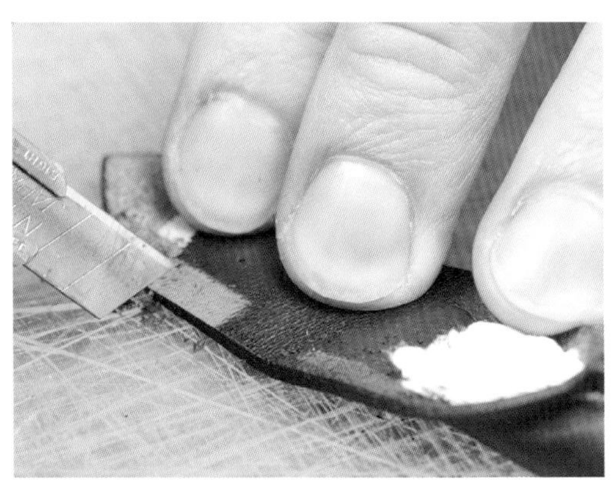

34 接下来安装方扣。为了让折叠部分粘牢，避开压边器按压过的地方，将提手前端衬皮的表面刮粗糙。

35 涂抹白乳胶后穿入方扣，将前端折叠并黏合。为避免白乳胶溢出，尽量少涂抹白乳胶。

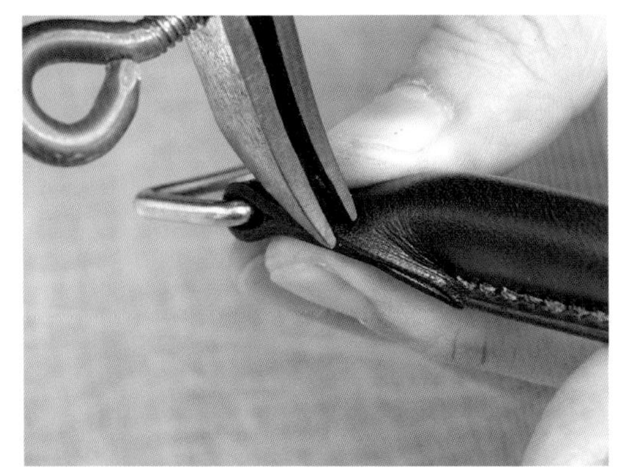

36 用边线器在刚刚黏合好的部分的反面画出基准线，注意不要损伤其他部分。

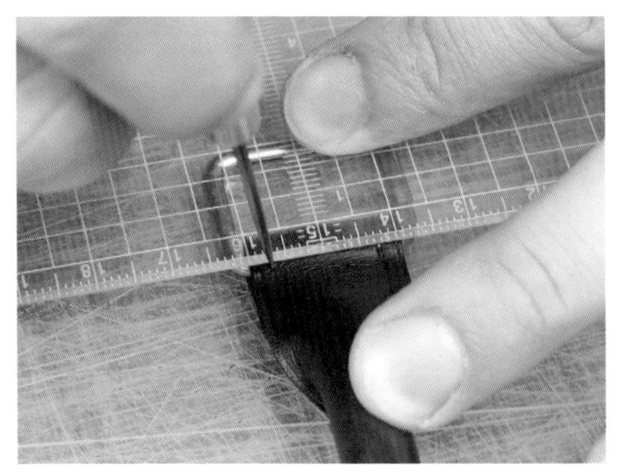

37 用圆锥在紧挨着方扣的地方左右各刺一个孔，作为缝孔的起点和终点。

38 将提手翻面，在这一面也画出基准线。要紧紧按住提手后操作。

CHECK!

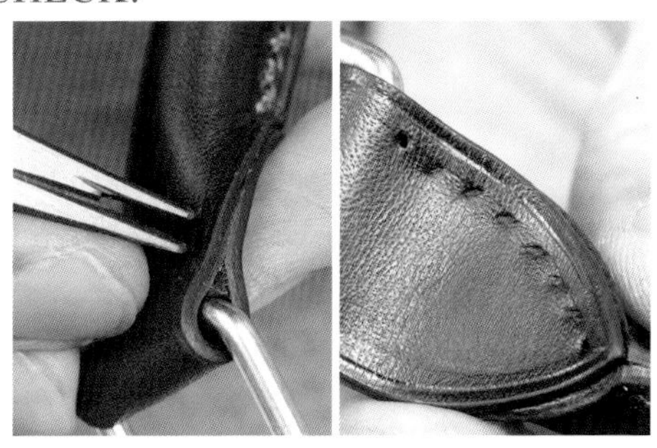

39 一般情况下我们用菱錾打孔，但由于这里皮革弯曲后内侧和外侧的缝孔数量会不一样，所以用两孔菱錾按压出痕迹即可。

40 分别从内外两侧按照痕迹用菱锥刺出缝孔，注意不要刺穿另一侧的皮革。在图中所示的位置用圆锥打孔。

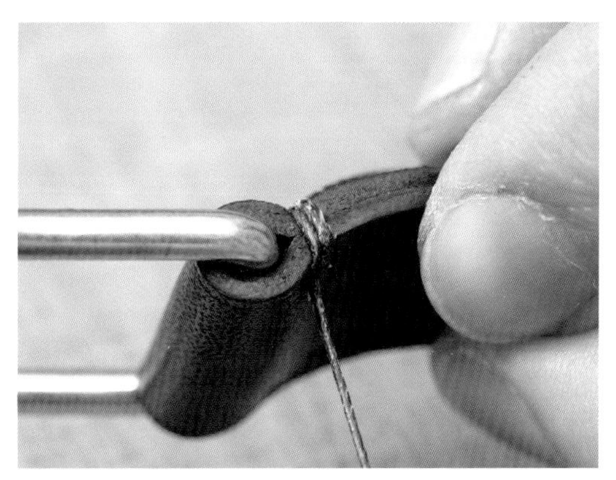

41 从方扣旁用圆锥打的缝孔开始缝合。如图所示，先用缝线绕皮革边缘两圈以固定方扣。

CHECK!

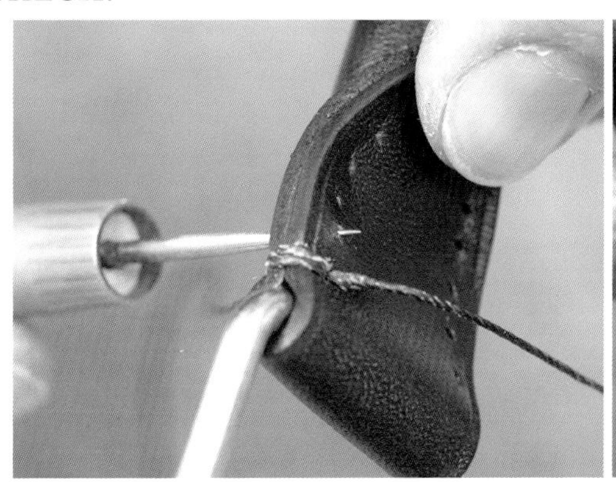

42 用细圆锥刺穿内外侧对应的缝孔以便缝合。顶点的缝孔要以右图所示的角度倾斜刺入。

CHECK!

43 缝合时便会发现内侧的缝孔比外侧的少，所以要将外侧的针横穿过提手上的第一个缝孔。

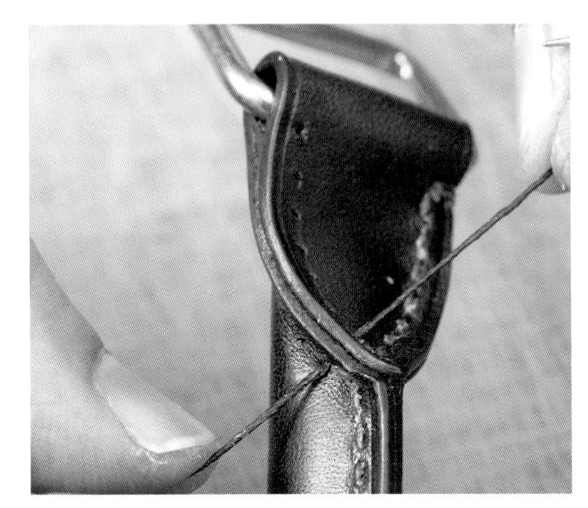

44 继续朝顶点的另一边缝合，经过顶点后两侧缝线的位置如图所示。

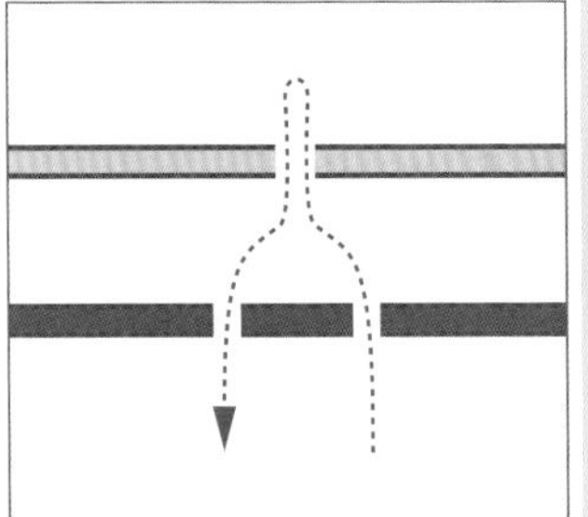

45

继续朝着方扣的方向缝合时，同样有内外侧缝孔数量不一致的问题。因此，要将外侧穿过来的线从同一个缝孔穿到外侧的前一个缝孔，这样就解决了缝孔数量不一致的问题。

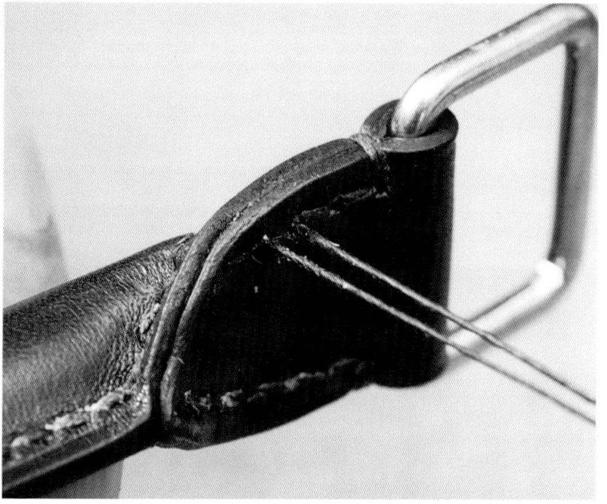

46 缝到方扣的根部时，和刚开始一样，由外侧绕着皮革缝两圈，在线上涂白乳胶后回缝 3 针，最后在提手内侧将线剪断。

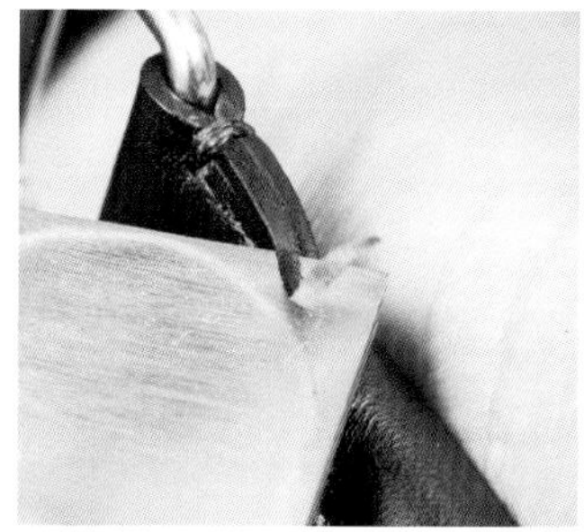

47

缝合好的边缘始终有高度差，所以要用裁皮刀削去内侧（平整的那一侧）凸起的边缘，接着打磨毛边，提手就制作完成了。

4 袋身的制作

提手制作好后，就要开始制作袋身，然后将提手安装上去。在这道工序中，虽然缝合工作很少，但每一步都左右着成品的最终效果，因此不能掉以轻心。对有绲边的皮包来说，袋身的制作中尤其需要注意的是，在将多片皮革重叠起来进行缝合之前，要考虑到每片皮革的厚度，因此在操作时务必保持清醒的头脑哦。

黏合内衬

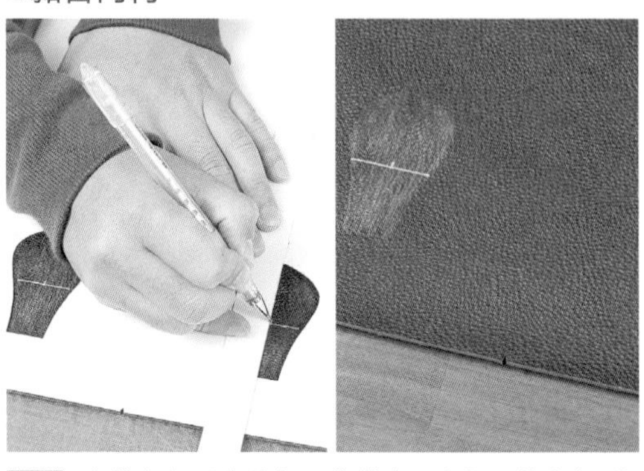

1 在袋身上要安装包环的地方画出包环的中心。包环的位置如果左右不对称，马上就会降低成品的品质。

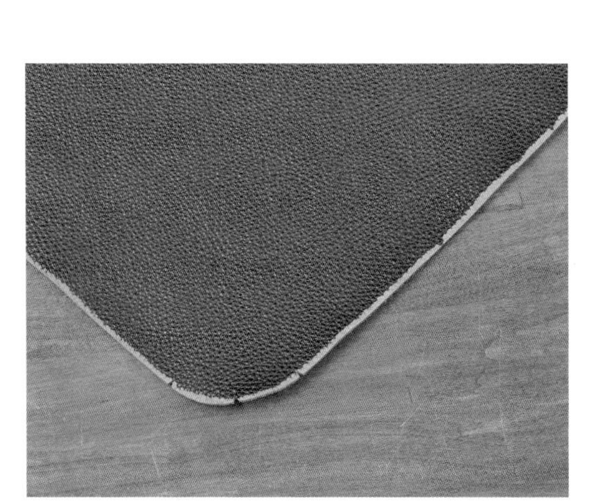

2 为了让白乳胶更容易涂上去，将袋身表面距边缘约 3 mm 的区域全都刮粗糙。

3 再将袋身背面距边缘 2 ~ 3 cm 的区域削薄。这样，缝合之后袋身比较容易翻面。

POINT

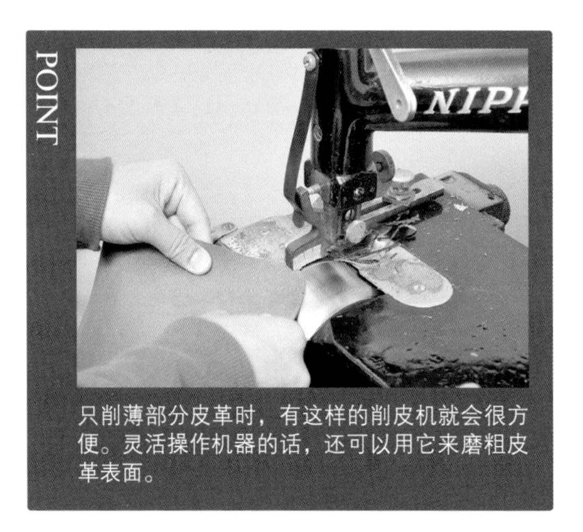

只削薄部分皮革时，有这样的削皮机就会很方便。灵活操作机器的话，还可以用它来磨粗皮革表面。

CHECK!

4 裁切袋身内衬。先按照袋身纸型裁切，再用边线器画出宽 1 cm 的裁切线，并用裁皮刀沿裁切线裁切。这里所用的是海绵内衬，它很容易拉伸，所以一面贴了防拉伸内衬。

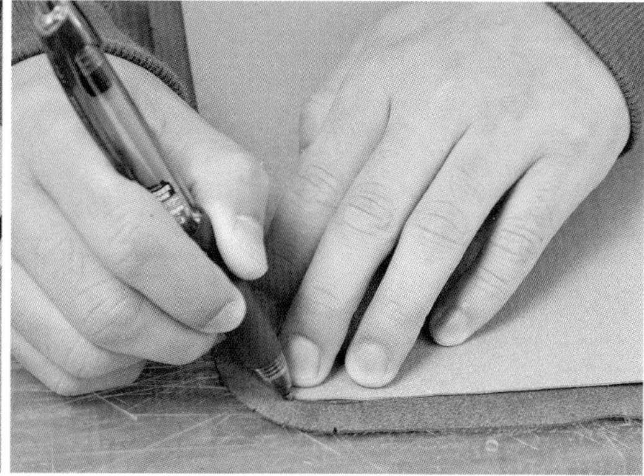

5 裁切后，将内衬放在袋身背面，确保放在正中央，然后用笔在袋身背面标出内衬 4 个转角的位置。

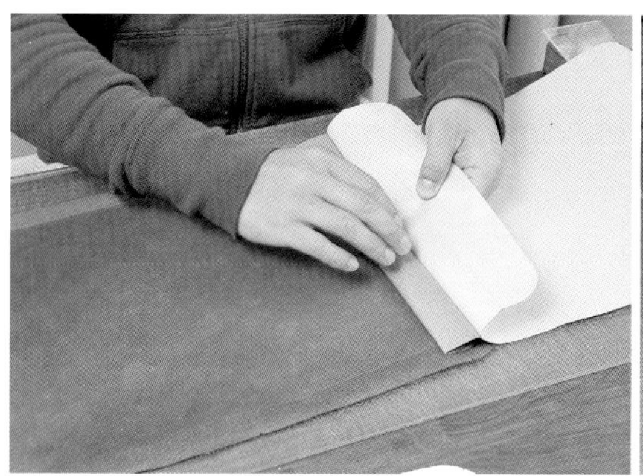

6 将贴有防拉伸内衬的一面朝向袋身背面，撕开上面的保护膜，将海绵内衬贴上去。注意，不要将保护膜一次性撕开，而是每次撕开宽约 5 cm 的，将海绵内衬贴好后再撕开 5 cm 的，如此反复操作。尽量每次都小面积地黏合。

CHECK!

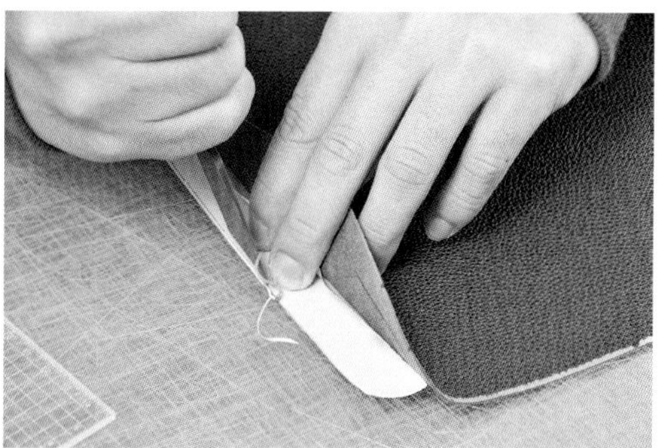

7 就算仔细地黏合，海绵内衬多少还是会拉伸一些，所以要以纸型或袋身周围做的标记为参照，在撕完保护膜之前将多余的海绵内衬裁掉。

■安装提手

8 利用袋身纸型，在海绵内衬上相应的位置描出包环的轮廓。描完后最好与实际的包环对齐比较一下，检查是否歪斜。

9 为了牢固地安装包环，在海绵内衬上包环所在的位置贴上防拉伸胶带。

10 将包环前端、折叠后不会外露的部分的表面刮粗糙，以便之后涂抹白乳胶。

11 参照纸型标记出包环的中心，这样可以保证包环黏合时不歪斜。

CHECK!

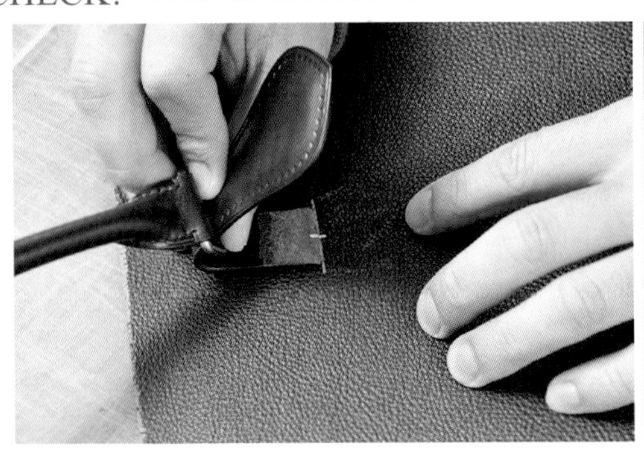

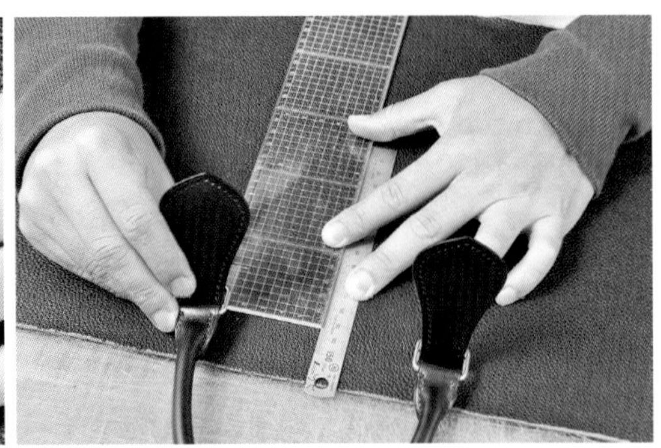

12 将白乳胶涂抹在包环折叠部分及袋身的相应位置，对齐中心并水平放置后黏合。包环应距袋身中线 6 cm，用直尺测量以检查包环是否歪斜。

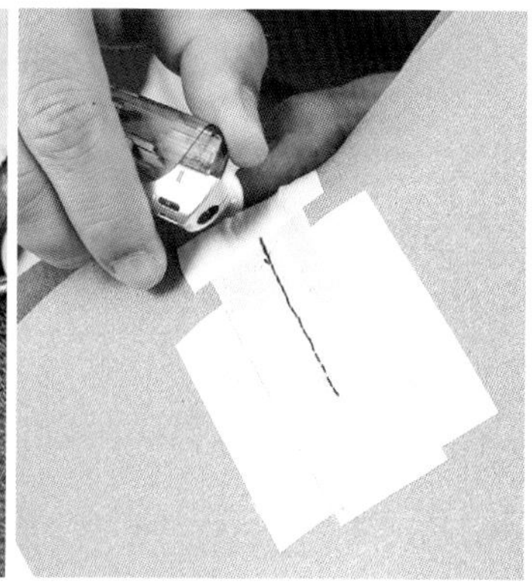

13 为了缝合包环和袋身，要沿着包环的中线在包环和袋身上打出缝孔。从包环插入袋身的那条水平线算起，在水平线上方的中线上打 9 个缝孔，在水平线下方的中线上打 6 个缝孔。然后从下向上用尼龙线缝合包环和袋身，最后回缝 3 针，将线头穿到袋身背面，用打火机烧线头以防脱线。

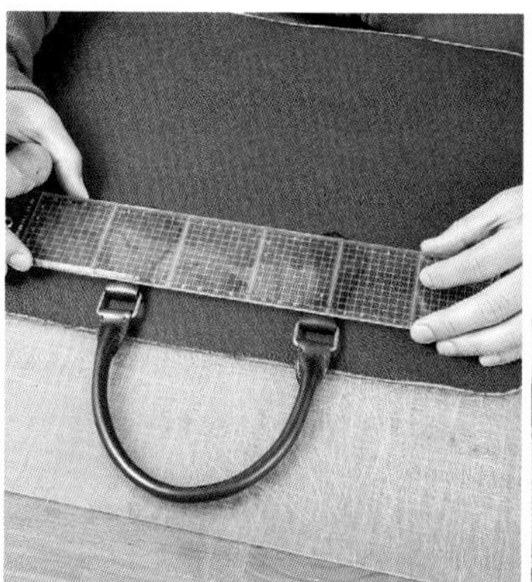

14 在包环尖端落在袋身上的位置用圆锥刺出标记。将包环粘好后，用直尺检查左右两边的方扣是否在同一水平线上，这是因为提手稍微有一点儿歪斜都会影响美观。如果没什么问题，就用圆锥刺穿方扣下方的缝孔，一直刺穿袋身，然后用麻线开始缝合。

15 缝合方扣下方包环的方法和缝合提手前端一样，先围绕皮革边缘缝两针以固定方扣。之后，一边用圆锥在袋身上刺出缝孔一边缝合。

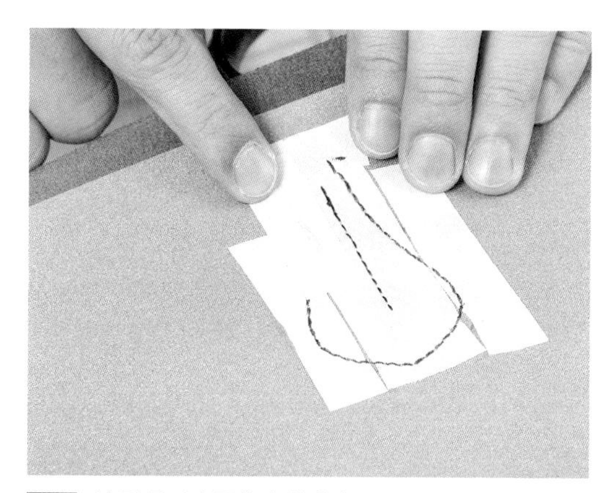

16 缝到最后也围绕皮革边缘缝两针以固定方扣，再回缝 3 针，最后涂抹白乳胶以固定线头。为加固缝线，在线头上贴一层防拉伸胶带。

安装绲边

18 将绲边全部削到厚 1 mm，然后裁成宽 15 mm。将表面边缘刮粗糙，并将一端距离边缘 1 cm 左右的部分从正面削薄一半。

17 因为缝合后用边线器画的装饰性线条会变得不明显，所以要用边线器再画一次。

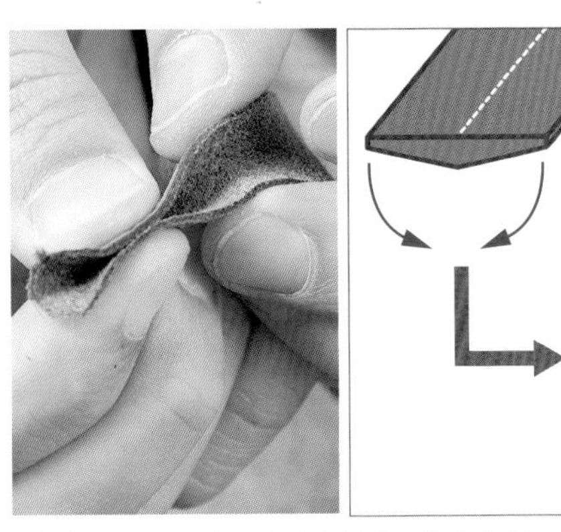

19 再将绲边背面的边缘削薄，使其横截面呈倒三角形。从刚才削薄的一端开始，将绲边纵向对折并黏合，留下尾端一小段不黏合。

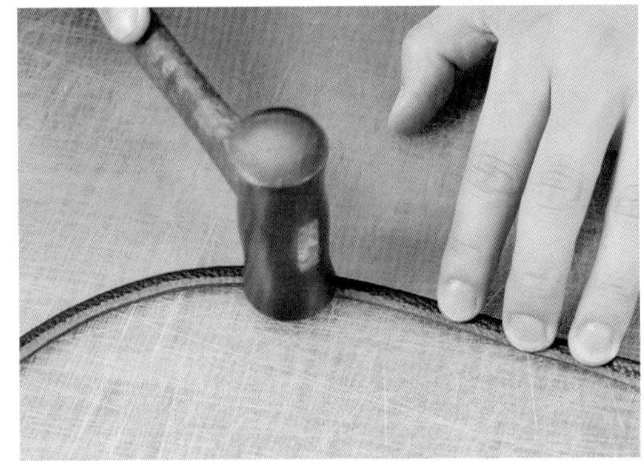

20 用锤子轻轻敲击以加固黏合处。这样一来，绲边的横截面就呈漂亮的泪滴状。

CHECK!

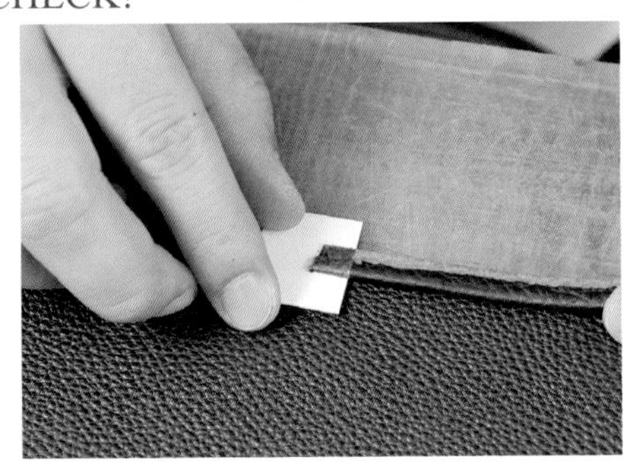

21 用白乳胶黏合绲边与袋身。将绲边的前端（削薄过的一端）对齐袋身底边的中点，并将纸片垫在下方，以免前端粘在袋身上。

22 绲边围绕袋身黏合一圈后，确保尾端与前端重合（盖住之前削薄的部分），用直尺比着将多余的皮革裁掉，然后将尾端的重合部分从背面削薄。

23 黏合绲边的尾端与前端，用尾端包裹前端。如果尾端的厚度适宜，相连部分便会如图所示十分平整，看不出高度差。

内袋的制作和安装

24 先制作拉链外框。首先打磨拉链外框的毛边。因为使用的是铬鞣革，所以用砂纸打磨后要用纱布擦拭和染色，然后反复涂抹熔化的蜜蜡并用棉布打磨。

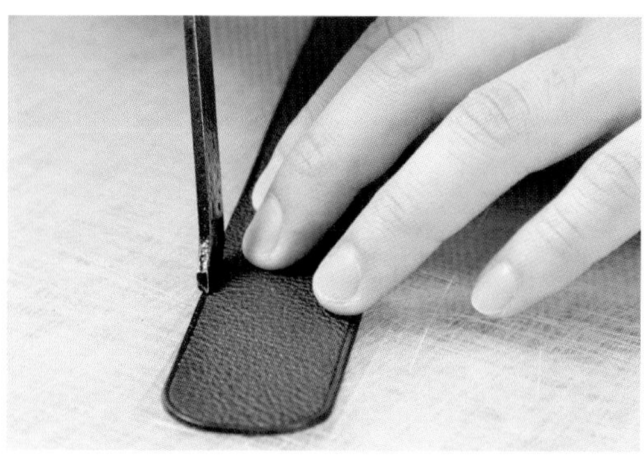

25 打磨毛边的工序一般要重复 3 次，但对经过防伸缩处理的皮革来说，最好打磨 5 次。打磨完毕后用压边器按压出装饰性线条。

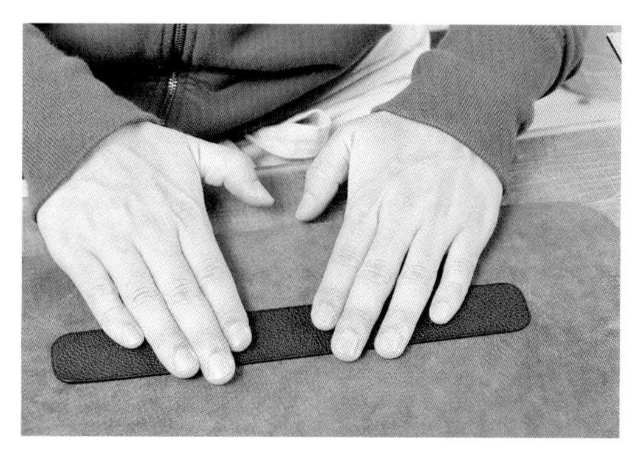

26 在内层袋身上用圆锥标记出拉链外框的位置，然后用白乳胶黏合。

CHECK!

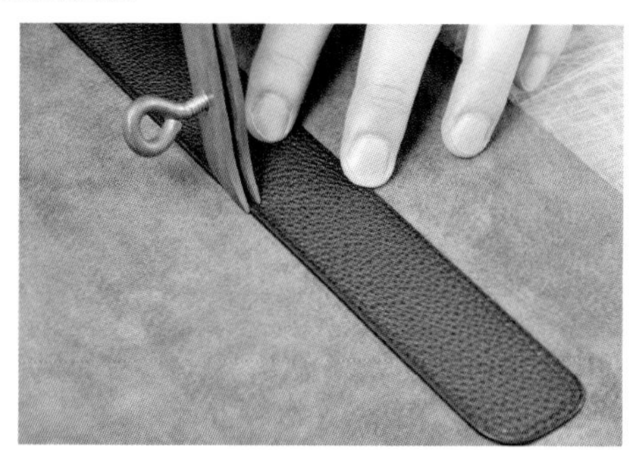

27 用边线器在拉链外框上画出基准线。由于皮革经过了防伸缩处理，为了避免基准线很快消失，要将边线器烧热后使用。

POINT

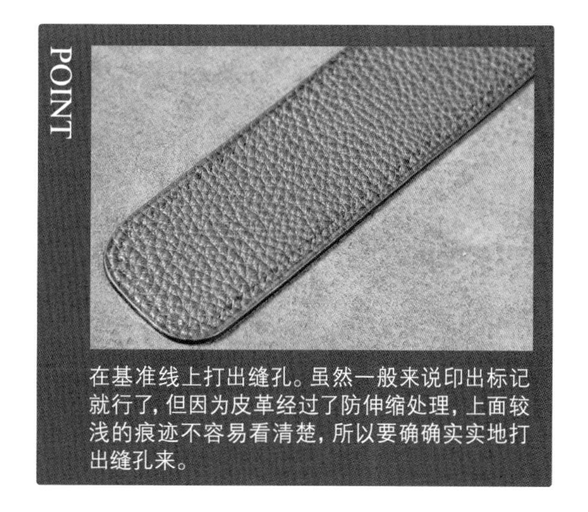

在基准线上打出缝孔。虽然一般来说印出标记就行了，但因为皮革经过了防伸缩处理，上面较浅的痕迹不容易看清楚，所以要确确实实地打出缝孔来。

CHECK!

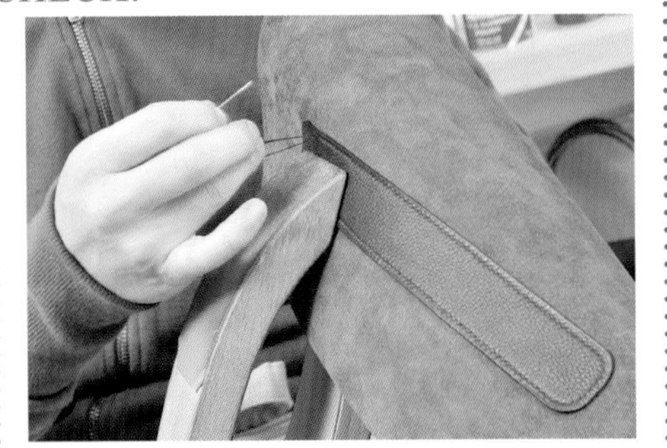

28 缝合拉链外框。因为从另一侧看不到拉链外框，所以从看得见的这一侧下针容易缝一些。

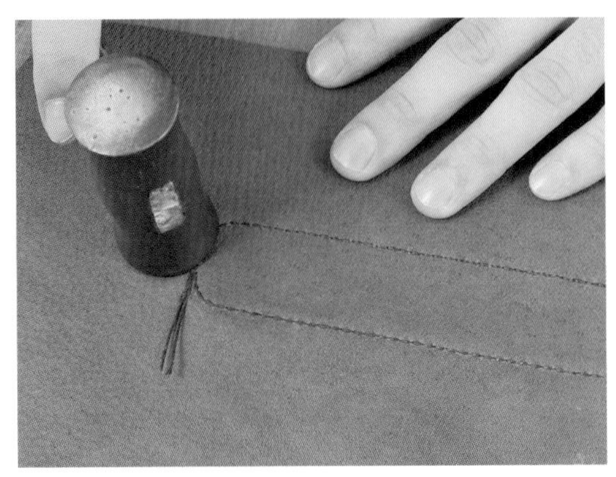

29 因为使用的是麻线，所以收尾时要用白乳胶固定线头。此外，用麻线缝的针脚会凸起，因此要将其敲平整。

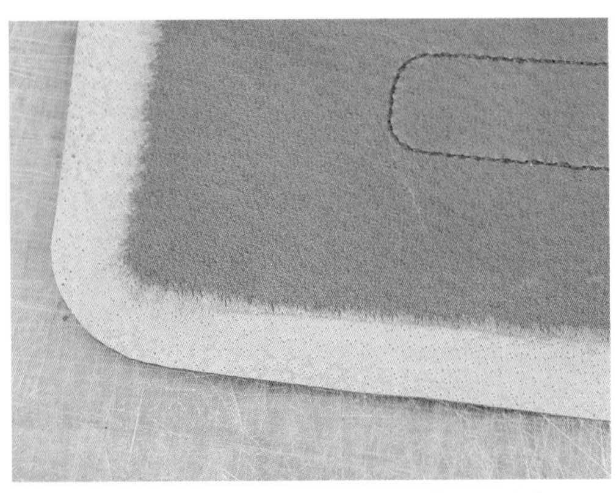

30 由于内层袋身之后也要翻折，从背面距边缘 2 cm 左右的地方斜着削薄，将边缘削至厚约 0.3 mm。

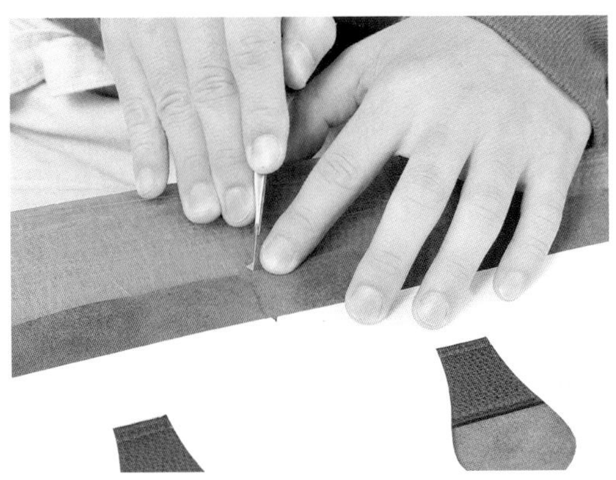

31 参照袋身纸型，在内层袋身边缘的各个中点切出 V 字形牙口。

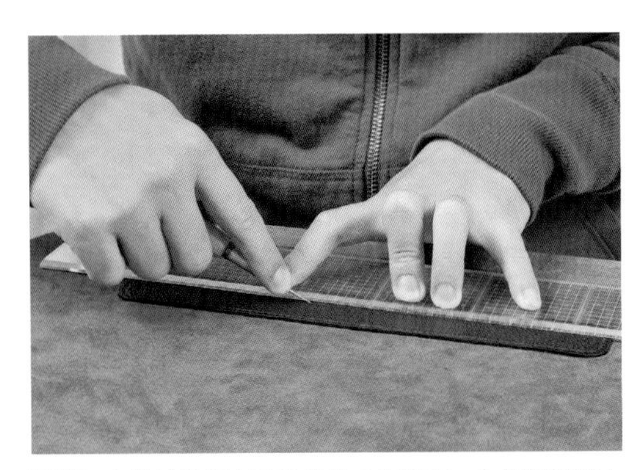

32 在拉链外框上画出拉链口的轮廓。先依照纸型上的 4 个点刺出标记，然后用直尺将它们依次连接起来。

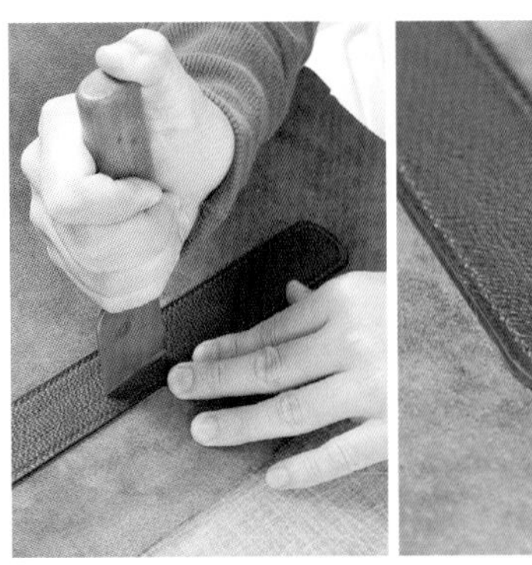

33 沿画好的轮廓线裁切。长边用裁皮刀裁切，短边用较短的平錾则更方便。注意，刀刃要穿透拉链外框，连下面的袋身皮革也一并裁下来。拉链口的宽度为 10 mm。

34 打磨一下拉链口的毛边，并用压边器按压出装饰性线条。之后用边线器画出宽 3 ~ 3.5 mm 的基准线。

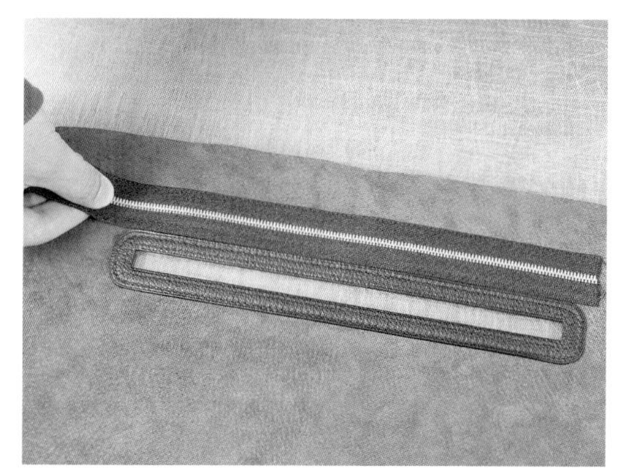

35 沿着基准线打缝孔。接着将拉链（图为金属部分宽 5 mm 的拉链）准备好，剪出比拉链外框稍长一点儿的一段。

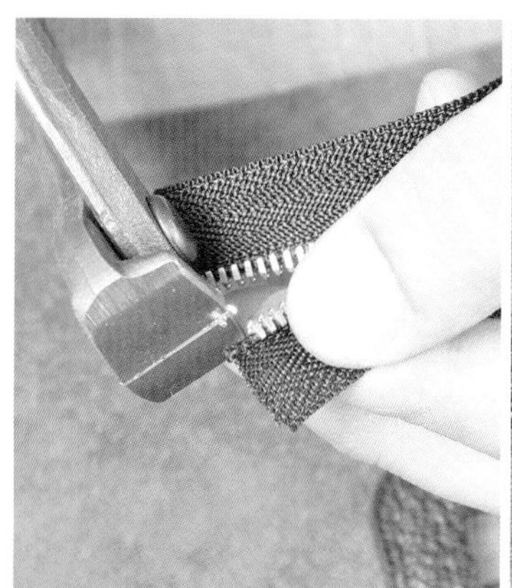

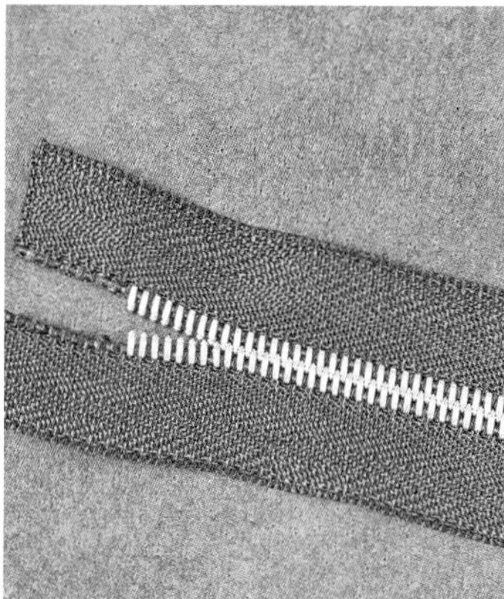

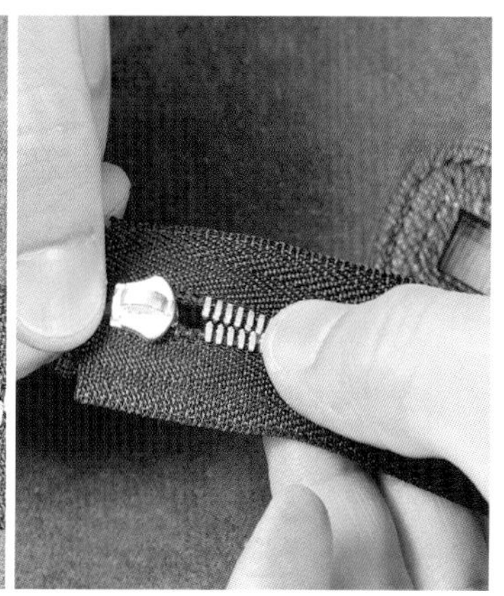

36 为安装拉头，要拆掉多余的几个链牙。要想利落地拆除链牙，钳子一定要夹到链牙根部，即咬合链带的部位。每边拆掉 6~7 个链牙即可，然后将拉头的大头朝前，穿入拉链。

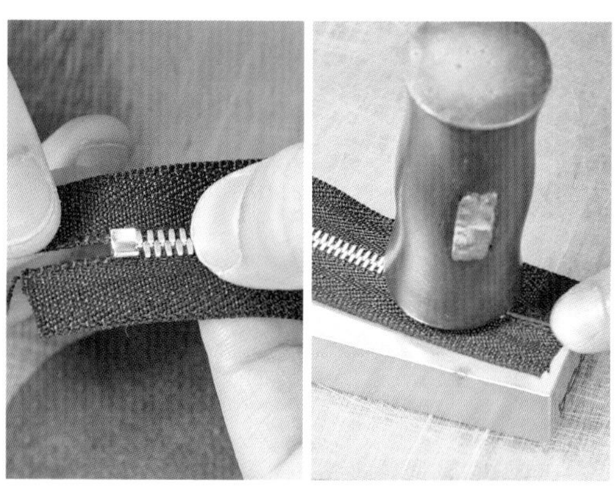

37 将拉头拉到拉链前端之后，在尾端安装下止（H 形），用锤子轻敲以使其固定。

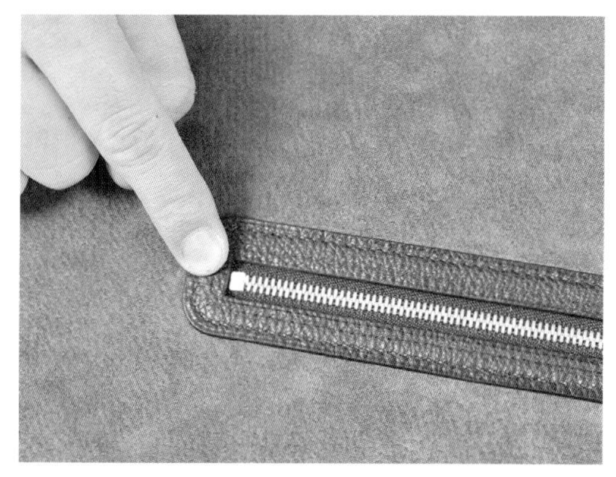

38 将拉链放在拉链口下方，让刚安装好的下止顶住拉链口的一端。

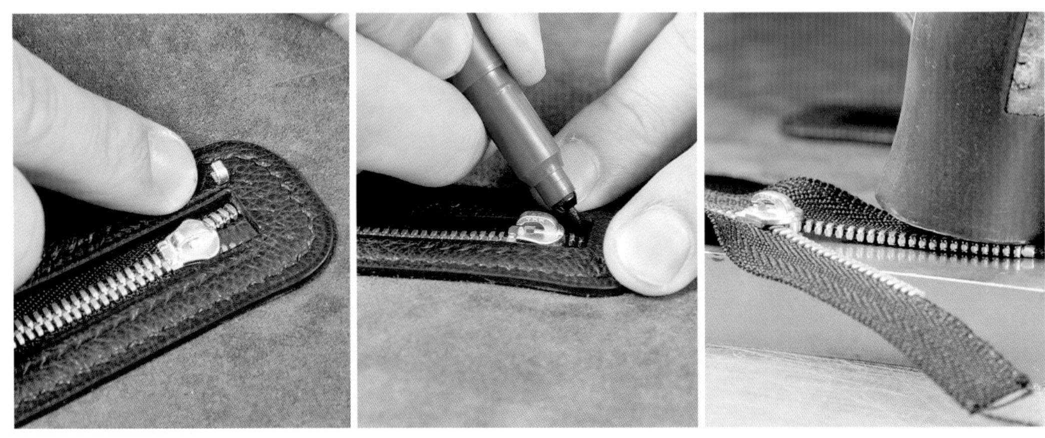

39 接着，在拉链前端安装上止（左图）以防拉过头。先在上止的安装位置（即顶住拉链口另一端的链牙上）用笔做记号（中图），然后将多余的链牙拆掉。安装上止后，用锤子轻敲以固定（右图）。

40 在下止后面留长约 1 cm 的链带，剪掉多余的链带。为防止链带散开，用打火机轻燎几下。

POINT

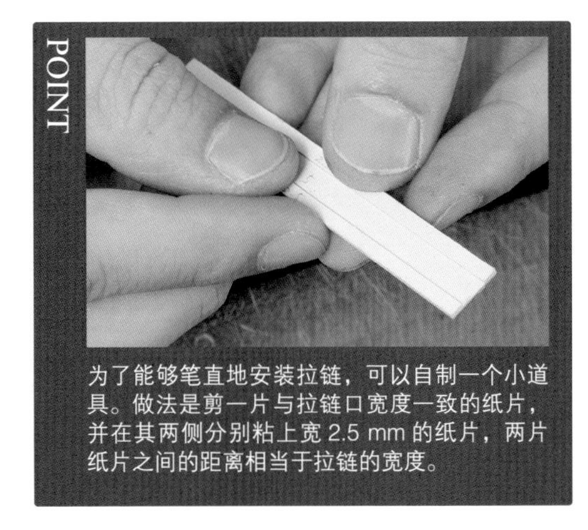

为了能够笔直地安装拉链，可以自制一个小道具。做法是剪一片与拉链口宽度一致的纸片，并在其两侧分别粘上宽 2.5 mm 的纸片，两片纸片之间的距离相当于拉链的宽度。

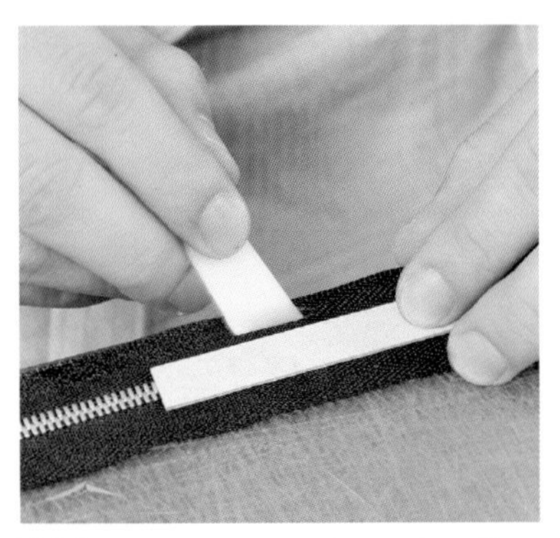

41 把这个小道具平的一面朝上放在拉链上，拉链上没遮住的地方就是可以涂抹白乳胶的地方。

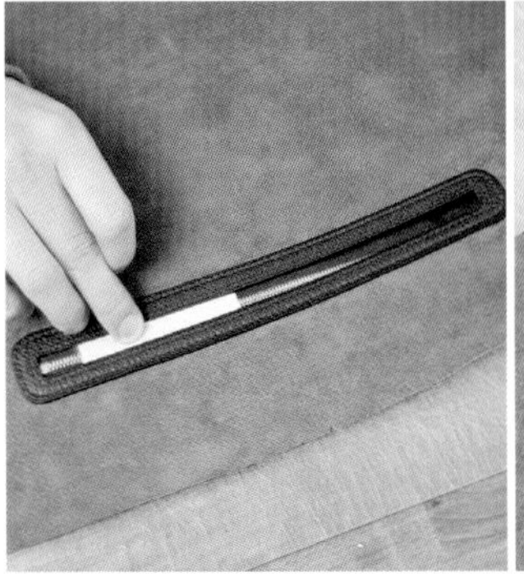

42 在拉链外框背面也涂抹白乳胶，将拉链与拉链外框黏合，这时小道具刚好卡在拉链口内。要一边黏合一边推动小道具，这样就能将拉链笔直地安装在拉链外框中央了。

CHECK!

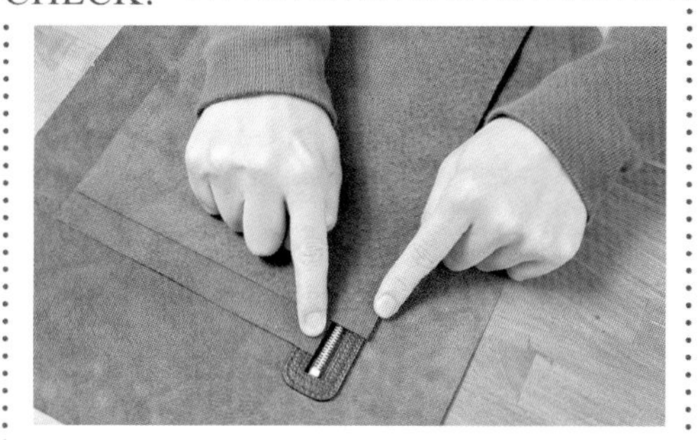

43 安装内袋。制作内袋的较短的内层皮革将与拉链外框的下边缘缝合，较长的外层皮革则将与拉链外框的上边缘缝合（图为位置示意，实际缝合时皮革在内层袋身背面）。

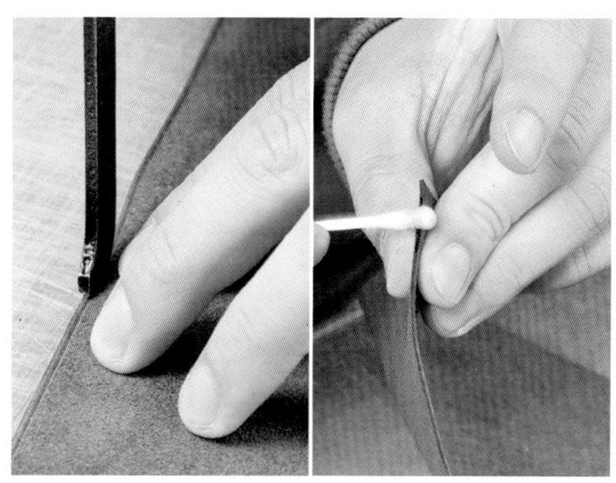

44 在内层皮革的上边缘，即拉开拉链时能看见的边缘，用压边器按压出装饰性线条，然后用天然床面处理剂和纱布反复打磨。

45 由于用两层皮革做的内袋有一定的厚度，可能会使袋身鼓起来，缝合之前要将皮革边缘尽量削薄，只要不影响其强度就好。

46 将削薄的两张皮革重合，除了较矮的内层皮革的上边缘（宽约 2 cm），其余重合的边缘全部涂上白乳胶，随后对齐黏合。

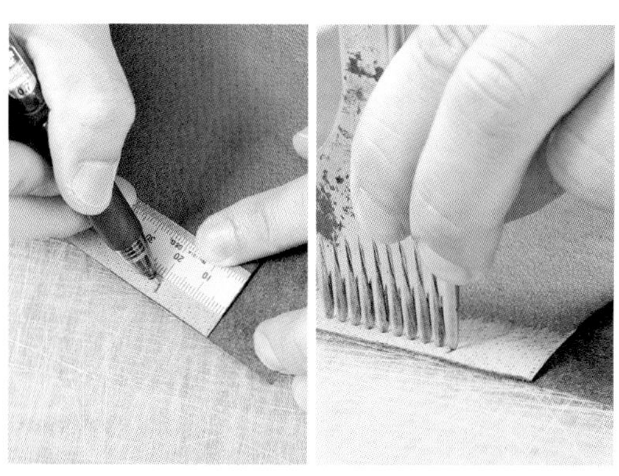

47 为了明确地区分哪里没有涂抹白乳胶胶，用笔在距内层皮革上边缘 2 cm 处做记号。在记号以下的边缘画基准线、打孔并缝合。

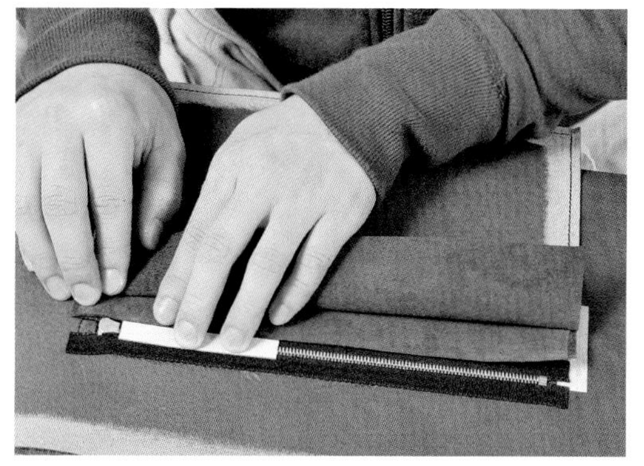

48 使用自制的小道具，将内层皮革紧贴拉链粘在其下边缘。

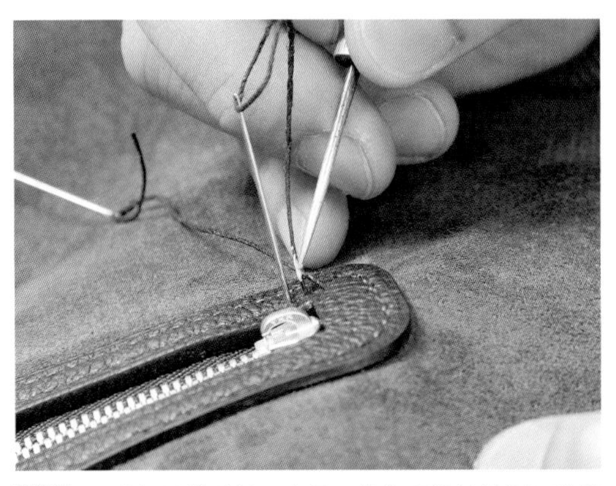

49 为避免链带受损，先用圆锥依照拉链外框下边缘的缝孔刺穿内层皮革，再将内层皮革与拉链外框下边缘缝合。

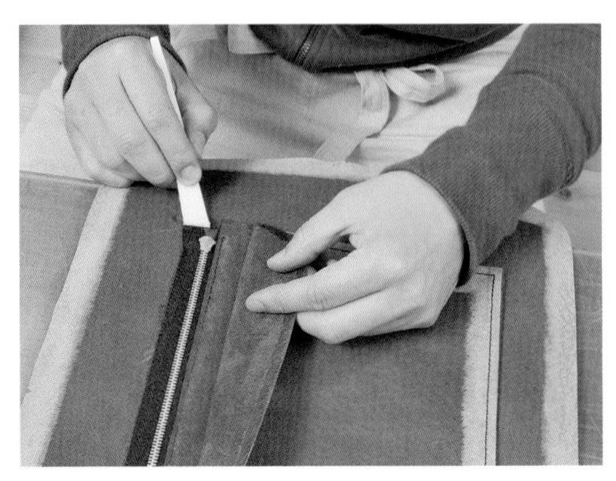

50 在拉链外框的上边缘及外层皮革的上边缘涂抹白乳胶。注意，避免涂到拉链上。

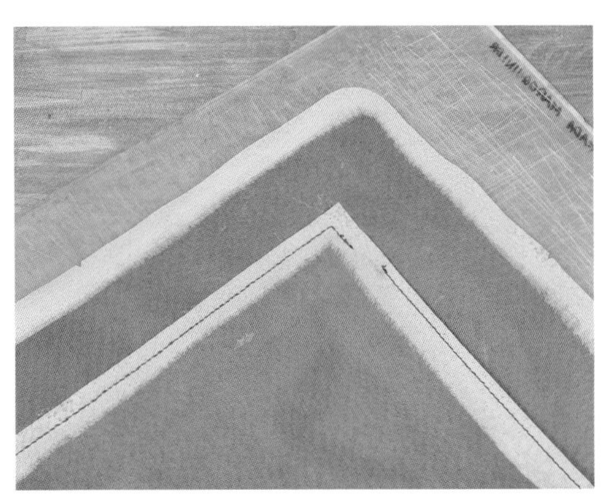

51 等白乳胶晾干后缝合。最后敲打针脚以使其平整。

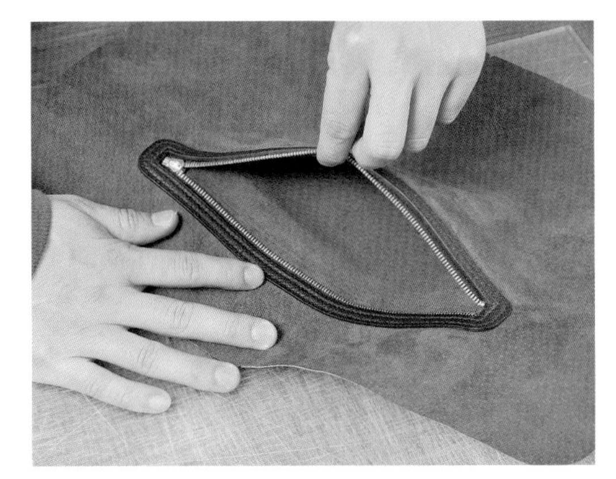

52 如果每一步都做得正确，就可以呈现这样美观的效果。

5 边皮的制作

这款公文包的边皮既要安装拉链，又要与细长的绲边缝合，制作起来并不轻松。

另外，边皮本身的长度和厚度也需要耐心地调整，否则与袋身缝合后，袋身一旦往外翻，就有可能严重变形。因此，不仅要按照步骤正确地操作，充分了解每个步骤涉及的原理也很重要。

■顶片的制作

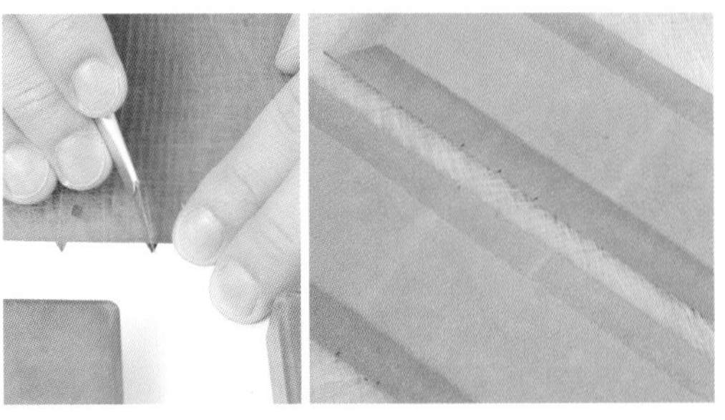

1 将顶片纸型上的折叠标记刻在皮革上，然后将底片和顶片的侧边以及两端（宽 2 ~ 3 cm 的区域）从皮革背面进行削薄处理。

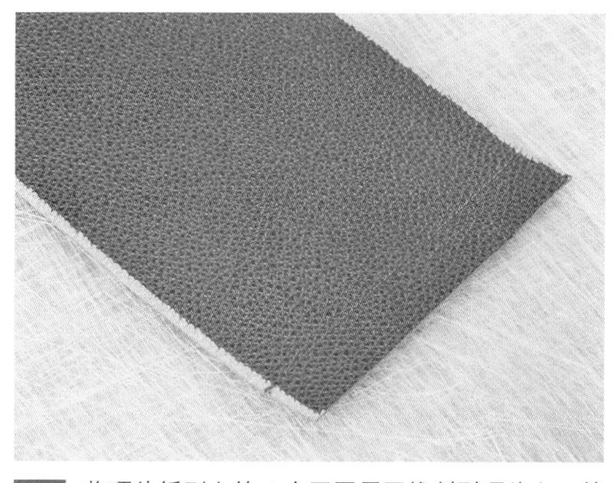

2 将顶片纸型上的 4 个圆圈用圆锥刺到顶片上，然后将这些圆圈用直尺连接成一个框。在侧边饰皮的安装位置也画一条线作为标记。

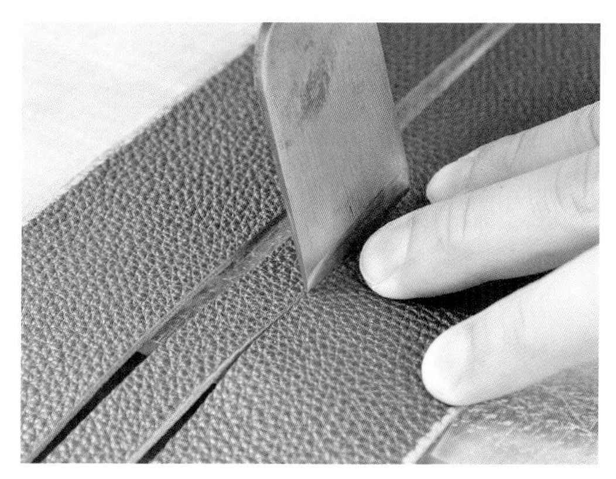

3 沿着步骤 2 中画的框，用裁皮刀裁下拉链口位置的皮革。

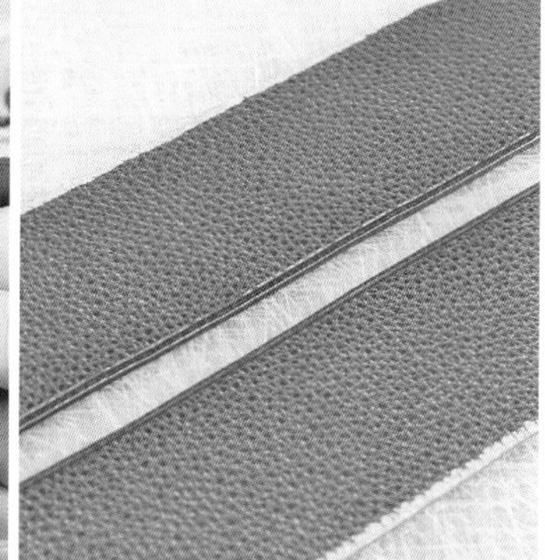

4 由于装上拉链后就没办法修饰拉链口，要提前反复将拉链口的毛边用砂纸打磨、染色、上蜜蜡并仔细打磨。之后，用压边器在拉链口的表面和背面按压出装饰性线条。另外，顶片的侧边之后要涂抹白乳胶，因此要提前将其表面磨粗糙。

5 将拉链裁得比顶片稍微长一些。图中使用的是金属部分宽 6 mm 的拉链。

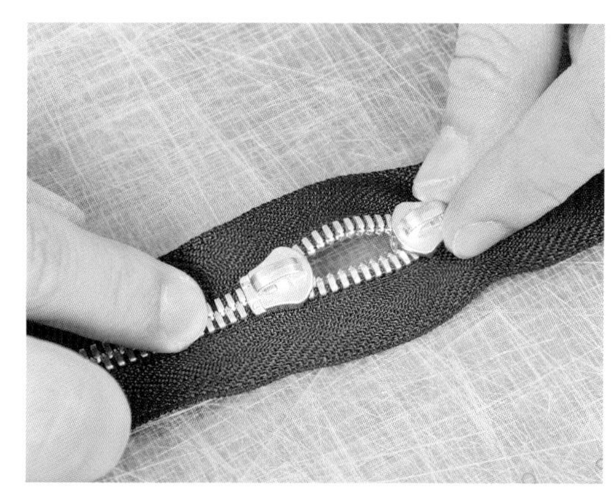

6 将链牙适当拆掉一些，从两端各安装一个拉头。

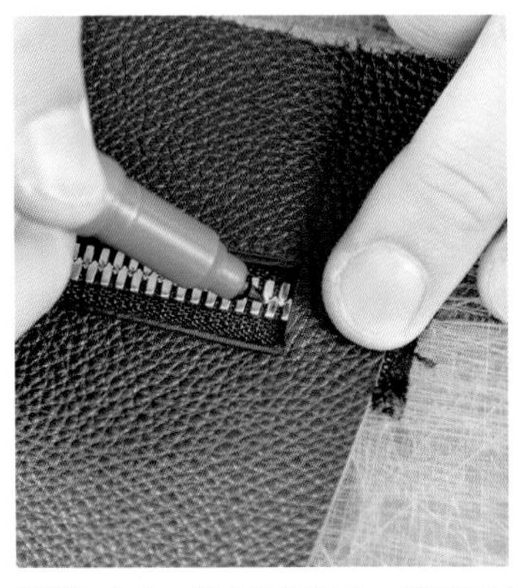

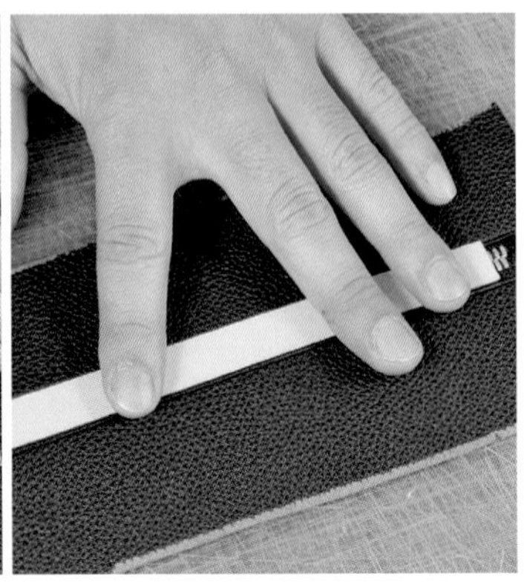

7 先在一端安装好下止，然后将拉链放在拉链口下方，在另一端安装下止的地方粗略地做个标记。将宽 12 mm 的自制小道具放在拉链口上滑动，使拉链笔直地摆放，这样就能知道另一端下止的准确位置。拆除另一端多余的链牙。

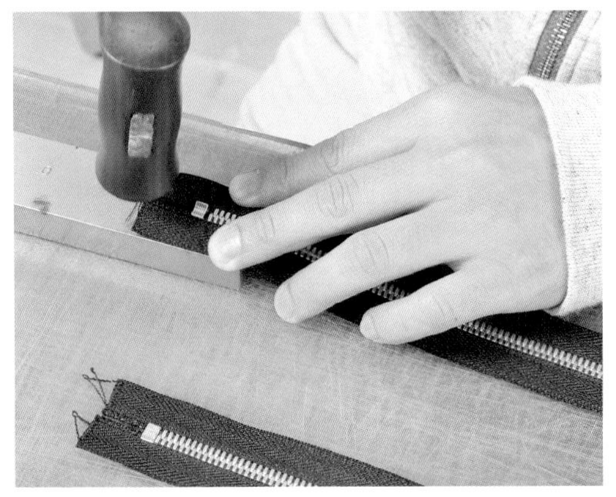

8 在另一端也安装下止，剪掉多余的链带，用打火机燎几下以防链带散开。

9 用加热过的边线器在距离拉链口边缘 3.5 mm 处画出基准线，然后用菱錾打出缝孔。

10 以自制小道具为辅助，在链带上涂抹白乳胶，将拉链笔直地粘在拉链口上，然后用锤子敲击以使其紧密黏合。

11 接下来黏合内层顶片。在猪皮上依照顶片纸型裁切出比纸型宽 2 ~ 3 mm 的皮革。

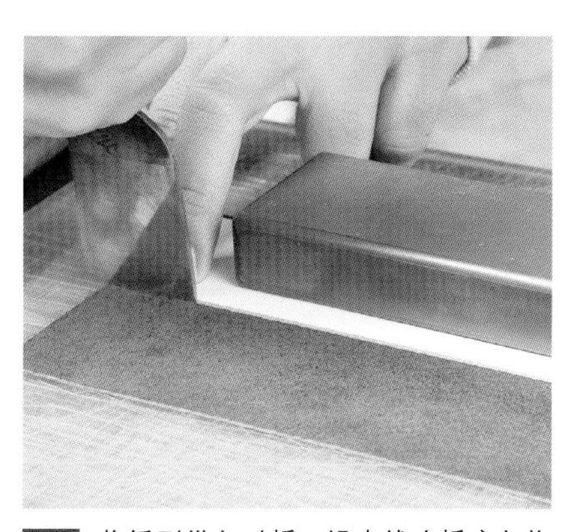

12 将纸型纵向对折，沿中线（折痕）将内层顶片一分为二。

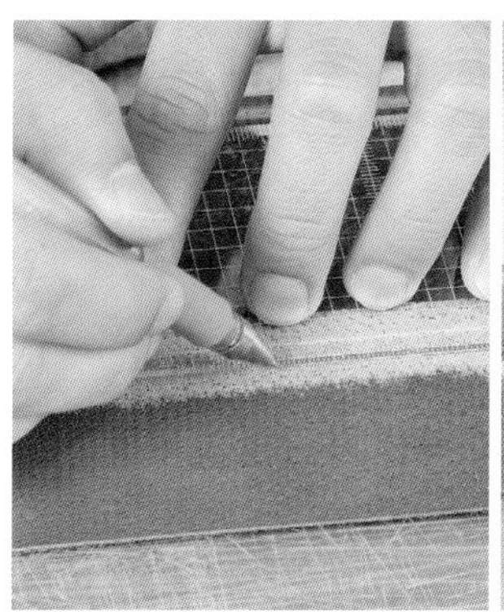

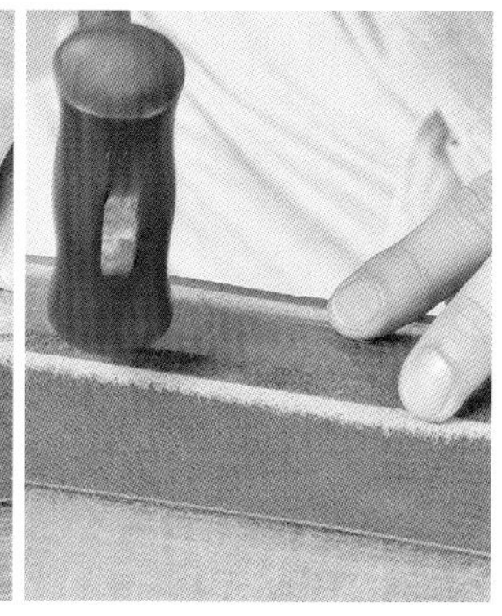

13 将两片内层顶片在裁切过的一侧距离边缘约 2 cm 处斜着削薄，并分别在距边缘 12 mm 处画线。依照这条线将边缘往上折并黏合，然后用锤子敲打以使其平整。

14 这样就不需要打磨毛边了。在折叠过的边缘用压边器按压出装饰性线条。

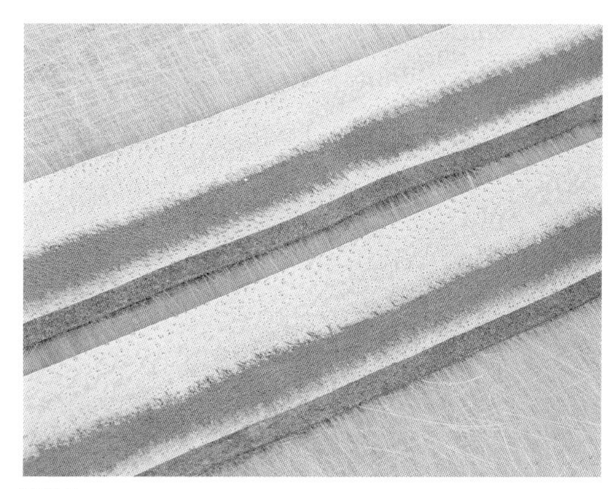

15 为避免与外层顶片黏合后太厚，将两片内层顶片的背面边缘都削薄（如果使用的是薄皮革，就不用削薄）。

16 使用自制小道具，在外层顶片背面及拉链上没有被小道具遮盖的部分涂抹白乳胶，然后在两片内层顶片背面涂抹白乳胶。再次以自制小道具为辅助，将内层顶片笔直地粘到拉链两侧。只用手按压效果不太明显，还是要用锤子敲打以使其紧密黏合。

CHECK!

17 内层顶片上还未打缝孔。为了避免损坏链带，一边用圆锥刺出缝孔，一边沿拉链口边缘缝合一整圈。

18 要用麻线缝合顶片和拉链。与其他用麻线缝合的部分一样，缝好后用锤子敲打以使针脚平整。

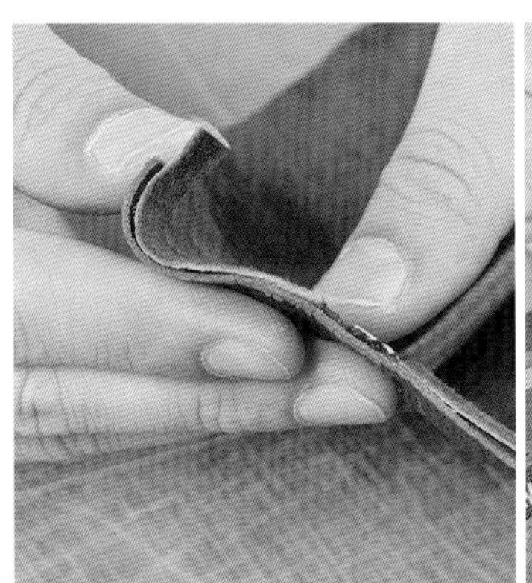

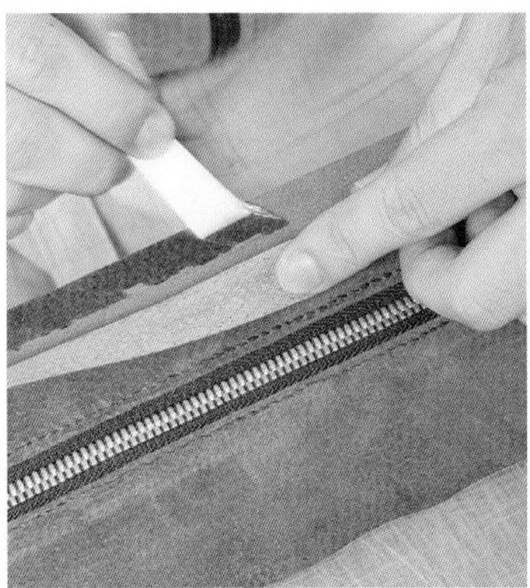

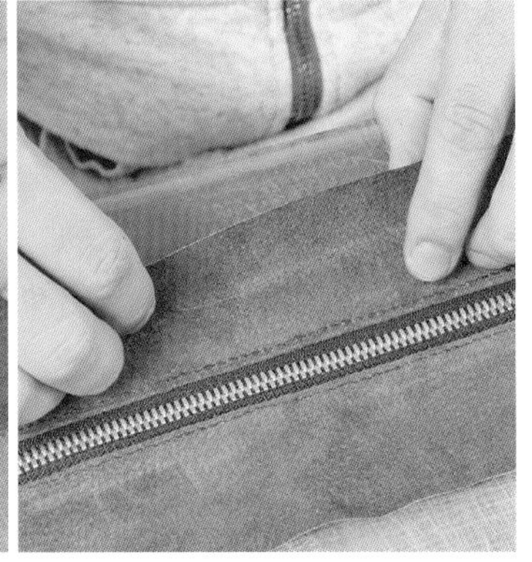

19 将内外层顶片的侧边一起折一下（左图），再涂抹白乳胶并黏合（中图）。只黏合边缘即可。黏合后，用手指紧紧按压（右图）或用钳子夹紧边缘。等白乳胶晾干后，裁掉多余的内层顶片。

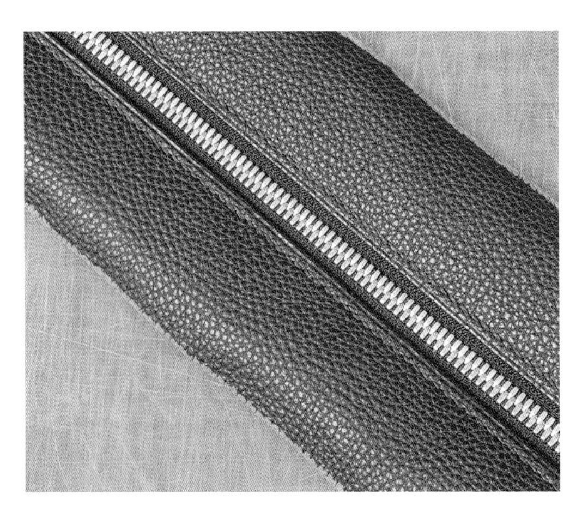

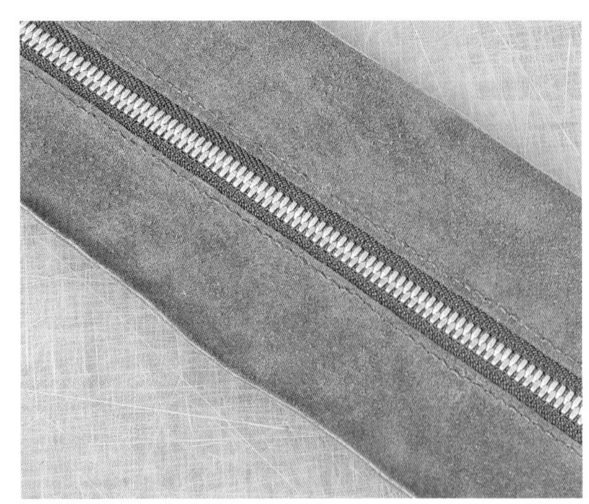

20 这是安装好拉链和内层皮革的顶片。它的侧边向下弯曲，这样更便于之后与袋身缝合。

侧边饰皮的制作

21 这是安装在顶片和底片的连接部分的侧边饰皮。粗略裁切后，将其中两片削到厚 0.7 mm 作为外层饰皮，将另外两片削到厚0.4 mm作为内层饰皮。

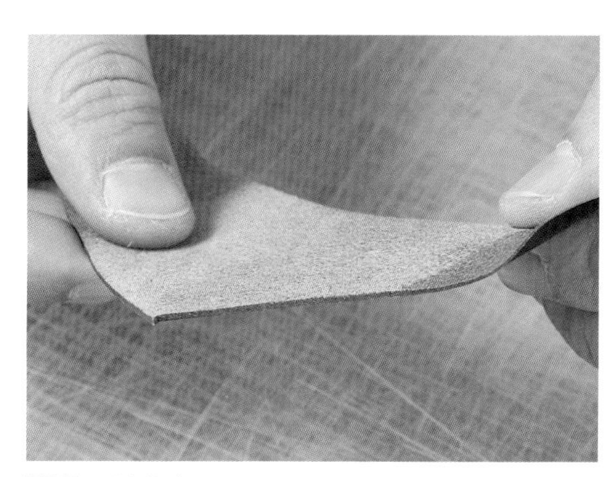

22 侧边饰皮的左右两端要与其他皮革重叠。为了控制厚度，要将两端斜着削薄，削到尖端几乎没有厚度。

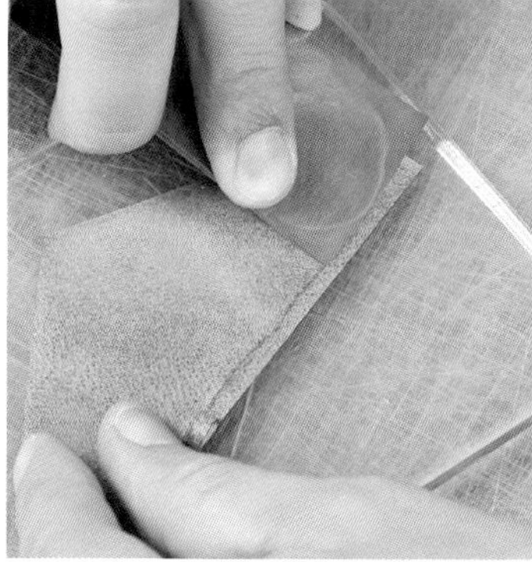

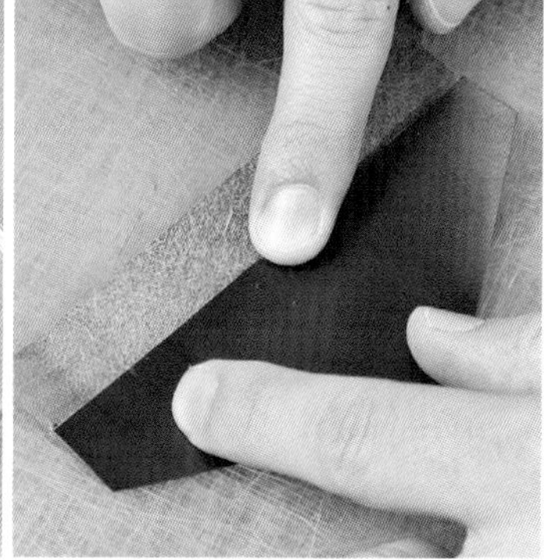

23 以直尺为辅助，将内外层饰皮的长边裁整齐。由于内层饰皮比外层矮一截，两者黏合后为了不使表面有高度差，要先将内层饰皮的长边削薄。然后，将内层饰皮放在外层饰皮上，其长边距离外层饰皮的长边 1.5 cm。

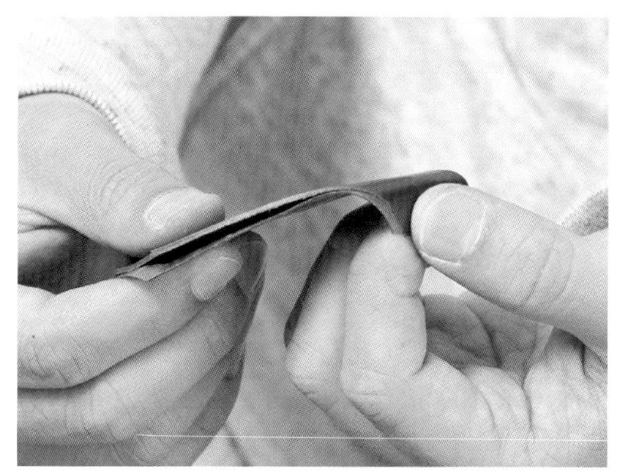

24 将内外层饰皮的左右两端一起朝内层饰皮那一面折以使其弯曲，然后在两者背面分别涂抹白乳胶并黏合。

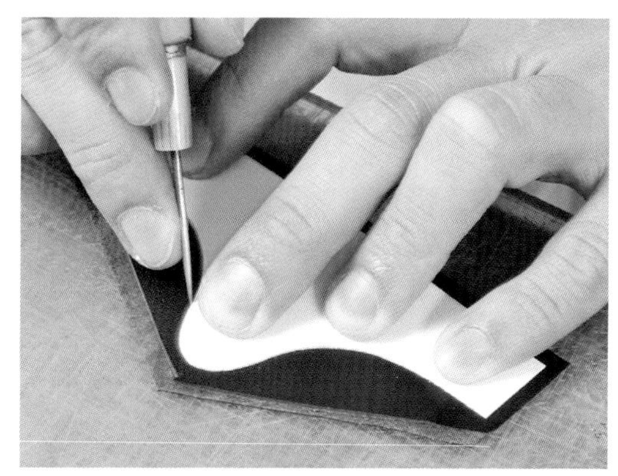

25 将侧边饰皮的纸型放在外层饰皮上，对齐长边，用圆锥描出曲线部分的轮廓，然后沿轮廓线裁切。

26 避开左右两端较短的直线部分，用天然床面处理剂打磨其他部分的毛边，然后用压边器按压出装饰性线条。

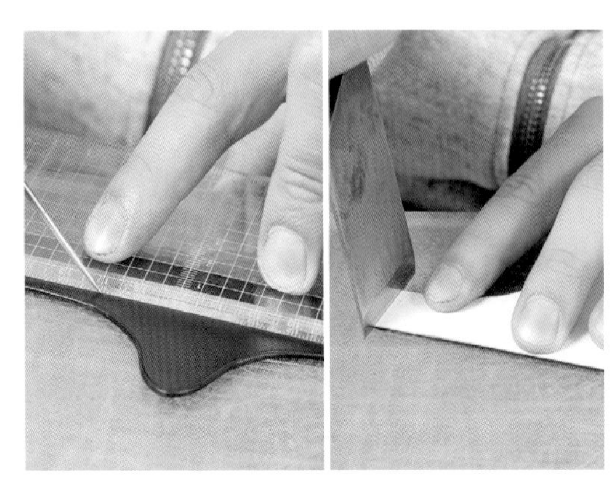

27 在长边上用边线器画出基准线后，在其上方 1.5 cm 处用圆锥再画出一条基准线。然后根据纸型将两端多余的部分裁掉。

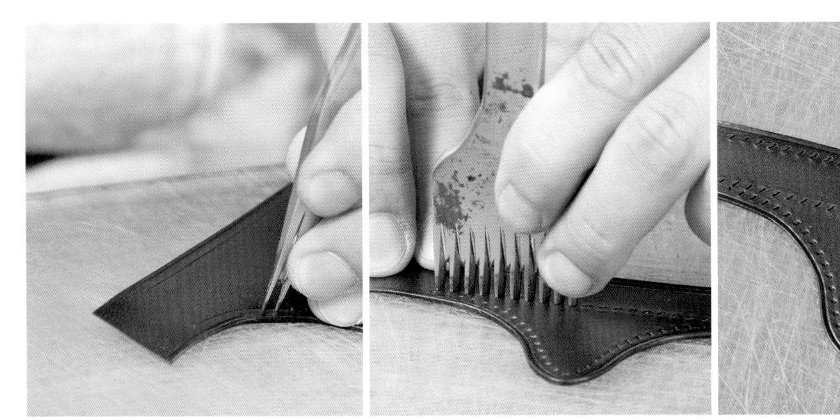

28 在曲线部分用边线器画出基准线后，根据部位使用不同的菱錾在基准线上打出缝孔。为了在曲线顶端中央打出一个缝孔，要注意调整菱錾的位置。曲线部分的缝孔打到距短边约 1 cm 处即可停止。

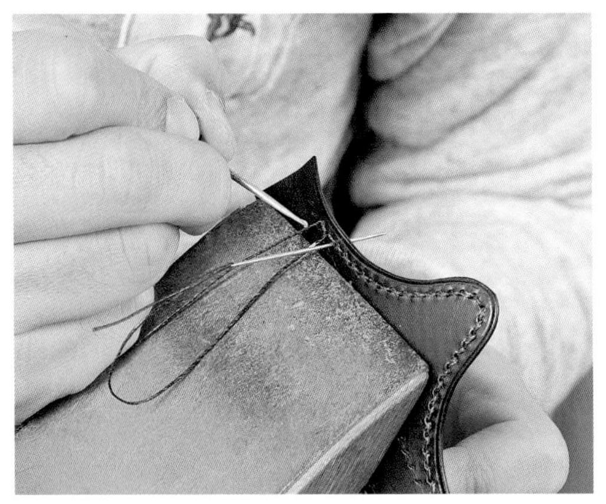

29 用麻线缝合侧边饰皮的曲线部分。收尾时用白乳胶固定线头，再用木锤把针脚敲打平整。

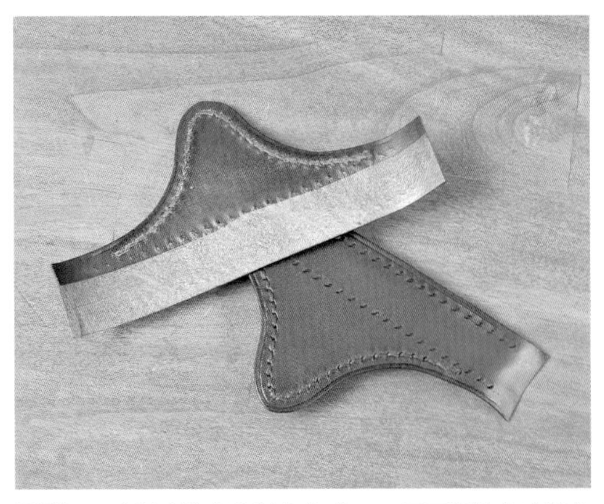

30 一片侧边饰皮就制作完成了。用同样的方法做出另一片相同的侧边饰皮。

底片的制作

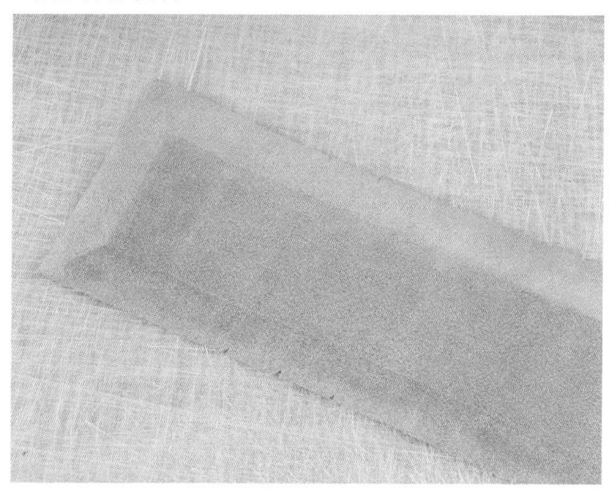

31 和顶片一样，为了使底片容易弯曲，要削减其厚度，因此从距离长边和短边 2 ~ 3 cm 处开始削薄。

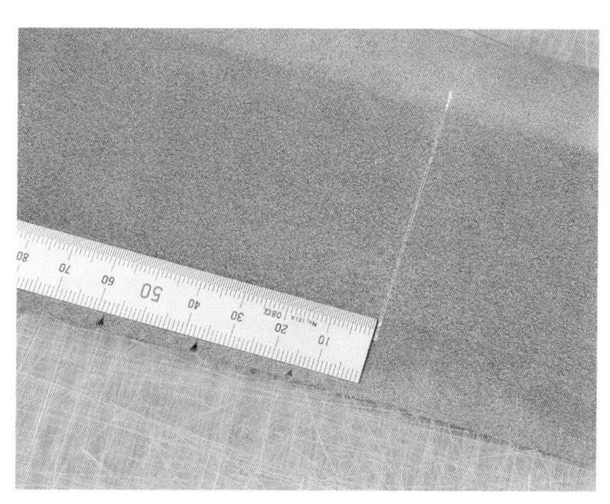

32 底片的左右两边各有 3 个牙口，从距离两边最靠内侧的牙口 1.5 cm 处，分别用笔画出垂直的线。

33 裁出厚约 1 cm 的硬质内衬，其宽度比底片小 2 cm 左右，其长度为上一步中画出的两条线之间的距离。

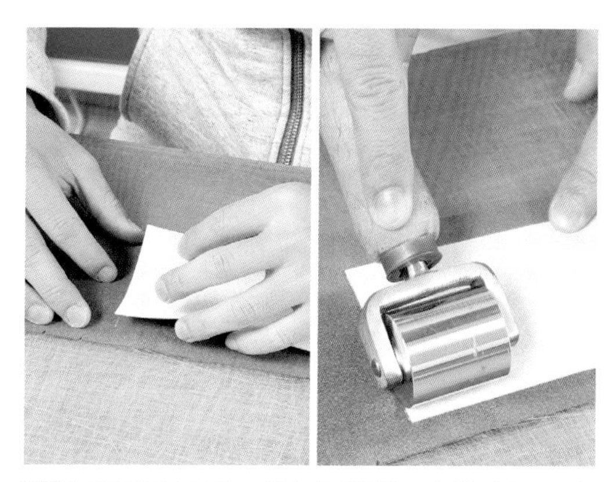

34 将硬质内衬的一端与之前画的一条线对齐，一点点地粘好，然后用皮革滚轮压紧。

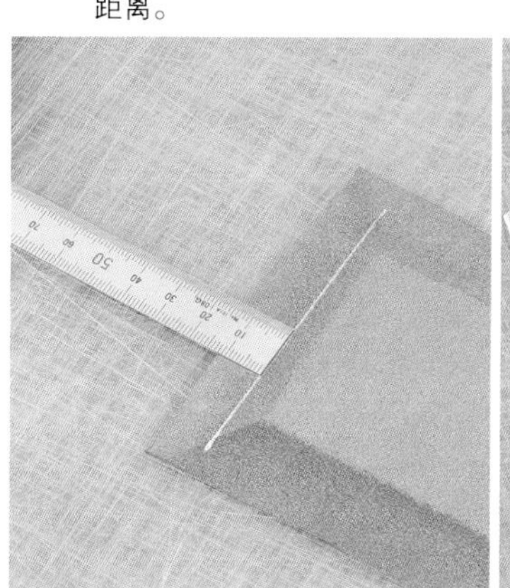

35 在距短边 1.2 cm 处画一条线，在这条线和刚刚粘好的硬质内衬之间，粘上和硬质内衬同样宽的海绵内衬。和往袋身上粘海绵内衬一样，为了避免拉伸，要一点点地粘好。

底片中央使用的是硬质内衬，它在最后翻面的时候容易产生褶皱，不过用蒸汽熨斗或普通熨斗熨一下褶皱就不明显了。

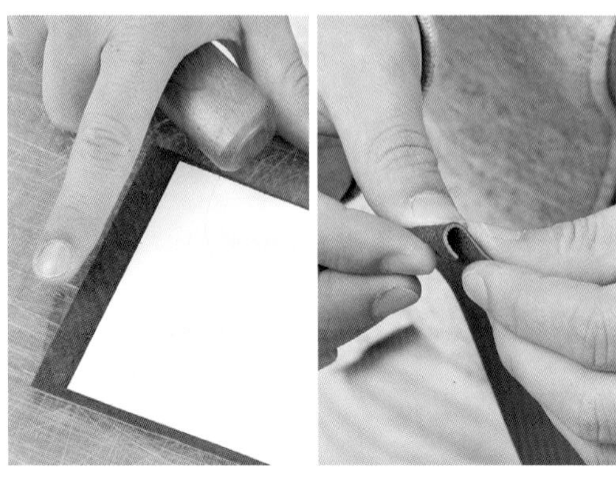

36 内层底片使用的是猪皮。因为内层皮革的两端要折叠后黏合，所以要裁得比底片纸型的两端分别长 1 cm。

37 将内层底片的毛边削薄，然后将两端短边的边缘分别向内折 6 mm 并用白乳胶黏合，然后用锤子敲打以使其粘牢。

38 如果折叠准确的话，内层底片两端应该比纸型分别长 4 mm。

39 将内外层底片的中心对齐，在内层皮革背面标记出硬质内衬两端的位置，然后将标记中间的部分用砂纸磨粗糙。

40 除了粘好海绵内衬的区域以及两端宽 1 cm 的区域，在外层底片和内层底片背面对应的区域涂抹白乳胶并黏合。

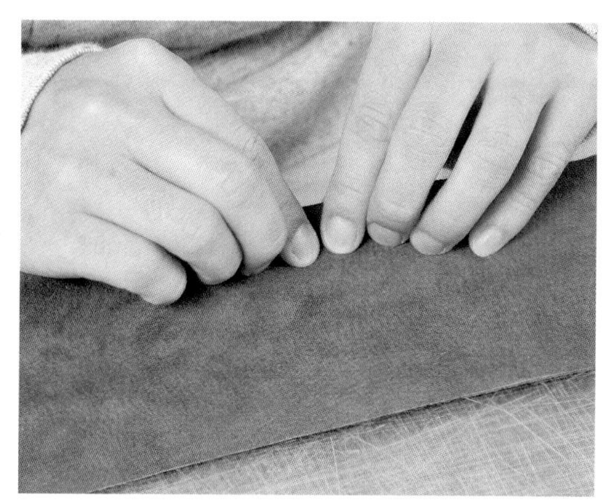

41 在边皮下方距边缘 4 mm 处放一把直尺，沿着直尺边缘将黏合好的边皮边缘向内层底片这一面折出折痕。

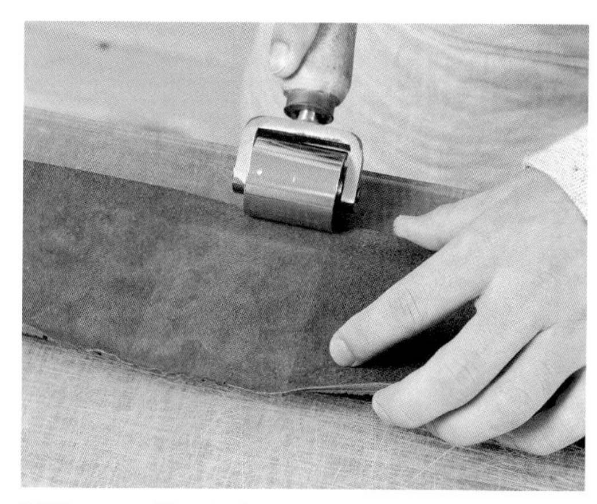

42 只用手按压力度太小，因此要用皮革滚轮在内层底片这一面按压以使内外层底片紧密黏合。

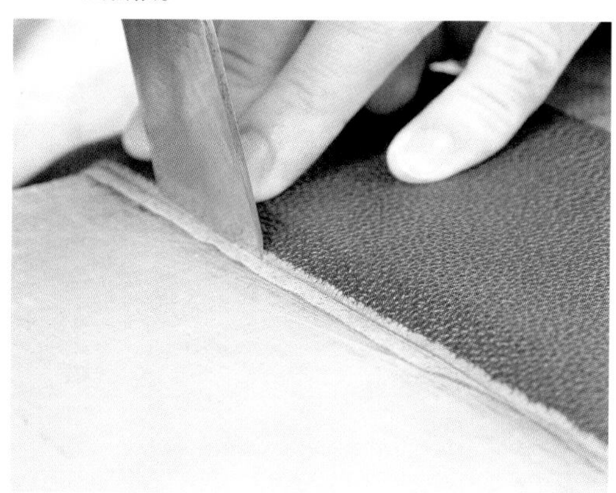

43 由于内层底片裁得比外层底片稍大，这时要裁掉多余的部分。

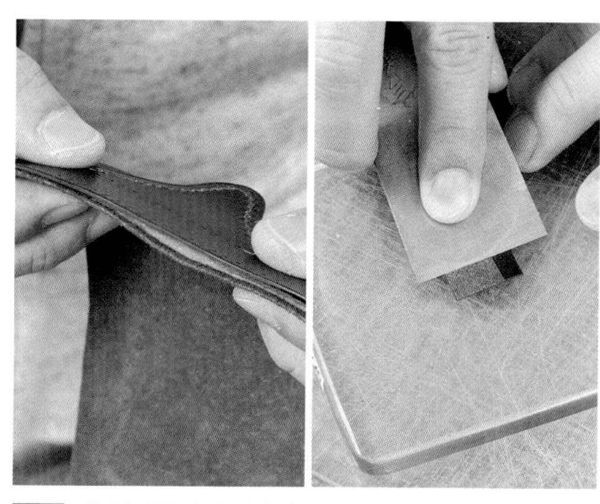

44 将侧边饰皮安装在底片两端。先在侧边饰皮的背面将短边上的表面皮革用裁皮刀削薄。

45 然后将底边两端将与侧边饰皮黏合的部分的表面磨粗糙。

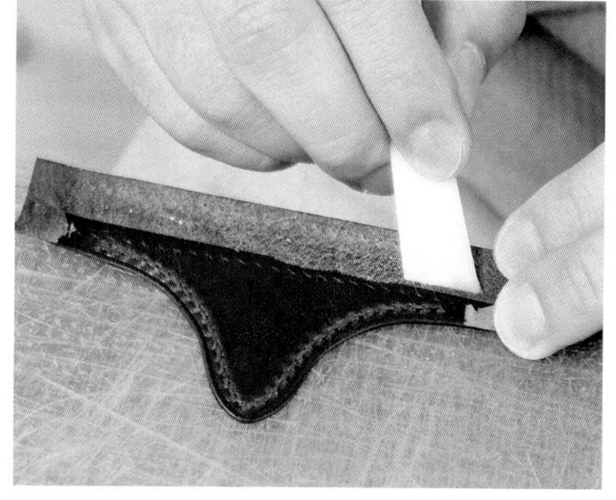

46 在侧边饰皮和底片表面相应的位置涂抹白乳胶，对齐后黏合。

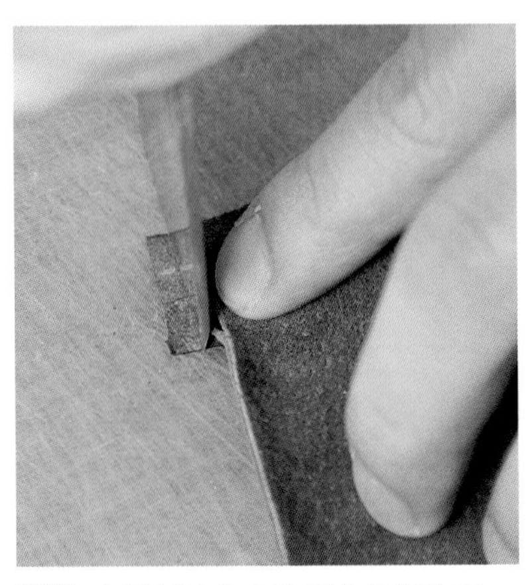

47 由于侧边饰皮比底片的短边宽一些，将多余的短边用裁皮刀裁掉。

48 将侧边饰皮要与绲边黏合的边缘磨粗糙，然后用麻线将侧边饰皮和外层底片缝合。另一端也用相同的方法处理，缝完后将针脚敲打平整。

49 如果缝合的位置和方向正确，侧边饰皮和外层底片的缝合线就是这样的。之后底片与顶片缝合时，将顶片夹在内外层底片中间即可。

拉链头的制作

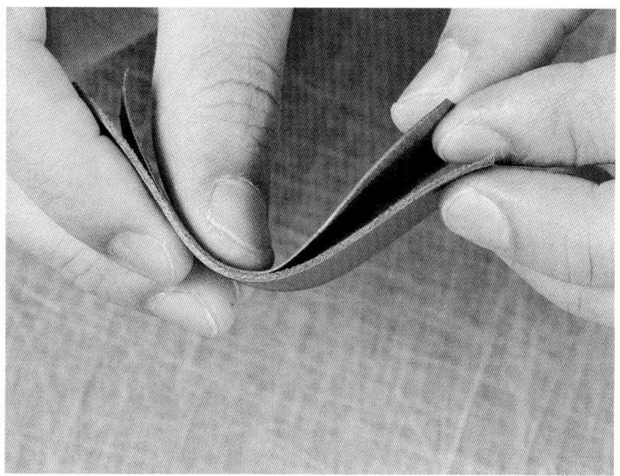

50 拉链头包括内外层皮革（都要非常薄）、内衬（使用牛剖层革）和连接拉头的 D 形扣。

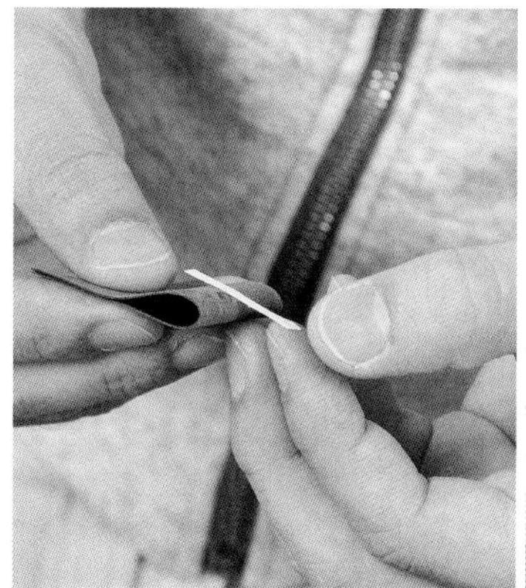

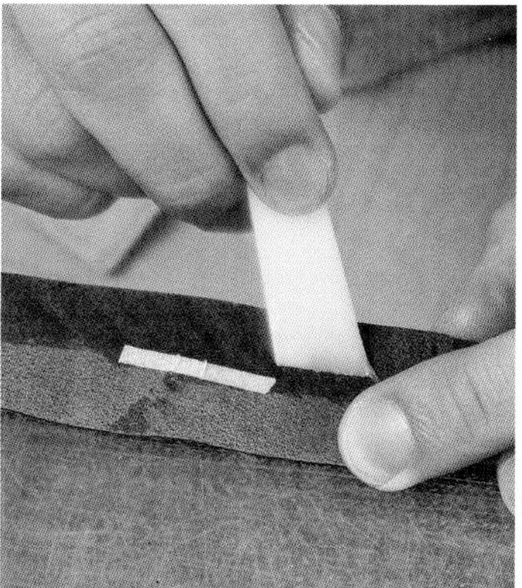

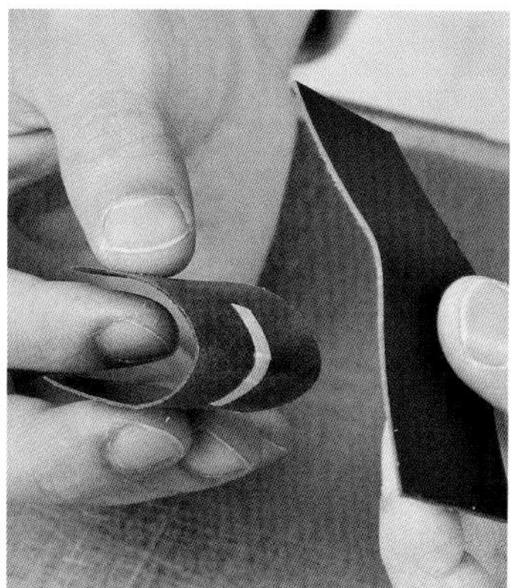

51 对折内层皮革，并以折叠线为对称轴贴上防拉伸胶带。然后，在内外层皮革的背面都涂上白乳胶并黏合。不过，黏合前要将外层皮革对折并留下折痕。

52 为保证皮革粘得牢固，用皮革滚轮按压。

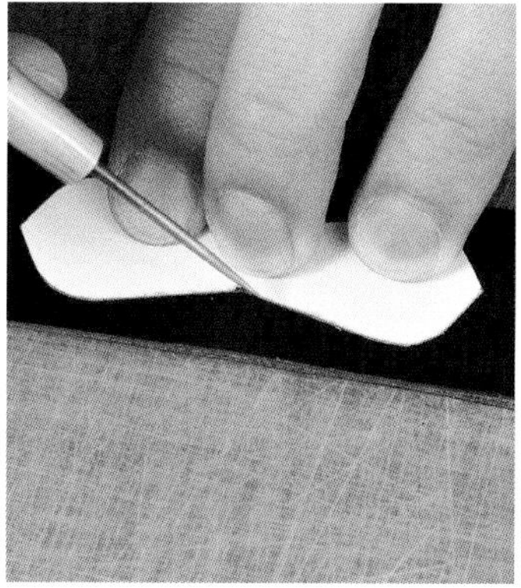

53 将皮革上的折痕与拉链头纸型的中线对齐，用圆锥描出轮廓（先描出一半的轮廓即可）。然后，在距轮廓线 1 ~ 2 mm 处进行粗略裁切。

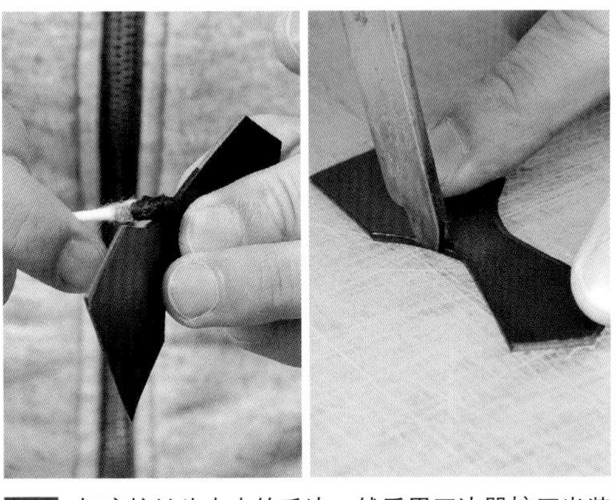

54 打磨拉链头中央的毛边，然后用压边器按压出装饰性线条。因为使用的是植鞣革，所以磨边时要使用天然床面处理剂。

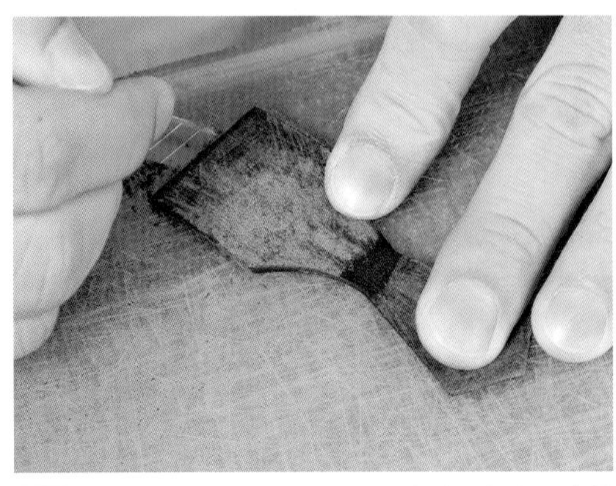

55 避开D形扣之后所在的中间部分，将内层皮革的表面用美工刀等刮粗糙。

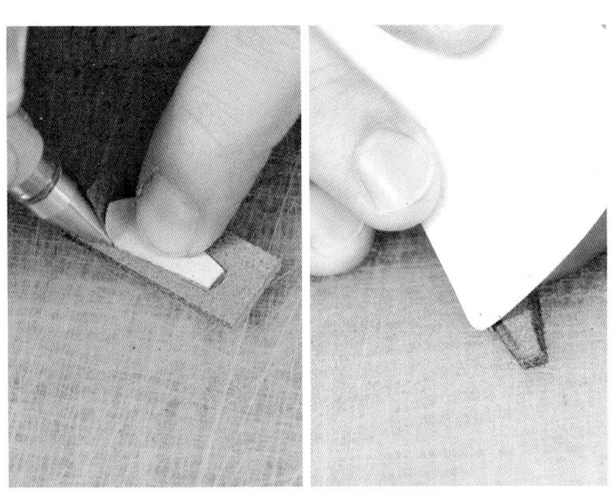

56 为了让拉链头立体而饱满，按照纸型裁出内衬。将其弄湿后用上胶片将边缘打磨圆润。

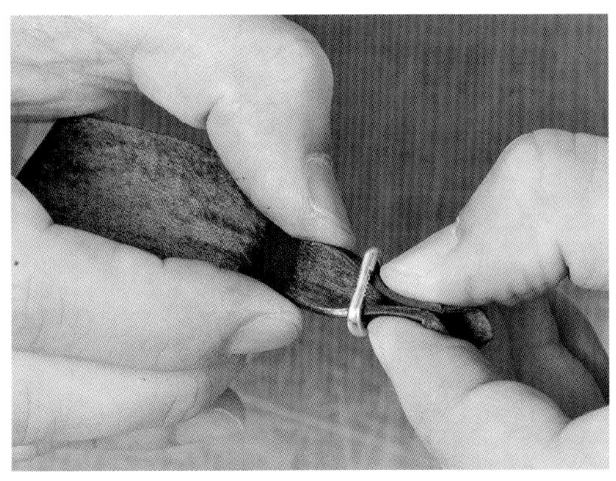

57 将拉链头穿过D形扣。因为D形扣比拉链头窄，所以要像图中这样将皮革纵向对折起来穿过D形扣。

58 将内衬粘在D形扣正下方。内衬较宽的一端要朝向拉链头较宽的一端。再将拉链头完全黏合起来。

59 用上胶片摩擦内衬拱起的边缘，使其呈现圆润的形状。

60 这是充分摩擦之后的样子。接下来将中空的拉链头纸型扣在拉链头上，用圆锥描出轮廓后，用裁皮刀裁掉多余的皮革。由于是小部件，注意不要切到指尖。

61 用圆锥在 D 形扣下方紧贴内衬边缘的地方刺出缝孔，这将是缝合的起点和终点。

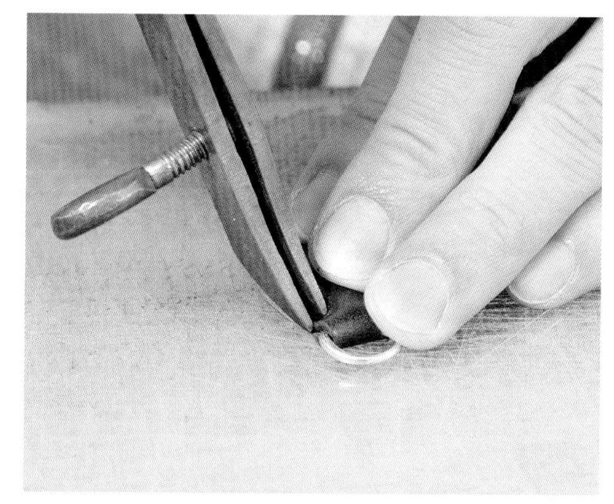

62 在紧贴内衬边缘的地方用边线器画出基准线。

63 用麻线缝合。因为D形扣下方的线可能会被磨断，所以不必绕圈加固，直接平缝一周即可。缝好后用白乳胶固定线头。

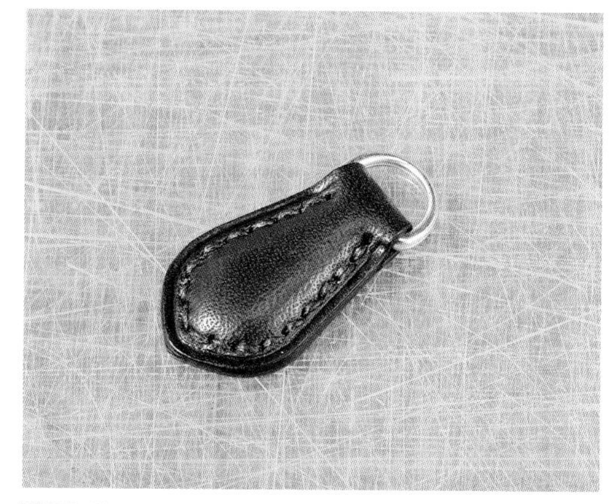

64 等白乳胶晾干后打磨毛边，再用压边器按压出装饰性线条，拉链头便制作完成了。

6 公文包的组装

这里很重要的一点是要先调整好各部件的厚度，特别是顶片和底片的连接部分，有 6 片皮革需要缝合，而袋身和边皮的连接部分有 4 层皮革需要缝合。如果直接缝合的话，不仅会使皮包过于厚重，还会使其表面凹凸不平。因此，决定这最后一道工序能否顺利进行的正是之前的准备环节。如果前面确实做好了削薄的工作，这里只需要仔细地缝合。

缝合边皮

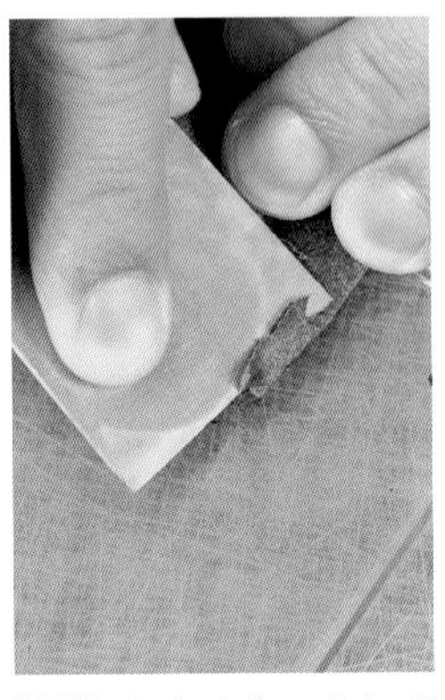

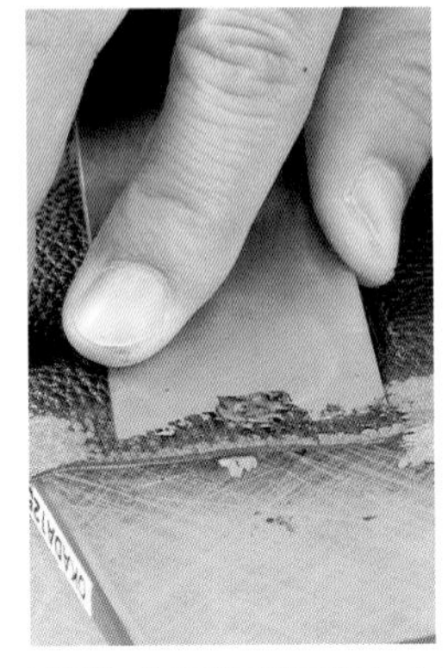

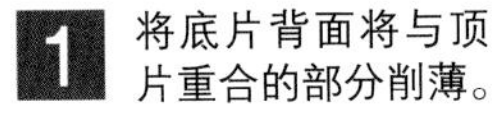

1 将底片背面将与顶片重合的部分削薄。

2 将顶片表面将与底片重合的部分削薄。

3 之前在顶片上做过记号的部分即为重合的部分，将这个部分的表面用100号砂纸磨粗糙。

4 将顶片与底片重合，使顶片上的拉链下止尽量贴近侧边饰皮的长边。确认其厚度没问题后，在底片背面和顶片表面的重合部分涂上白乳胶并黏合。

CHECK!

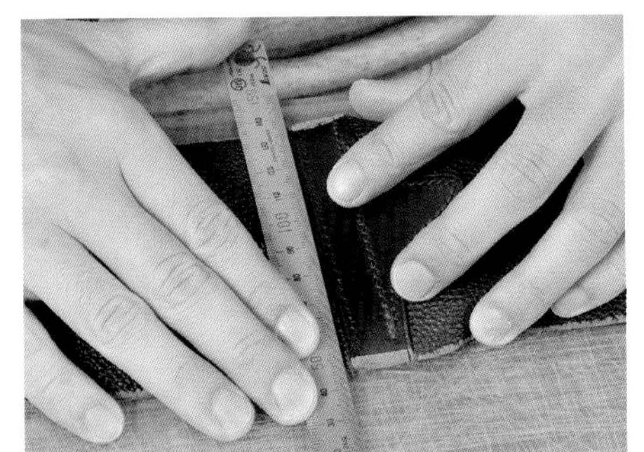

5 黏合顶片和底片前，要用直尺确认没有任何歪斜。

6 为了黏合内层皮革，在内层底片的背面和内层顶片的表面涂上白乳胶。

7 和外层皮革一样，黏合内层皮革时用直尺比对着重合处以免歪斜。

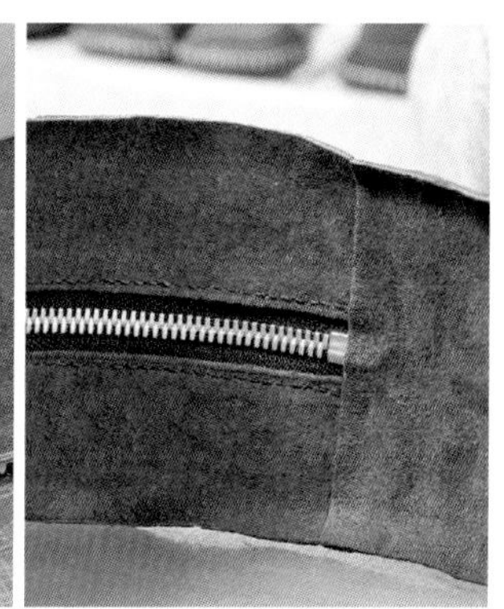

8 将黏合的部分用钳子夹紧并向内弯曲。边皮侧边的其他部分也向内弯曲。如果有多余的皮革露出来，就将其裁掉。

9 为了避免缝孔歪斜，参照侧边饰皮上的缝孔，用圆锥在外层边皮上刺出缝孔，并且在内层边皮上留下标记。将边皮翻面，按照这些标记用边线器画出基准线，再用菱锥轻轻打出缝孔。打孔不要太用力，以免影响外层边皮上缝孔的外观，因为内外层缝孔的朝向相反。

10 用麻线缝合侧边饰皮和边皮。将拉链拉开比较容易操作。

11 敲打缝合线以使针脚平整，然后再次用钳子将边缘夹弯。

12 黏合内层和外层袋身。将内外层袋身的边缘用砂纸磨粗后涂上白乳胶，一边将中点和转角的牙口对齐，一边黏合。这时一定要将边缘向内层皮革这一面折，这样可以让袋身显得鼓鼓的。压紧晾干后，将多余的内层皮革裁掉。

POINT

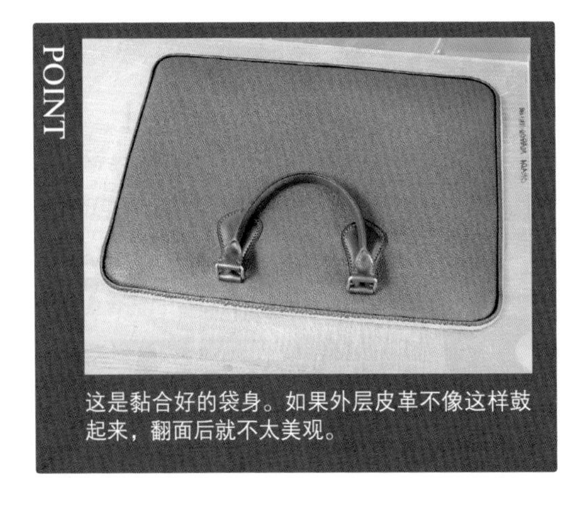

这是黏合好的袋身。如果外层皮革不像这样鼓起来，翻面后就不太美观。

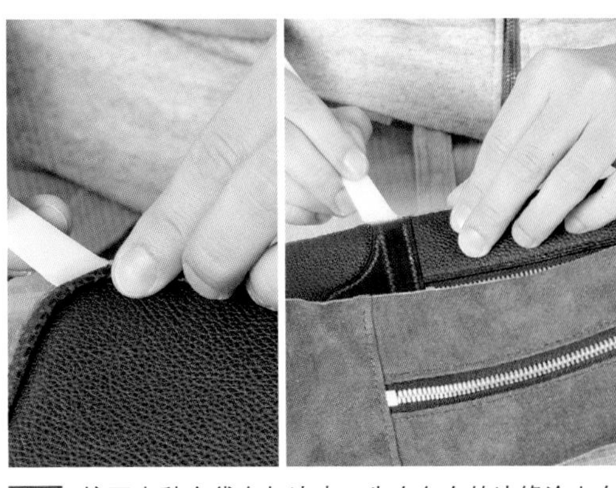

13 接下来黏合袋身与边皮。先在各自的边缘涂上白乳胶。注意避免白乳胶溢出来。

CHECK!

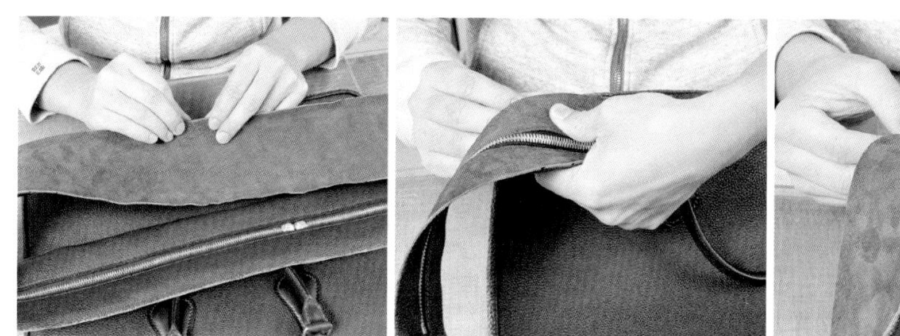

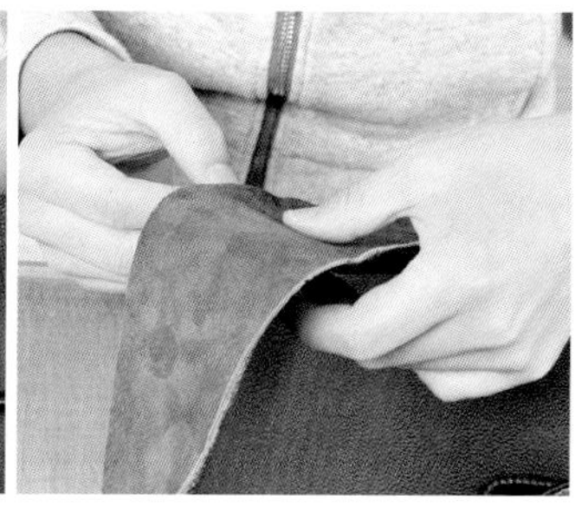

14 在袋身上黏合边皮。边皮的朝向千万不能弄错。为了不歪斜，还要注意黏合的顺序。先黏合底片的中心和转角，再黏合转角到中心的部分。侧片和顶片也一样，先黏合中心和转角，再黏合转角到中心的部分。

15 按照正确的顺序黏合的话，就会像图中一样黏合得十分整齐。为了黏合牢固，光用手指按压是不够的，最好用钳子夹一下。

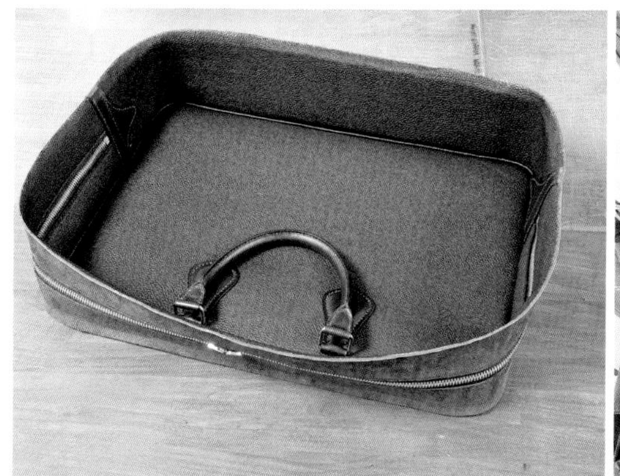

16 黏合另一片袋身之前，为了防止皮革磨损，在提手与袋身之间夹一层气泡膜作为保护层。要想进一步保护皮革，还可以在两层袋身之间塞一些填充物。

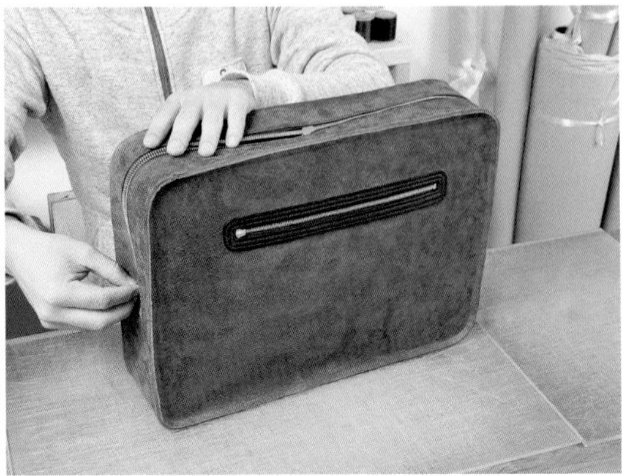

17 按照相同的顺序黏合另一片袋身和边皮。顺利的话，这时就能看到公文包的雏形了。

18 在距边缘 5 mm 处，用加热过的边线器画出缝合袋身和边皮所需的基准线。

19 沿基准线打出缝孔。如果太用力，翻面时边缘容易裂开，所以只要在边缘留下标记就好。

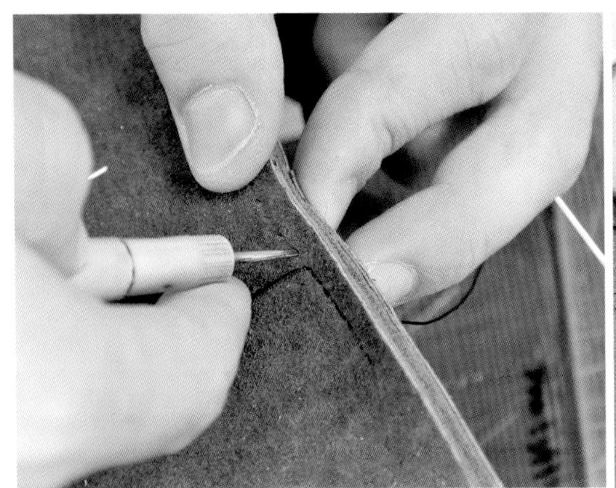

20 按照做好的标记，用圆锥一个一个地刺出缝孔，缝孔的大小足够缝线通过即可。缝合时要使用和外层皮革颜色相同的尼龙线。

21 最好分几次缝合，这样就不会出现缝线太长、不便缝合的情况了。缝完后用火烧线头来固定。

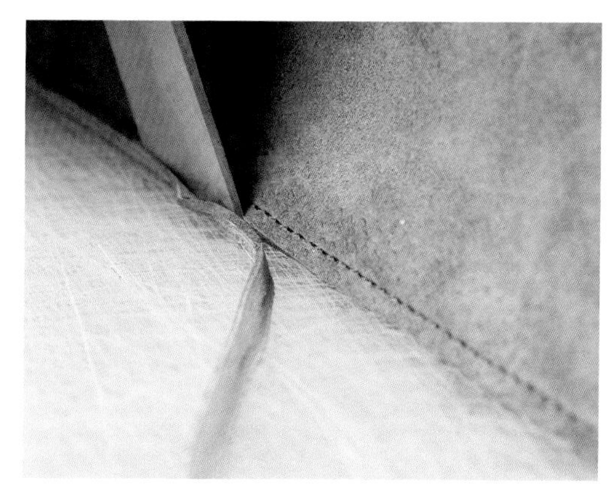

22 缝完后，用裁皮刀在边缘裁掉宽 1 mm 的皮革，使 4 层皮革的毛边变平整。要谨慎地裁切，确保裁切线笔直。

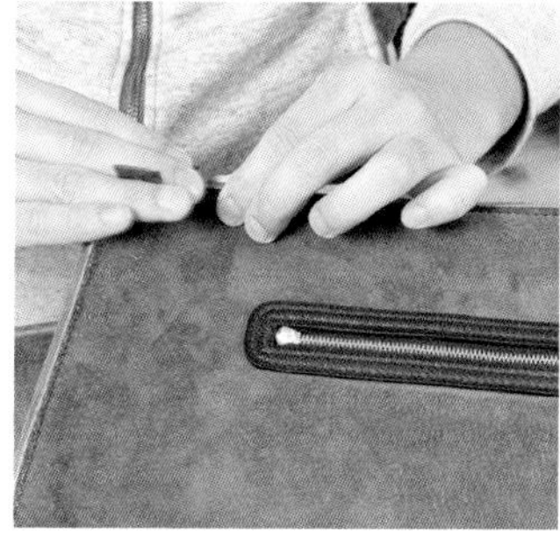

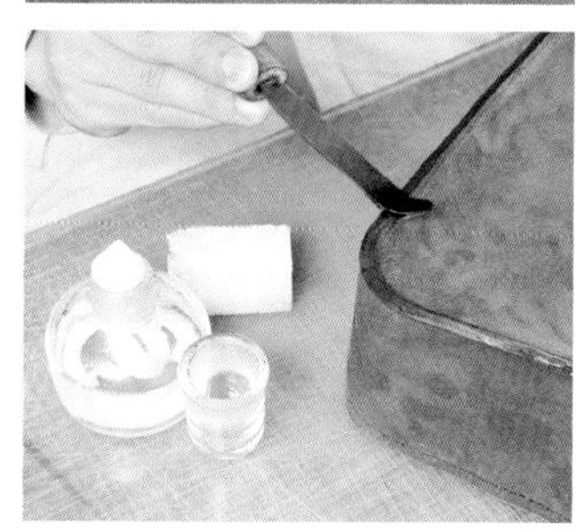

23

开始打磨毛边。反复用砂纸（先用400号的，再用600号的）打磨、染色和打蜜蜡。注意，染色后一定要用棉布或纱布擦拭皮革到一点儿也不掉色，否则染料很有可能污染包内的物品。

CHECK!

24 终于到了翻转皮包这一步。粗暴地操作很容易使皮包产生褶皱，所以要特别注意翻转的顺序。首先将袋口拉出来，接着从内侧抓住底部的两个角，确保底边没有歪斜后，一口气将皮包翻到正面。再次提醒，翻面时一定不要让底部歪斜。

润饰

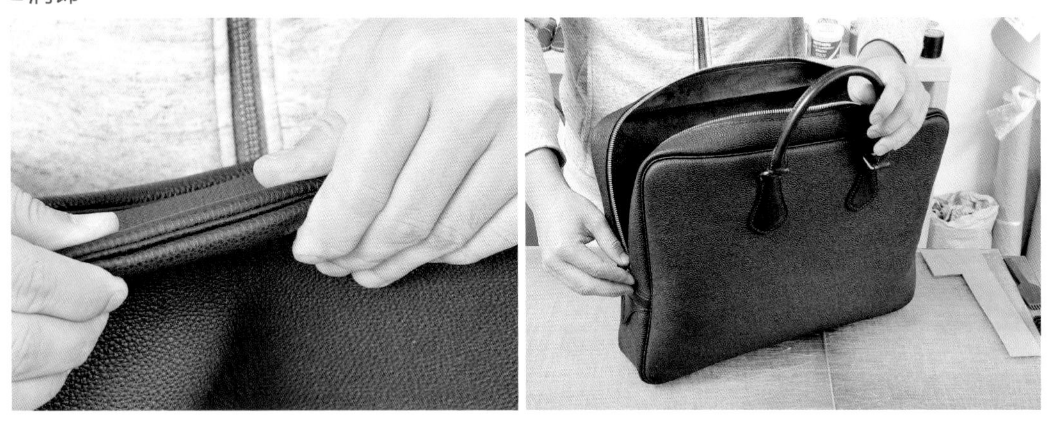

25 公文包刚翻好时，绲边藏在袋身和边皮的夹缝里，所以要用手捏住袋身和边皮，将绲边挤出来（左图）。这样做之后，公文包看起来如右图所示。

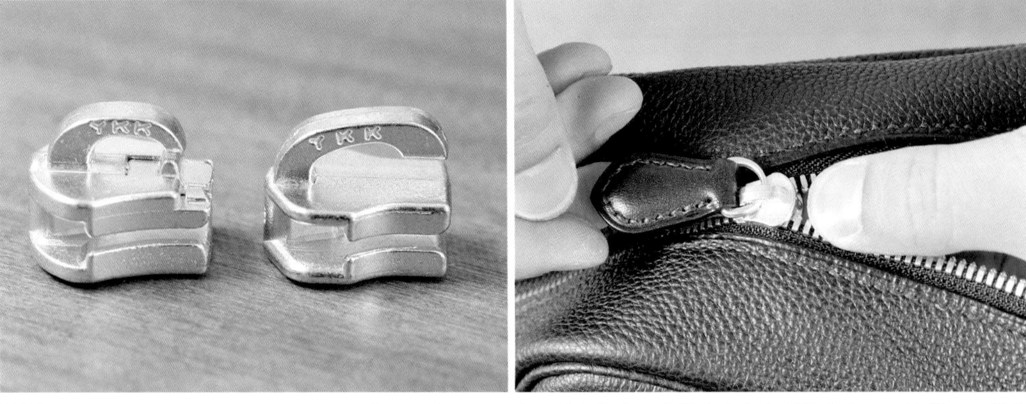

26 将拉链头安装在拉链的拉头上。这次使用的是左图中左侧的拉头，它的边缘有个弹簧卡扣，只要按一下就能将 D 形扣卡进去。右侧的拉头需要向下压才能固定 D 形扣，而且强度稍差一些。

SPECIAL THANKS

特别鸣谢——冈田哲也

重视基础教学，只为做好皮包

冈田手工皮包教室
东京都北田区瑞新町 3-15-8
网址：http：//www.bekkoame.ne.jp/ha/leather

教我们制作这款公文包的是冈田手工皮包教室的创立者——冈田哲也老师。在这个培训班中，他会从不同角度讲解一款皮包的制作，如皮革的特性、使其有立体感的构造、美观而精致的缝制技巧等。

另外，冈田老师十分重视基础，所以会先从制作适合自己的道具开始进行教学（基本上前三次课都会讲解并制作道具）。之后，他会让学员从小物品的制作开始逐渐熟悉皮革，之后再开始制作皮包。冈田老师相信，只有牢固掌握了基础，才能稳步提高水平。

如果你想跟随冈田老师学习皮包制作，可以浏览他的个人网页，或者发邮件咨询。

冈田哲也

对手工皮包情有独钟的冈田老师，师从于拥有 60 年制作经验的老手艺人石渡光男，其间也自学了很多新知识。除了制作皮包，他还进行皮艺工具的开发与制造。

TETSUYA OKADA

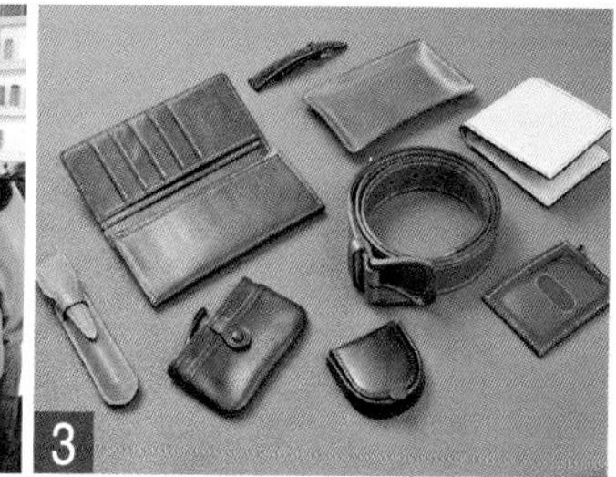

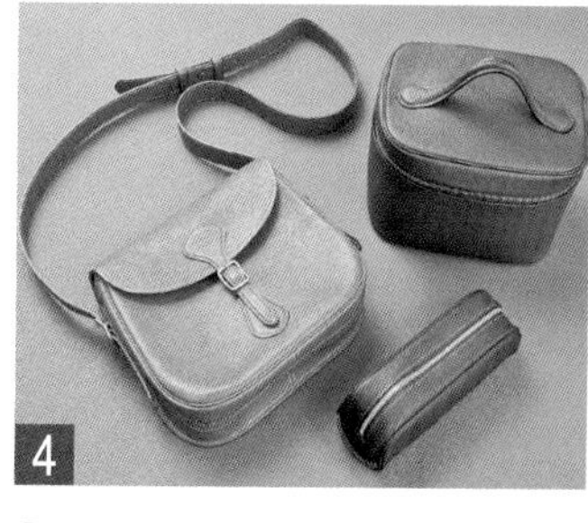

① 一个培训班差不多有 10 名学员。有的学员仅因为感兴趣来学习，有的则想成为制作皮包的专业手艺人。
② 只要有疑问，冈田老师马上就会为你解答。
③ 这些都是冈田老师制作的小物品。通常，学员会参考这些范例，选择自己要制作的物品。
④ 首先从卡片夹这样的小物品开始学习，熟悉后就可以开始制作挎包、手提包等小型皮包了。
⑤先从道具准备、皮革用法等基础开始学习，最终可达到制作公文包的程度。

著作权合同登记号　图字：01-2016-2139

图书在版编目（CIP）数据

手工皮包基础 /（日）高桥创新出版工房编著；潘伊灵译. — 北京：北京科学技术出版社，2016.7

ISBN 978-7-5304-8390-9

Ⅰ. ①手… Ⅱ. ①高… ②潘… Ⅲ. ①皮包 – 皮革制品 – 制作 Ⅳ. ① TS563.4

中国版本图书馆 CIP 数据核字 (2016) 第 101236 号

手工皮包基础

作　　者：〔日〕高桥创新出版工房	译　　者：潘伊灵
策划编辑：李雪晖	责任编辑：代　艳
责任印制：张　良	图文制作：天露霖文化
出 版 人：曾庆宇	出版发行：北京科学技术出版社
社　　址：北京西直门南大街 16 号	邮　　编：100035
电话传真：0086-10-66135495（总编室） 0086-10-66161952（发行部传真）	0086-10-66113227（发行部）
电子信箱：bjkj@bjkjpress.com	网　　址：www.bkydw.cn
经　　销：新华书店	印　　刷：北京印匠彩色印刷有限公司
开　　本：720mm × 1000mm　1/16	印　　张：12
版　　次：2016 年 7 月第 1 版	印　　次：2016 年 7 月第 1 次印刷

ISBN 978-7-5304-8390-9 / T · 887

定价：59.00 元

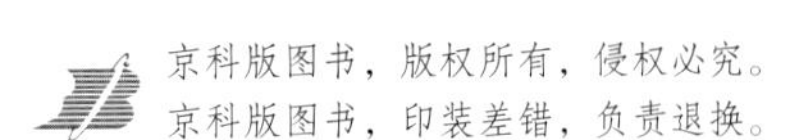